Python 数据分析基础及其应用

主　编　李汉龙　刘　丹
　　　　徐　磊　韩　婷
副主编　郑立达　刘　鹏
参　编　隋　英　付春菊

北京理工大学出版社
BEIJING INSTITUTE OF TECHNOLOGY PRESS

内 容 简 介

本书是作者结合多年的 Python 课程教学实践编写的。其内容包括 Python 介绍、Python 语言基础、Python 数据分析基础、Python 数据可视化、Python 机器学习库 scikit-learn、Python 数据探索分析、Python 数据统计分析、Python 数据模型分析、Python 数据预测分析。书中配备了较多的实例，这些实例是学习 Python 与数据分析必须掌握的。

本书由浅入深，由易到难，既可作为在职教师学习 Python 的参考用书，也可作为数据分析培训班学生的培训教材，还可作为普通高等院校计算机相关专业的教材。

版权专有　侵权必究

图书在版编目（CIP）数据

Python 数据分析基础及其应用 / 李汉龙等主编.
北京：北京理工大学出版社，2025.3.
ISBN 978-7-5763-5229-0

Ⅰ.TP312.8

中国国家版本馆 CIP 数据核字第 2025PX4649 号

责任编辑：李　薇　　　　文案编辑：李　硕
责任校对：刘亚男　　　　责任印制：李志强

出版发行 ／ 北京理工大学出版社有限责任公司
社　　址 ／ 北京市丰台区四合庄路 6 号
邮　　编 ／ 100070
电　　话 ／ （010）68914026（教材售后服务热线）
　　　　　　（010）63726648（课件资源服务热线）
网　　址 ／ http://www.bitpress.com.cn

版 印 次 ／ 2025 年 3 月第 1 版第 1 次印刷
印　　刷 ／ 河北盛世彩捷印刷有限公司
开　　本 ／ 787 mm×1092 mm　1/16
印　　张 ／ 14
字　　数 ／ 329 千字
定　　价 ／ 95.00 元

图书出现印装质量问题，请拨打售后服务热线，负责调换

前　言

Python 是一种跨平台的计算机程序设计语言，其创始人为荷兰人吉多·范罗苏姆（Guido van Rossum）。

本书以 Python 3.10 为基础，是作者结合多年的 Python 课程教学实践编写的。其内容包括 Python 介绍、Python 语言基础、Python 数据分析基础、Python 数据可视化、Python 机器学习库 scikit-learn、Python 数据探索分析、Python 数据统计分析、Python 数据模型分析、Python 数据预测分析。书中配备了较多的实例，这些实例是学习 Python 与数据分析必须掌握的。

本书程序代码主要是在 Anaconda3-2023.03-1-Windows-x86_64 的集成环境 Spyder（Python 3.10）下编写而成的。本书从 Python 介绍开始，重点介绍了 Python 语言基础、Python 数据分析基础、Python 数据可视化、Python 机器学习库 scikit-learn、Python 数据探索分析等内容，并通过具体的实例，使读者一步一步地跟随着作者的思路来完成课程的学习，同时在每章后面作出归纳总结，并给出一定的练习题。书中所给实例具有技巧性和逻辑性，可使读者思路畅达，将所学知识融会贯通，灵活运用，达到事半功倍之效。本书将会成为读者学习 Python 数据分析的"良师益友"。

本书所使用的素材包含文字、图形、图像、代码等，有的为作者自己制作，有的来自网络。我们使用这些素材，目的是想给读者提供更为完善的学习资料。

本书第 1 章由刘鹏编写；第 2 章由李汉龙编写；第 3 章由付春菊编写；第 4 章由韩婷编写；第 5 章、第 6 章由刘丹编写；第 7 章由郑立达编写；第 8 章、第 9 章由隋英编写；附录Ⅰ、附录Ⅱ、内容简介、参考文献及前言由李汉龙编写。同时，本书是 2024 年教育部产学合作协同育人项目"新工科背景下项目式教学模式的 Python 数据分析数字化课程实践教学体系的构建"（231107027054810）的研究成果之一。全书由李汉龙、韩婷统稿，李汉龙、刘丹、徐磊、韩婷审稿。

本书的编写和出版得到了北京理工大学出版社的大力支持，在此表示衷心的感谢！

本书参考了国内外出版的一些教材及网络资料，详见本书所附参考文献，在此表示谢意。由于编者水平所限，书中难免存在不足之处，恳请读者、同行和专家批评指正。

本书是 Python 培训教程和数据分析学习辅导书。本书由浅入深，由易到难，既可作为在职教师学习 Python 和数据分析的参考用书，也可作为数据分析培训班学生的培训教材。

编　者
2025 年 3 月

目 录

第 1 章　Python 介绍 · 1

1.1　了解 Python · 1
- 1.1.1　Python 简介 · 1
- 1.1.2　Python 的特点 · 2
- 1.1.3　Python 的应用 · 3
- 1.1.4　Python 的语法基础 · 4
- 1.1.5　Python 标准库 · 8

1.2　认识 Anaconda · 9
- 1.2.1　Anaconda 的下载与安装 · 9
- 1.2.2　Anaconda 环境变量配置 · 13
- 1.2.3　Anaconda 虚拟环境管理 · 14
- 1.2.4　Anaconda 体验 · 15

1.3　掌握 Spyder · 17
- 1.3.1　Spyder 简介 · 17
- 1.3.2　使用 Spyder · 17

1.4　本章小结 · 20
总习题 1 · 20

第 2 章　Python 语言基础 · 22

2.1　Python 语言结构 · 22
- 2.1.1　基本运算 · 22
- 2.1.2　顺序结构 · 25
- 2.1.3　选择结构 · 25
- 2.1.4　循环结构 · 26

2.2　Python 语言数据容器 · 28
- 2.2.1　字符串 · 28
- 2.2.2　列表与元组 · 30
- 2.2.3　字典与集合 · 32

2.3　Python 语言程序设计 · 34

2.3.1　Python 函数 ………………………………………………………………… 34

2.3.2　Python 模块与包 …………………………………………………………… 39

2.3.3　Python 程序设计实例 ………………………………………………………… 46

2.4　本章小结 …………………………………………………………………………… 57

总习题 2 ………………………………………………………………………………… 57

第 3 章　Python 数据分析基础 …………………………………………………………… 59

3.1　Python 操作 Excel 文件 …………………………………………………………… 59

3.1.1　xlrd 与 xlwt 操作 xls 文件 …………………………………………………… 59

3.1.2　openpyxl 操作 xlsx 文件 ……………………………………………………… 61

3.1.3　pandas 操作 xlsx 文件 ………………………………………………………… 66

3.1.4　xlrd 和 xlsxwriter 合并成 xls 文件 …………………………………………… 68

3.1.5　pandas 将 xls 文件合并成 xlsx 文件 ………………………………………… 71

3.1.6　openpyxl 将 xlsx 文件合并成 xlsx 文件 ……………………………………… 71

3.2　Python 数据分析库 ………………………………………………………………… 74

3.2.1　numpy 数值计算库 …………………………………………………………… 74

3.2.2　pandas 数据操作库 …………………………………………………………… 76

3.2.3　seaborn 数据绘图库 …………………………………………………………… 78

3.3　本章小结 …………………………………………………………………………… 81

总习题 3 ………………………………………………………………………………… 81

第 4 章　Python 数据可视化 ……………………………………………………………… 83

4.1　Python 二维图形 …………………………………………………………………… 83

4.1.1　Python 绘图基本操作 ………………………………………………………… 83

4.1.2　Python 常用绘图函数 ………………………………………………………… 89

4.1.3　Python 基本绘图步骤 ………………………………………………………… 91

4.1.4　Python 绘图实例 ……………………………………………………………… 92

4.2　Python 三维图形 …………………………………………………………………… 97

4.2.1　Python 三维绘图命令与函数 ………………………………………………… 97

4.2.2　Python 三维绘图常用命令 …………………………………………………… 100

4.2.3　Python 三维绘图基本步骤 …………………………………………………… 101

4.2.4　Python 三维绘图实例 ………………………………………………………… 105

4.3　Python 数据绘图 …………………………………………………………………… 106

4.3.1　Python 二维数据绘图 ………………………………………………………… 106

4.3.2　Python 三维数据绘图 ………………………………………………………… 110

4.3.3　Python 数据绘图步骤 ………………………………………………………… 111

4.4　本章小结 …………………………………………………………………………… 113

总习题 4 ………………………………………………………………………………… 114

第 5 章　Python 机器学习库 scikit-learn …… 115

5.1　机器学习 …… 115
5.1.1　机器学习简介 …… 115
5.1.2　机器学习的分类 …… 116
5.1.3　机器学习的开发流程 …… 117
5.2　scikit-learn 库 …… 118
5.2.1　scikit-learn 库简介 …… 118
5.2.2　scikit-learn 库的安装 …… 119
5.3　机器学习算法实例 …… 119
5.3.1　k 近邻算法 …… 120
5.3.2　线性回归 …… 121
5.4　本章小结 …… 122
总习题 5 …… 122

第 6 章　Python 数据探索分析 …… 123

6.1　Python 数据探索分析概述 …… 123
6.1.1　数据探索分析的概念 …… 123
6.1.2　数据探索分析常用工具 …… 123
6.2　Python 数据探索分析示例 …… 125
6.2.1　数据的描述分析 …… 125
6.2.2　数据的分类分析 …… 127
6.2.3　二维数表分析 …… 131
6.2.4　数据的多维透视分析 …… 134
6.3　Python 数学模型求解示例 …… 137
6.3.1　线性规划模型概述 …… 137
6.3.2　Python 线性规划模型编程思路 …… 137
6.3.3　Python 线性规划模型编程实现 …… 138
6.4　本章小结 …… 140
总习题 6 …… 141

第 7 章　Python 数据统计分析 …… 142

7.1　随机变量及其分布 …… 142
7.1.1　一维随机变量常见的概率分布 …… 142
7.1.2　二维随机变量常见的概率分布 …… 150
7.2　数据分析统计基础 …… 154
7.2.1　常见的统计量 …… 154
7.2.2　常用统计量的分布 …… 155
7.3　基本统计推断方法 …… 158

  7.3.1 参数估计 ····· 158
  7.3.2 参数假设检验 ····· 160
 7.4 本章小结 ····· 163
总习题 7 ····· 163

第 8 章 Python 数据模型分析 ····· 165

 8.1 线性回归模型 ····· 165
  8.1.1 相关性的判定 ····· 165
  8.1.2 一元线性回归模型 ····· 168
  8.1.3 多元线性回归模型 ····· 171
 8.2 非线性回归模型 ····· 175
  8.2.1 多项式回归模型 ····· 175
  8.2.2 可线性化的非线性回归模型 ····· 180
 8.3 本章小结 ····· 183
总习题 8 ····· 183

第 9 章 Python 数据预测分析 ····· 185

 9.1 Python 数据预测分析概述 ····· 185
  9.1.1 数据预测分析的概念 ····· 185
  9.1.2 数据预测分析工具 ····· 185
 9.2 Python 数据预测分析示例 ····· 191
  9.2.1 ARIMA 时间序列分析方法 ····· 191
  9.2.2 用 scikit-learn 的线性回归预测谷歌股票 ····· 205
 9.3 本章小结 ····· 207
总习题 9 ····· 207

附录 I 数学实验指导 ····· 208

数学实验 1 Python 语言基础 ····· 208
 一、实验目的 ····· 208
 二、实验内容 ····· 208
数学实验 2 Python 顺序结构程序设计 ····· 209
 一、实验目的 ····· 209
 二、实验内容 ····· 210
数学实验 3 Python 选择结构程序设计 ····· 210
 一、实验目的 ····· 210
 二、实验内容 ····· 210

附录 II Python 常用库简介 ····· 212

参考文献 ····· 215

第 1 章　Python 介绍

【本章概要】

- 了解 Python
- 认识 Anaconda
- 掌握 Spyder

1.1　了解 Python

1.1.1　Python 简介

Python 是一种跨平台、开源、免费的解释型高级动态编程语言，支持命令式编程、函数式编程。它有高效率的高层数据结构，完全支持面向对象程序设计，拥有大量功能强大的内置对象、标准库和扩展库。Python 可以通过伪编译将源代码转换为字节码，从而提高代码的运行速度和对源代码进行粗略保密，并且支持使用 PyInstaller、py2exe 等工具将 Python 程序及其所有依赖库打包为扩展名为".exe"的可执行程序，使其可脱离 Python 解释器环境和相关依赖库，在 Windows 平台上独立运行。

Python 的创始人是荷兰人 Guido van Rossum。1989 年，为了打发时间，Guido 决定开发一种新的脚本语言，作为 ABC 语言的继承；1991 年，发行了 Python 的第一个公开版本。目前，Python 已经成为深受程序员欢迎的程序设计语言之一，若想详细了解 Python 的发展现状，请访问 Python 官方网站。

1.1.2 Python 的特点

Python 能成为深受程序员欢迎的程序设计语言之一，与其自身具有的大量优点不无关系，其主要优点如下。

(1)简单。Python 运用了极简主义的设计思想，其语法非常简洁。阅读优秀的 Python 源程序就像是在阅读英语一样，尽管这个"英语"要求非常严格。

(2)易学。Python 入手非常快，其最大的优点是具有伪代码的特质，它使开发者在开发 Python 程序时，专注于解决问题，而不是研究语言本身。众多计算机语言中，它是最易读、最容易编写，也是最容易理解的语言。

(3)免费、开源。Python 是 FLOSS(Free/Libre and Open Source Software，自由/开放源码软件)之一。简单地说，它的所有内容都是免费、开源的，这意味着我们可以免费使用 Python，自由发布它的拷贝，阅读它的源代码，也可以对它进行改动，把它的一部分应用于新的自由软件中。Python 是由一群希望看到一个更加优秀的 Python 的人创造并经常改进着的。

(4)高级语言。Python 是一种高级语言，当使用 Python 编写程序时，无须考虑诸如底层内存管理等细节问题。

(5)解释型语言。Python 程序不需要编译成二进制代码，可以直接使用源代码运行程序。在计算机内部，Python 解释器把源代码转换成字节码这种中间形式，然后把它翻译成计算机能够使用的机器语言并运行。

(6)动态性。Python 不需要刻意声明变量，直接赋值即可创建一个新的变量。

(7)可移植性。由于它的开源本质，Python 已经被移植在许多平台上，使 Python 程序更加易于移植，只需要把 Python 源代码复制到另外一台计算机上（可能需要略作改动）即可工作。这些平台包括 Linux、Windows、FreeBSD、Macintosh、Solaris、OS/2、Amiga、AROS、AS/400、BeOS、OS/390、z/OS、Palm OS、QNX、VMS、Psion、Acom RISC OS、VxWorks、PlayStation、Sharp Zaurus、Windows CE，甚至还有 PocketPC、Symbian 及 Google 基于 Linux 开发的 Android 平台。

(8)面向对象。Python 既支持面向过程的函数编程，也支持面向对象的抽象编程。在"面向过程"的语言中，程序是由过程或可重用代码的函数构建起来的。在"面向对象"的语言中，程序是由数据和功能组合而成的对象构建起来的。

(9)可扩展性和可嵌入性。Python 是一种"胶水语言"，可以轻松地将使用其他语言(如 C、C++、Java 等)编写的程序进行集成和封装。如果你希望一段代码运行得更快或希望某些关键代码不公开，则可以用其他语言编写部分程序，然后在你的 Python 程序中调用它们。反之，也可以把 Python 代码嵌入其他语言程序，从而提供脚本功能。

(10)健壮性。Python 提供了异常处理机制，能捕获程序的异常情况，它的堆栈跟踪对象能够指出程序出错的位置和出错的原因。异常处理机制能够避免出现不安全退出的情况，同时能帮助程序员调试程序。

(11)丰富的库。Python 标准库很庞大，它可以帮助用户处理各种工作，包括正则表达式、文档生成、单元测试、线程、数据库、网页浏览器、电子邮件、WAV 文件、密码系统和其他与系统有关的操作，这被称为 Python 的"功能齐全"理念。除了标准库，Python 还有许多其他高质量的第三方库可以使用，如 wxPython、Twisted 和 Python 图像库等。

（12）规范的代码。Python 采用强制缩进的方式使代码具有极佳的可读性。

但是 Python 也不可避免地存在一些缺点，主要如下。

（1）运行速度慢。Python 是解释性语言，若有速度要求，则可用 C、C++改写关键部分。

（2）无可盗版。这既是优点也是缺点，Python 是解释型高级语言，它的源代码都是以明文形式存放的，因此不会产生以往的盗版问题，同样 Python 的源代码也不能加密，以保护软件版权。

（3）构架选择太多。Python 的开源性导致其没有像 C#这样的官方 .net 构架，开放构架比较繁多，本书统一使用基于 Anaconda 的 Spyder 构架。

1.1.3 Python 的应用

Python 像胶水一样，可以把使用多种不同语言编写的程序融合到一起实现无缝拼接，更好地发挥不同语言和工具的优势，满足不同应用领域的需求。Python 主要有以下几种应用。

（1）Web 开发。Python 拥有 Internet 标准库，可用于实现各种网络任务。目前，常用的 Python Web 框架为 Django、TurboGears、web2py、Zope 等，使用 Django 可以用很小的代价来构建和维护高质量的 Web 应用。

（2）网络软件开发。Python 对于各种网络协议的支持系统具有较完善的功能，因此经常用于编写服务器软件，对于 C/S(Cliert/Server，客户端/服务器)模式或 B/S(Browser/Server，浏览器/服务器)模式都提供了很好的解决方案。第三方库 Twisted 支持异步网络编程和多数标准的网络协议(包含客户端和服务器)，并且提供了多种工具，被广泛用于编写高性能的服务器软件。

（3）云计算开发。Python 是从事云计算工作者需要掌握的一门编程语言，构建云计算平台 IaaS(Infrastructure as a Service，基础设施即服务)的 OpenStack 就是采用 Python 开发的，如果想要深入学习并进行二次开发，那么就需要具备 Python 的技能。

（4）数据库与大数据编程。程序员可通过遵循 Python DB-API(数据库应用程序编程接口)规范的模块与 Microsoft SQL Server、Oracle、Sybase、DB2、MySQL、SQLite 等数据库通信。现今，大数据已经成为政府、企业做出各种重大决策的依据。由于数据量大、种类繁多，因此处理大数据必须采用分布式计算架构，云计算的强大的分布式计算能力能够为处理大数据提供所需的分布式数据库技术、云存储技术和虚拟化技术等。比较流行的大数据框架和服务有 MapReduce、Hadoop 和 Spark，而 Python 对 MapReduce 框架有良好的支持，这使开发大数据任务变得简单且灵活。

（5）爬虫开发。在爬虫领域，Python 几乎处于霸主地位，它能够将网络中的一切数据作为资源，通过自动化程序进行有针对性的数据采集及处理。

（6）人工智能(Artificial Intelligence，AI)。在 AI 领域，Python 拥有强大的竞争力，它具有人性化的设计、丰富的 AI 库、机器学习库、自然语言和文本处理库等。例如，在神经网络、深度学习方面，Python 都能够找到比较成熟的库来加以调用。

（7）操作系统管理、服务器运维的自动化脚本。Python 是一门综合性的语言，在很多操作系统里，Python 是标准的系统组件。使用 Python 编写的系统管理脚本能满足绝大部分自动化运维需求，并且在可读性、性能、代码重用度、扩展性等方面都优于普通的 shell 脚本。

（8）金融分析。Python"精通"计算，其语法精确、简洁，很容易实现金融算法和数学计算。例如，我们可以利用 Python 的 datetime.time 对象进行索引，抽取出每天特定时间的盘中市场价格数据。目前，Python 已广泛应用于银行、保险、投资、股票交易、对冲基金、券商等公司和部门。

（9）科学运算。numpy、scipy、matplotlib、enthought librarys 等众多程序库的开发，使 Python 越来越适合做科学计算、绘制高质量的二维和三维图像。

（10）游戏开发。很多游戏使用 C++编写图形显示等高性能模块，而使用 Python 编写游戏的逻辑、服务器等模块。

（11）桌面软件。PyQt、PySide、wxPython、PyGTK 等库文件是 Python 快速开发图形用户界面（Graphical User Interface，GUI）的利器。

（12）构思实现，产品早期原型和迭代。YouTube、Google、Yahoo!、美国航空航天局（National Aeronautics and Space Administration，NASA）均在内部高频率使用 Python。

1.1.4　Python 的语法基础

使用 Python 编写程序时必须遵循该语言的语法规则，本小节将详细介绍它的基本语法，如代码注释、分层缩进、多行语句、关键字和标识符、编码规范、常见的编程错误等。

1. 代码注释

代码注释就是对代码的解释和说明，注释的内容会被编译器或解释器略过，不会被执行。注释对于理解程序和促进团队合作开发具有非常重要的意义，有利于代码的阅读和维护，给代码添加注释是一个良好的编程习惯。在添加注释时，添加的注释一定要有意义，即注释能充分解释代码的功能及用途。Python 支持两种格式的注释：单行注释和多行注释。

（1）单行注释使用"#"表示注释的开始，语句可以出现在任何位置，从"#"开始的后续内容为注释。例如：

```
1 # 这是单行注释的第 1 种形式
2 print("Hello, World!")
3 print("Hello, World!")                    # 这是单行注释的第 2 种形式
```

上面的两种注释形式都是正确的，两种注释的运行结果是完全相同的。

说明：单行注释可以放在要注释代码的前一行，也可以放在要注释代码的右侧。

（2）多行注释以 3 个单引号"'''"或 3 个双引号""""""表示注释的开始，相应地以 3 个单引号"'''"或 3 个双引号""""""表示注释的结束。例如：

```
1 '''
2 多行注释示例程序, @author: Liu
3 这是多行注释,用 3 个单引号
4 '''
5 """
6 多行注释示例程序, @author: Liu
7 这是多行注释,用 3 个双引号
8 """
9 print("Hello, World!")
```

注意：多行注释为 Python 提供了一种定义文档字符串的功能。文档字符串是包、模块、类或函数中的第 1 条语句，可以使用对象的"__doc__"成员自动提取，并且被 pydoc 使用。pydoc 是 Python 自带的一个文档生成工具，使用 pydoc 可以非常方便地查看模块和类的结构。上述代码中的"多行注释示例程序，@ author：Liu"就是文档字符串。

2. 分层缩进

Python 不像其他程序设计语言(如 C、C++、Java)采用大括号"{}"分隔代码块，而是采用代码缩进和冒号"："区分代码之间的层次。缩进是指每行语句开始的空格数，语句末尾的冒号表示下一层次代码块的开始，实例如下。

```
1 # 判断两个数的大小，大数加 5，并输出
2 i = 5
3 j = 12
4 if i >= j:
5     i = i + 5
6     print(i)
7 else:
8     j = j + 5
9     print(j)
```

以下代码最后一行语句缩进的空格数有误，将会导致程序运行错误。

```
1 # 判断两个数的大小，大数加 5，并输出
2 i = 5
3 j = 12
4 if i >= j:
5     i = i + 5
6     print(i)
7 else:
8     j = j + 5
9        print(j)
```

由于最后一行代码[print( )函数]与同一层次的代码(倒数第 2 行的 j = j + 5 语句)的缩进不一致，因此程序执行后将抛出 SyntaxError 异常。

注意：

(1)代码缩进可通过〈Tab〉键和多个空格(一般是 4 个空格)来实现，但是两者不能混合使用。使用 Tab 字符和其他数目的空格虽然都可以编译通过，但不符合 PEP(Python Enhancement Proposal, Python 增强建议书)编码规范，不建议使用。

(2)Python 对代码块的层次数量没有限制，可以嵌套使用多层缩进，但同一层次的所有语句必须使用相同数量的缩进空格。

3. 多行语句

Python 对每行代码长度是没有限制的，但是为了更好地阅读代码，可以将长代码语句写

成两行或多行。行与行之间的连接有两种方式,即显式行连接和隐式行连接。

(1)显式行连接,是指使用反斜杠"\"将两个或多个物理行连接起来。例如:

```
1 # 闰年判断程序
2 year = int(input('请输入需要判断的年份:'))
3 if year % 4 == 0 and year % 100 != 0 \
4    or year % 400 == 0:
5    print('{}年是闰年!'.format(year))
6 else:
7    print('{}年不是闰年!'.format(year))
```

其中,语句3和语句4,表示的是一条语句: if year % 4 == 0 and year % 100 != 0 or year % 400 == 0。

```
1 # 闰年判断程序
2 year = int(input('请输入需要判断的年份:'))
3 if year % 4 == 0 and year % 100 != 0 or year % 400 == 0:
4    print('{}年是闰年!'.format(year))
5 else:
6    print('{}年不是闰年!'.format(year))
```

上面两段代码的执行结果是完全相同的。

(2)隐式行连接,是指圆括号"()"、方括号"[ ]"或大括号"{ }"中的内容可以在不使用反斜杠的情况下直接分割为多个物理行。例如:

```
1 # 调用函数时参数包含在圆括号中
2 print("我是一名学生,"
3    "我喜欢编程。"
4    "现在开始"
5    "学Python。")                    # 函数名后面必须使用圆括号
```

注意:

(1)显式行连接时,语句后边不能有空格,且换行后必须写内容(允许分层缩进)。

(2)隐式行连接时,可以带有行内注释;而显式行连接的语句右侧不能带有行内注释。也就是说,若使用显式行连接,则反斜杠后不能有任何内容,必须直接换行。

(3)建议使用圆括号"()"将多行内容隐式地连接起来,而不推荐使用反斜杠进行连接。不过当导入模块的语句(import语句)过长时,仍需要使用反斜杠换行或直接单行书写。

(4)注释里的URL(Uniform Resource Locator,统一资源定位符)无论多长,都不建议多行书写。例如:

```
1 # 详细情况请参阅以下网址:
2 # https://wenku.baidu.com/ndcore/browse/sub?isBus=1&isPus=-1&isChild=&isType=2&_wkts_=1691671721060
```

4. 关键字和标识符

（1）关键字，也称为保留字，是 Python 中具有特定用途或被赋予特殊意义的单词。在开发程序时，不可以把这些关键字挪作他用，如下是 Python 3 的 35 个关键字。

False	None	True	and	as	assert	async
await	break	class	continue	def	del	elif
else	except	finally	for	from	global	if
import	in	is	lamda	nonlocal	not	or
pass	raise	return	try	while	with	yield

Python 的标准库提供了一个 keyword 模块，可以输出当前版本的所有关键字。

```
>>> import keyword                    # 导入 keyword 模块
>>> keyword.kwlist                    # 显示所有关健字
```

也可以进入 Python 的帮助系统查看。

```
1>>>help()                            # 进入帮助系统
2help> keywords                       # 查看所有的关键字
3help> return                         # 查看 return 这个关键字的说明
4help> quit                           # 退出帮助系统
```

（2）标识符，是指开发人员在程序中自定义的一些符号和名称，如变量名、函数名和类名等。标识符的第 1 个字符必须是字母表中的字母（大写或小写字母）或一个下划线（"_"），其他部分可以由字母（大写或小写字母）、下划线或数字（0~9）组成，Python 关于标识符的语法规则如下。

①标识符由字母、下划线和数字组成，长度不受限制，第 1 个字符不能是数字。

②变量名中不能有空格及标点符号（如括号、引号、逗号、斜杠、反斜杠、冒号、句号、问号、点号等）。

③标识符不能是关键字。

④标识符区分大小写，例如，apple 和 Apple 是不同的标识符。同理，Python 中所有关键字也是区分大小写的。例如，if 是关键字，但是 IF 就不属于关键字，故 if 不能作为标识符，而 IF 可以。

⑤Python 中以下划线开头的标识符有特殊意义，一般应避免使用相似的标识符。

⑥不建议使用系统内置的模块名、类型名或函数名，以及已导入的模块名及其成员名作为标识符，这将会改变其类型和含义。

⑦避免使用小写 l、大写 O 和大写 L 作为标识符。

world、Pi、a3、_i32、Char 等都是合法的标识符，而 24、P*i、wo rld、None 等不是合法的标识符。

5. 编码规范

Python 中采用 PEP 作为编码规范，下面给出 PEP 编码规范中一些应该严格遵守的条目。

（1）每条import语句只导入一个模块，尽量避免一次导入多个模块。

（2）不要在行尾添加分号";"。虽然Python是允许使用分号将两条语句写在同一行的，但不建议这样编写Python代码。

（3）圆括号可用于长语句的续行，但不要使用不必要的圆括号。

（4）使用必要的空行可以增加代码的可读性，一般在函数或类的定义之间空两行，而在类内方法的定义之间空一行。另外，在用于分隔某些功能的位置也可以空一行。

（5）通常情况下，标点符号、赋值运算符、比较运算符、逻辑运算符两侧都建议使用一个空格进行分隔；对于算术运算符，是否使用空格可以按个人习惯来决定；通常不建议在逗号、分号和冒号前面添加空格，但建议在它们的后面添加空格，除非它们位于行尾；建议在"#"字符后面加一个空格，然后编写注释文字；如果在语句右侧添加行内注释，则语句与注释之间至少加两个空格。

（6）应该避免在循环中使用"+"和"+="运算符累加字符串。这是因为字符串是不可变的，这样做会创建不必要的临时对象。推荐将每个子字符串（简称子串）加入列表，然后在循环结束后使用join()方法连接列表。

（7）适当使用异常处理结构会提高程序容错性，但不能过多依赖异常处理结构，适当的显式判断也是必要的。

6. 常见的编程错误

（1）在需要使用冒号的地方丢失了冒号。

（2）单引号或双引号未配对。

（3）分层缩进未正确使用。

（4）if-else安排得不符合逻辑、位置不正确。

（5）变量类型不正确，需要进行转换（int、str等）。

（6）未及时进行中、英文输入方式的切换。

1.1.5　Python 标准库

Python的核心只包含数字、字符串、列表、字典、文件等常见的数据类型和函数，而其他的额外功能均由相关库文件提供。库文件就像一个大型超市，用户可以在里面寻找自己需要的商品（功能）。Python安装包会携带提供常用功能的一部分库文件一起发布，用户可以随时使用这些库文件，一般称这类库文件为Python标准库。

Python标准库的主要功能如下。

（1）文本处理：包含文本格式化、正则表达式匹配、文本差异计算与合并、Unicode支持、二进制数据处理等功能。

（2）文件处理：包含文件操作、创建临时文件、文件压缩与归档、操作配置文件等功能。

（3）操作系统功能：包含线程与进程支持、I/O复用、日期与时间处理、调用系统函数、写日志等功能。

（4）网络通信：包含网络套接字、SSL（Secure Socket Layer，安全套接层）加密通信、异步网络通信等功能。

（5）网络协议：支持超文本传输协议（HyperText Transfer Protocol，HTTP）、文件传输协议（File Transfer Protocol，FTP）、简单邮件传输协议（Simple Mail Transfer Protocol，SMTP）、

邮局协议(Post Office Protocol，POP)、互联网消息访问协议(Internet Message Access Protocol，IMAP)、网络新闻传输协议(Network News Transfer Protocol，NNTP)、基于 XML 远程过程调用的分布式计算协议(XML-Remote Procedure Call，XML-RPC)等多种网络协议，并提供了编写网络服务器的框架。

(6) W3C(World Wide Web Consortium，万维互联网联盟)格式支持：包含 HTML(HyperText Markup Language，超文本标记语言)、SGML(Standard Generalized Markup Language，标准通用标记语言)、XML(Extensible Markup Language，可扩展标记语言)的处理。

Python 社区提供了大量的第三方扩展库，使用方式与标准库类似。其功能覆盖科学计算、Web 开发、数据库接口、图形系统等多个领域，但基于 Python 的开源特性，建议选取相对成熟、稳定的第三方扩展库。

习题1-1

1. (多选)下列选项中，属于 Python 特点的是(　　)。
   A. 简单、易学　　　　B. 开源　　　　C. 面向过程　　　　D. 可移植性
2. (多选)下列关于 Python 的说法中，正确的是(　　)。
   A. Python 是从 ABC 语言发展起来的
   B. Python 是一门高级语言
   C. Python 是一门只面向操作对象的计算机语言
   D. Python 是一种代表简单主义思想的计算机语言
3. 以下选项中，符合 Python 标识符命名规则的是(　　)。
   A. 7dog　　　　B. /7dog　　　　C. sevendog　　　　D. not
4. 以下选项中，不是 Python 关键字的是(　　)。
   A. if　　　　B. is　　　　C. None　　　　D. do
5. 关于 Python 的注释，以下选项中描述错误的是(　　)。
   A. Python 有两种注释方式：单行注释和多行注释
   B. Python 的多行注释以 ' 开头
   C. Python 的多行注释以"""(3 个双引号)开头和结尾
   D. Python 的单行注释以#开头

1.2　认识 Anaconda

1.2.1　Anaconda 的下载与安装

在 Python 官网上可以下载 Python 安装程序。Python 官网中的 Python 安装程序不集成智能开发环境，本书采用 Anaconda 的 Spyder 集成开发环境进行 Python 程序设计。Anaconda 是

一个跨平台、开源的 Python 发行版本,包含 conda、Python 等 180 个科学库及其依赖项,有 Windows、Mac OS、Linux 版本,可以根据实际情况选择相应版本。Windows 版本的 Anaconda3-2023.03-1-Windows-x86_64 对应 Python 3.10 版本,其大小约为 786 MB。Anaconda 已经包含 Python,安装好 Anaconda,就不需要再另行安装 Python 了。

  Anaconda 下载地址:https://www.anaconda.com/download/。

  Anaconda 清华镜像下载地址:https://mirrors.tuna.tsinghua.edu.cn/anaconda/archive/。

  双击下载好的 Anaconda3-2023.03-1-Windows-x86_64 文件,出现图 1.1 所示界面。

图 1.1   Anaconda 安装示意 1

  单击 Next 按钮,出现图 1.2 所示界面。

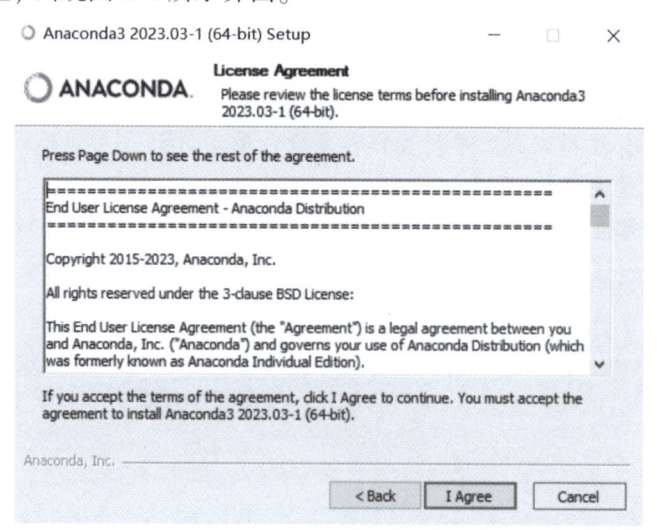

图 1.2   Anaconda 安装示意 2

  单击 I Agree 按钮,出现图 1.3 所示界面。

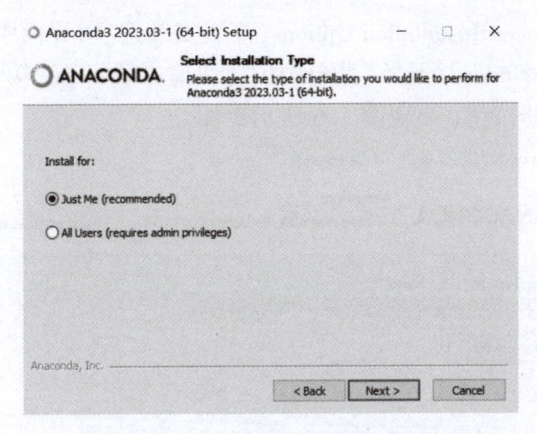

图 1.3　Anaconda 安装示意 3

如果计算机中存在多个用户，并且这些用户需要独立使用 Python，则需要选择 All Users（requires admin privileges）单选按钮，否则选择 Just Me（recommended）单选按钮，继续单击 Next 按钮，出现图 1.4 所示界面。

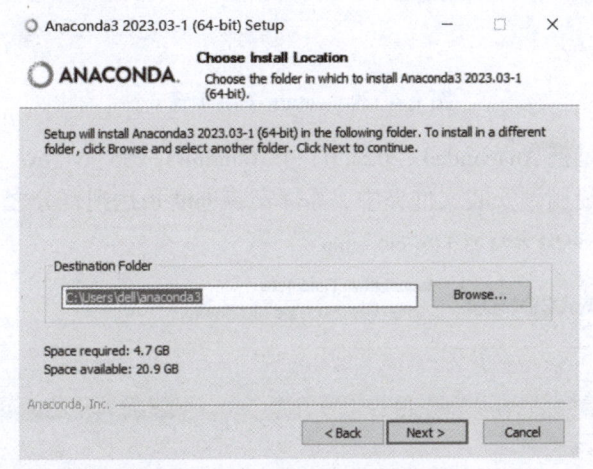

图 1.4　Anaconda 安装示意 4

继续单击 Next 按钮，出现图 1.5 所示界面。

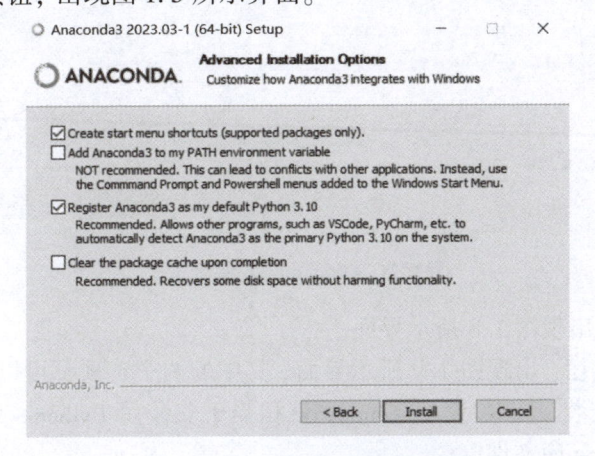

图 1.5　Anaconda 安装示意 5

在图1.5所示 Advanced Installation Options(高级安装选项)界面中,一般选取两个默认选项,第1个选项是指在 Windows"开始"菜单中创建快捷方式目录,第2个选项是指默认使用 Python 3.10。单击 Install 按钮,出现图1.6所示界面。

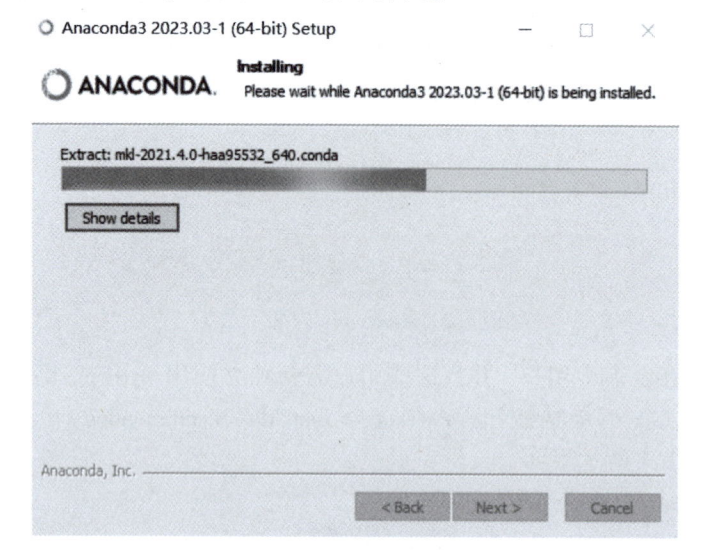

图1.6 Anaconda 安装示意6

安装过程其实就是把 Anaconda3-2023.03-1-Windows-x86_64.exe 文件里携带的各种 dll 文件、py 文件,全部复制到安装文件夹中,等待安装进度条达到百分之百,如图1.7所示。

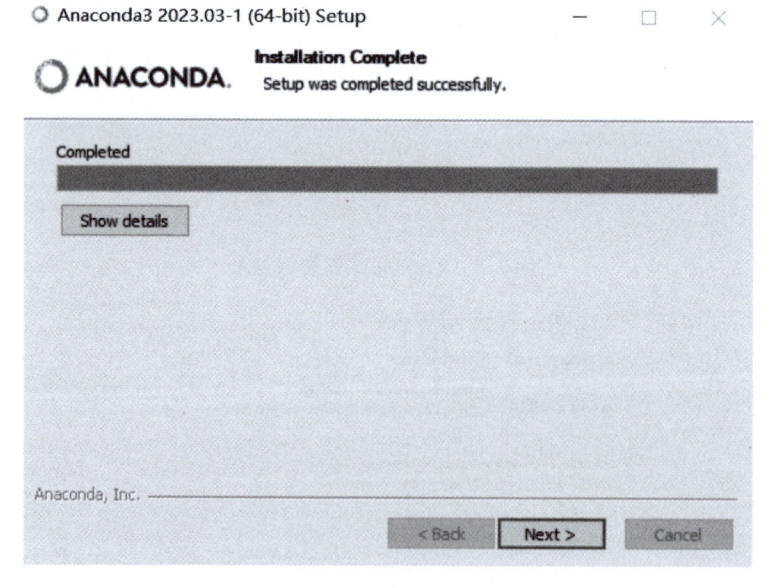

图1.7 Anaconda 安装示意7

单击 Next 按钮,出现图1.8所示界面。

继续单击 Next 按钮,出现图1.9所示界面,其中的两个选项都可以不选,单击 Finish 按钮完成 Anaconda 的安装。安装完 Anaconda,就相当于安装了 Python、IPython、集成开发环境 Spyder、大量 Python 库文件等。

图 1.8　Anaconda 安装示意 8

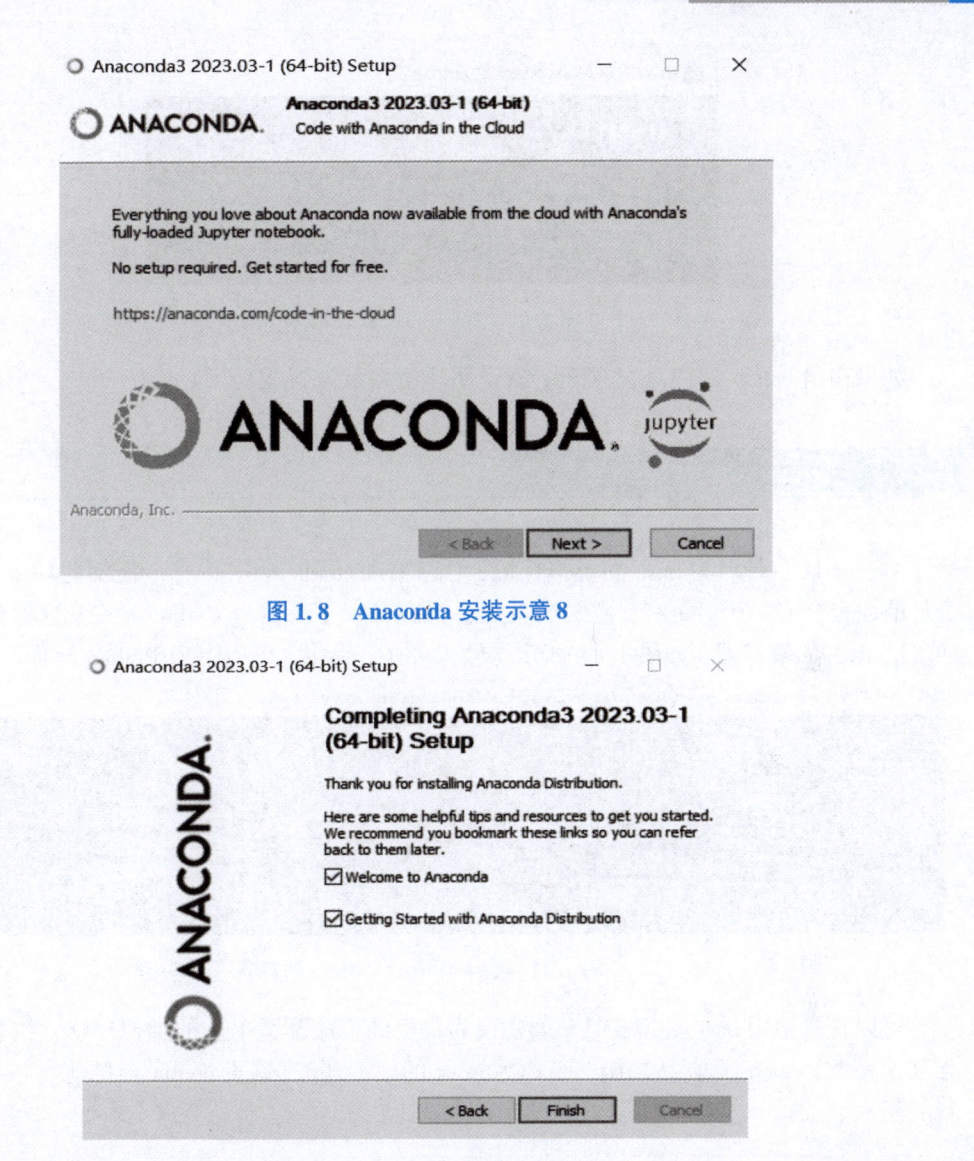

图 1.9　Anaconda 安装示意 9

1.2.2　Anaconda 环境变量配置

安装完 Anaconda 之后，还不能直接使用 Anaconda，需要配置系统环境变量。Windows 系统需要到"控制面板"→"系统和安全"→"系统"→"高级系统设置"→"环境变量"→"用户变量"→"PATH"中添加 Anaconda 的安装目录，默认路径如下。

```
C:\Users\Administrator\anaconda3\Scripts
```

安装路径需要根据实际情况调整（笔者的安装路径就是"C:\Users\dell\anaconda3\Scripts"）。之后就可以打开 cmd 窗口（最好用管理员模式打开）输入 conda -V 命令，如图 1.10 所示。

图 1.10 Anaconda 安装示意 10

如果输出 conda 23.3.1 之类的，就说明环境变量设置成功了。

1.2.3　Anaconda 虚拟环境管理

Anaconda 自带名为 base 的虚拟环境，可以输入 conda activate 命令激活此环境。此时，命令行前面也会多一个(base)，说明当前处于 base 环境下。输入 Python 命令，这样会进入 base 环境的 Python 解释器，如图 1.11 所示。输入 exit() 命令，可以退出 Python 解释器。

图 1.11　base 环境的 Python 解释器

可以直接使用 base 环境，但一般建议为自己的程序配置单独的虚拟环境。执行下列命令会创建一个 Python 版本为 3.10、名称为 work 的虚拟环境(这里 conda 会自动找 Python 3 中最新的版本下载)。

```
conda create -name work python=3.10
```

创建好 work 虚拟环境，在命令行输入 conda activate work 命令，就可以进入 work 虚拟环境，这里 work 可以替换成其他已创建的虚拟环境名。若没有写 work 或其他环境名，则会进入 base 默认环境。使用 conda env list 命令可以查看已存在的所有环境。

现在的 work 环境除了 Python 自带的一些标准库之外没有其他的库，是一个纯净的环境。输入 conda install name 命令或 pip install name 命令就可以安装名称为 name 的第三方库，例如输入 conda install requests 命令或 pip install requests 命令来安装 requests 库。当不再使用 requests 库时，需要退出 Python 解释器，然后输入 conda remove requests 命令或 pip uninstall requests 命令来卸载 requests 库。

如果要查看当前环境中安装的所有库文件，则可以用 conda list 命令。如果要导出当前环境的库文件信息，则可以用 conda env export > environment.yaml 命令，将库文件信息存入 environment.yaml 文件。如果需要重新创建一个相同的虚拟环境，则可以用 conda env create

——f environment.yaml 命令。其实，conda 命令很简单，下面给出一些常用命令。

```
1  conda activate                              # 切换到 base 环境
2  conda activate work                         # 切换到 work 环境
3  conda create --n work python=3              # 创建 Python 版本为 3、名称为 work 的环境
4  conda env list                              # 列出 conda 管理的所有环境
5  conda list                                  # 列出当前环境的所有库
6  conda install requests                      # 安装 requests 库
7  conda remove requests                       # 卸载 requets 库
8  conda remove --n work -all                  # 删除 work 环境及下属所有库
9  conda update requests                       # 更新 requests 库
10 conda env export > environment.yaml         # 导出当前环境的配置信息
11 conda env create --f environment.yaml       # 用配置文件创建新虚拟环境
```

1.2.4　Anaconda 体验

安装好 Anaconda 后，除了可以直接通过 Windows 自带的 cmd 窗口使用 Anaconda 开发环境，还可以使用 Anaconda 自带的组件来配置 Python 环境和开发 Python 程序。本小节将简单介绍 Anaconda 自带的常用组件。

1. Anaconda Prompt

在 Windows"开始"菜单中找到 Anaconda3(64-bit)目录，其中就有 Anaconda Prompt。前提是，在之前安装 Anaconda 配置 Advanced Installation Options 时选择了在 Windows"开始"菜单中建立快捷方式目录，否则就需要到 Anaconda 安装目录下寻找，以下类同。打开 Anaconda Prompt，这个窗口同 cmd 窗口一样，输入命令就可以配置和使用 Python。例如，在 Anaconda Prompt 中输入 conda list 命令就可以查看已安装的库文件，如图 1.12 所示。

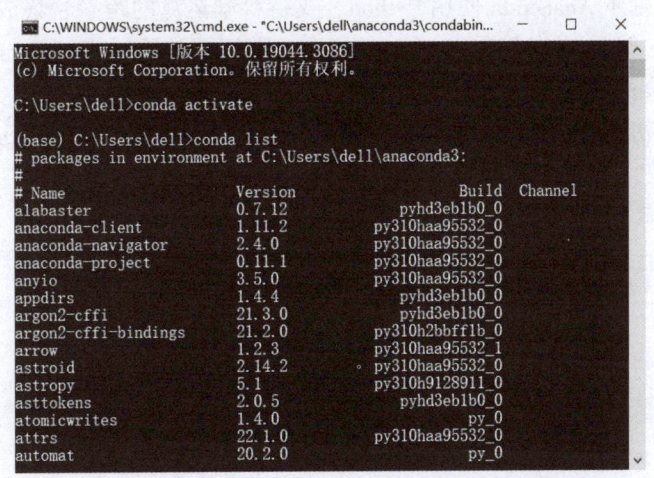

图 1.12　用 conda list 命令查看已安装的库文件

2. Anaconda Navigtor

Anaconda Navigtor 用于管理工具库和环境的图形用户界面，后续涉及的众多管理命令也

可以在 Anaconda Navigator 中完成，如图 1.13 所示。

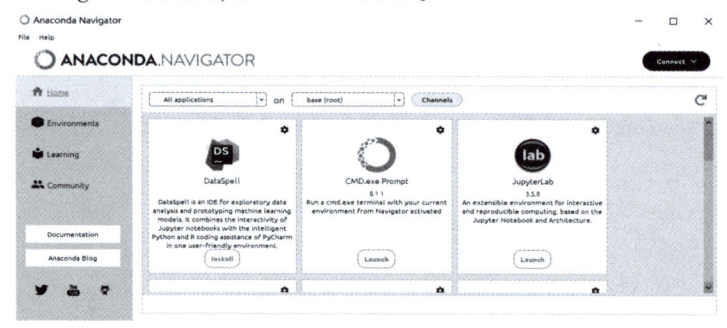

图 1.13　Anaconda Navigtor

3. Jupyter notebook

Jupyter notebook 是基于 Web 的交互式计算环境，可以生产易于阅读的文档，用于展示数据分析过程，如图 1.14 所示。

图 1.14　Jupyter notebook

4. Spyder

Spyder 是一个基于 Anaconda 使用 Python、支持科学运算的跨平台集成开发环境，本书后文就用 Spyder 这款编辑器来编写 Python 程序。用户可以通过 Windows "开始"菜单运行 Spyder，也可以在桌面建立快捷方式以方便用户使用。

【例 1.1】编写初学者的第 1 个程序测试 Spyder 是否安装成功。打开 Spyder，在其中输入代码 1.1。

代码 1.1　测试 Spyder 是否安装成功

```
1 print('Hello World!')                          # 初学者的第 1 个程序
```

运行代码 1.1 得到的结果如图 1.15 所示。

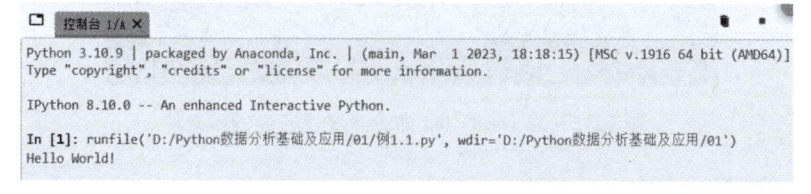

图 1.15　运行代码 1.1 得到的结果

> **习题1-2**

1. Anaconda 是一个____的 Python 发行版本。
2. Anaconda 在 cmd 环境下常用的命令是____。
3. 在 Anaconda 中安装第三方库除了可以使用 conda 命令，还可以使用____命令。

1.3 掌握 Spyder

1.3.1 Spyder 简介

Spyder 是 Anaconda 提供的一个简单、好用的 Python 集成开发环境。和其他的 Python 开发环境相比，它最大的优点就是模仿 MATLAB 的"工作空间"功能，可以很方便地观察和修改变量的值，其界面如图 1.16 所示。

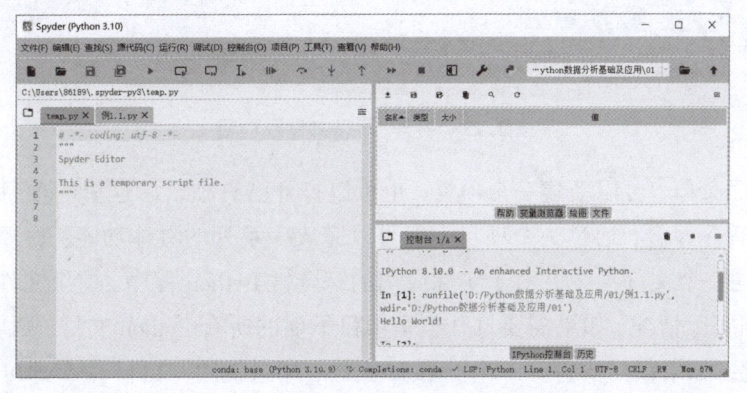

图 1.16 Spyder 的界面

1.3.2 使用 Spyder

使用 Spyder 编写代码之前需要对集成开发环境进行一些简单的设置。在图 1.17 中有两个框出来的菜单/快捷按钮，单击任意一个都可以打开 Spyder 集成开发环境配置对话框，如图 1.18 所示。在该对话框中，可以对编辑区和显示结果区的字体大小等进行调节。

图 1.17 设置 Spyder

图 1.18　Spyder 集成开发环境配置对话框

打开/新建文件及项目，如图 1.19 所示。

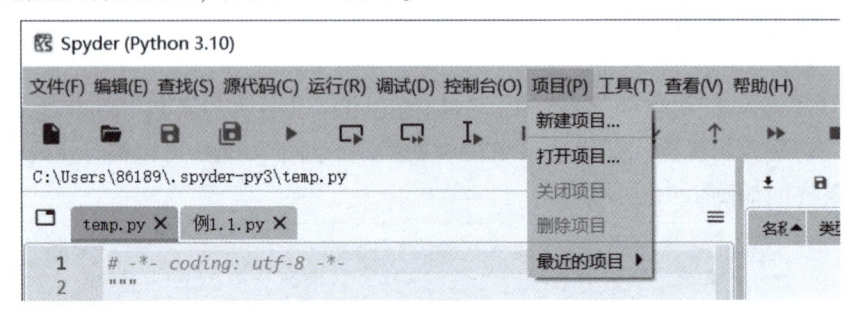

图 1.19　打开/新建文件及项目

通过"项目"菜单，可以新建一个项目，也可以打开已有项目。这里的项目是指一个综合性的 Python 源程序集合，通过一个项目一般可以完成一系列的具体功能，物理上一般将这些源程序存储在同一个文件夹中。对于实际应用的综合性 Python 程序，这个文件夹中会有许多 .py 文件。根据实际情况，如果需要打开整个项目下面的所有 Python 文件，则应该使用"打开项目"这个功能；如果仅需要打开一个 Python 文件，那么就用"文件"菜单即可。

【例 1.2】简单演示用户输入、输出过程。

代码 1.2　用户输入、输出

```
1 name = input('请输入你的国籍:')        # 从键盘上接收输入
2 print('你的国籍:', name)               # 用户输入
```

运行代码 1.2 得到的结果如图 1.20 所示。

请输入你的国籍：中国
你的国籍： 中国

图 1.20　运行代码 1.2 得到的结果

【例 1.3】编写程序，输出九九乘法表。

代码 1.3　输出九九乘法表

```
1 for i in range(1, 10):                              # for 循环 i 在 1~10 取值
2     for j in range(1, i + 1):                       # for 循环 j 在 1~i+1 取值
3         print('{}×{} = {}\t'. format(j, i, i * j), end='')   # 格式化打印
4     print()                                          # 打印空白
```

运行代码 1.3 得到的结果如图 1.21 所示。

```
1 x 1 = 1
1 x 2 = 2   2 x 2 = 4
1 x 3 = 3   2 x 3 = 6   3 x 3 = 9
1 x 4 = 4   2 x 4 = 8   3 x 4 = 12  4 x 4 = 16
1 x 5 = 5   2 x 5 = 10  3 x 5 = 15  4 x 5 = 20  5 x 5 = 25
1 x 6 = 6   2 x 6 = 12  3 x 6 = 18  4 x 6 = 24  5 x 6 = 30  6 x 6 = 36
1 x 7 = 7   2 x 7 = 14  3 x 7 = 21  4 x 7 = 28  5 x 7 = 35  6 x 7 = 42  7 x 7 = 49
1 x 8 = 8   2 x 8 = 16  3 x 8 = 24  4 x 8 = 32  5 x 8 = 40  6 x 8 = 48  7 x 8 = 56  8 x 8 = 64
1 x 9 = 9   2 x 9 = 18  3 x 9 = 27  4 x 9 = 36  5 x 9 = 45  6 x 9 = 54  7 x 9 = 63  8 x 9 = 72  9 x 9 = 81
```

图 1.21　运行代码 1.3 得到的结果

习题 1-3

1. 在 Spyder 中输入以下程序并运行，输出其结果。

```
i = 0
for j in range(1, 101):
    i = i + j
print('1 + 2 + 3 + ... + 100 = ', i)
```

2. 在 Spyder 中输入以下程序并运行，输出其结果。

```
import time
for a in range(100):
    a = a + 1
    print('------这是第%d次循环!------'%a)
    time. sleep(1)
```

3. 在 Spyder 中输入以下程序并运行，输出其结果。

```
work = input('请输入你的职位:')
salary = input('请输入你的月收入:')
print('{}, 每月收入为{}'. format( work, salary))
```

4. 在 Spyder 中输入以下程序并运行，输出其结果。

```
num = int(input('请输入一个整数:'))
if num%2 == 0:
    print('这是一个偶数')
```

```
if num%2 != 0:
    print('这是一个奇数')
```

1.4 本章小结

本章分 3 节介绍了 Python 相关知识。第 1 节介绍了怎样了解 Python，具体包括 Python 简介、Python 的特点、Python 的应用、Python 的语法基础和 Python 标准库。第 2 节介绍了怎样认识 Anaconda，具体包括 Anaconda 的下载与安装、Anaconda 环境变量配置、Anaconda 虚拟环境管理和 Anaconda 体验。第 3 节介绍了怎样使用 Spyder，具体包括 Spyder 简介和使用 Spyder。

总习题 1

一、填空题

1. Python 采用强制缩进的方式使代码具有极佳的____。
2. Python 可以在多种平台运行，这体现了 Python 的____特性。
3. 在 Python 中，如果一条语句过长，则可以加上续行符____后另起一行。

二、判断题

(   ) 1. 在 Python 语句末尾必须使用分号。
(   ) 2. Python 源代码只能以字节码指令逐条执行，而不能转换成 EXE 程序。
(   ) 3. 在 Python 中，username 与 UserName 表示同一个标识符。
(   ) 4. Mac OS 系统自带 Python 开发环境。
(   ) 5. Python 程序被解释器转换后的文件格式扩展名为 .pyc。

三、选择题

1. Python 在（   ）年的圣诞节期间被荷兰人 Guido van Rossum 发明。
   A. 1988　　　　　B. 1989　　　　　C. 1990　　　　　D. 1999
2. 在使用 Pyton 程序时，可以利用（   ）模块来访问 SQL Server 数据库。
   A. sqlite3　　　　　　　　　　　　B. pymysql
   C. win32.client　　　　　　　　　　D. pymssql
3. 文档字符串可以通过对象的（   ）属性来提取。
   A. __doc__　　　B. _doc_　　　C. doc　　　D. __doc
4. 下面 4 个特点中，Python 不具备的是（   ）。
   A. 运行速度快　　　　　　　　　　B. 扩展库丰富
   C. 跨平台　　　　　　　　　　　　D. 支持函数式编程

5. (多选)下列领域中,使用 Python 可以实现的是(　　)。

A. Web 开发　　　　　　　　　B. 操作系统管理

C. 科学计算　　　　　　　　　D. 游戏开发

四、编程题

1. 编程实现输入圆的半径,计算圆的面积。

2. 编程实现对输入的 10 个数进行排序。

第 1 章习题答案

第 2 章　Python 语言基础

【本章概要】

- Python 语言结构
- Python 语言数据容器
- Python 语言程序设计

2.1　Python 语言结构

2.1.1　基本运算

Python 中有 6 种运算符：算术运算符、比较运算符、逻辑运算符、位运算符、赋值运算符和成员运算符。

(1) 算术运算符：加(+)、减(-)、乘(*)、除(/)、乘方(**)、取余(%)、求商(//)、取绝对值 abs(x)、转为整数 int(x)、转为浮点数 float(x)、转为复数 complex()。

(2) 比较运算符：小于(<)、小于或等于(<=)、等于(==)、大于(>)、大于或等于(>=)、不等于(!=)、is(判断两个标识符是否引用同一个对象)、is not(判断两个标识符是否引用不同对象)。这 8 个比较运算符的优先级相同，并且 Python 允许链式比较 x<y<z，它相当于 x<y and y<z。

(3) 逻辑运算符：x or y 中的 or 是短路运算符，它只有当第 1 个运算数为 False 时才计算第 2 个运算数的值；x and y 中的 and 是短路运算符，它只有当第 1 个运算数为 True 时才计算第 2 个运算数的值；not x 中 not 的优先级低[not a==b 相当于 not(a==b)]，a = not b 是错误的。

(4) 位运算符：位运算就是直接对整数按照二进制位进行操作，其运算符有按位与(&)、按位或(|)、按位异或(^)、按位取反(~)、左移(<<)、右移(>>)。

(5) 赋值运算符：赋值(=)、加赋值运算(+=)、减赋值运算(-=)、乘赋值运算(*=)、除赋值运算(/=)。

(6) 成员运算符：in，如果指定元素在序列中，则返回 True，否则返回 False；not in，如果指定元素不在序列中，则返回 True，否则返回 False。

【例 2.1】Python 中的算术运算实例。在 Spyder 中输入代码 2.1。

代码 2.1　算术运算

```
1  print(1+2)                # 加法
2  print(3-5)                # 减法
3  print(3*2)                # 乘法
4  print(5/3)                # 除法
5  print(3**2)               # 乘方
6  print(9%3)                # 取余
7  print(7//3)               # 求商
8  print(abs(-5))            # 取绝对值
9  print(int(3.73))          # 转为整数
10 print(float(2))           # 转为浮点数
11 print(complex(3))         # 将 3 转为复数(3+0j)
12 print(complex(3, 5))      # 将(3,5)转为复数(3+5j)
```

运行代码 2.1 得到所要的结果。

【例 2.2】Python 中的位运算实例。在 Spyder 中输入代码 2.2。

代码 2.2　位运算

```
1  print(0&0, 0&1, 1&0, 1&1)    # 按位与 & 的运算规则为 0&0=0, 0&1=0, 1&0=0, 1&1=1
2  print(-5&3)                   # -5 的补码为 1111 1011, 3 的补码为 0000 0011, 按位与结果为 0000
                                   0011, 即十进制数 3
3  print(0|0, 0|1, 1|0, 1|1)    # 按位或 | 的运算规则为 0|0=0, 0|1=1, 1|0=1, 1|1=1
4  print(-5|3)                   # -5 与 3 按位或后得到 1111 1011, 其真值为-0000 101, 即-5
5  print(0^0, 0^1, 1^0, 1^1)    # 按位异或 ^ 的运算规则为 0^0=0, 0^1=1, 1^0=1, 1^1=0
6  print(-5^3)                   # -5 与 3 按位异或后得-8
7  print(~0, ~1)                 # 按位取反 ~ 的运算规则为 ~0=1, ~1=0, 就是把 0 变成 1, 把 1 变成 0
8  print(~7)                     # 7 按位取反得-8
9  print(3<<2)                   # 将 3 二进制数左移 2 位, 右边低位补 0, 结果为 12。当移动对象为正
                                   数时, 高位补 0
10 print(-3>>2)                  # 将-3 二进制数右移 2 位, 左边高位补 1, 结果为-1。当移动对象为负
                                   数时, 高位补 1
```

运行代码 2.2 得到所要的结果。

注意：

(1) 补码是怎么算的？

5 的补码是怎么算的？5=4+1=2^2+2^0，因此，5 的二进制值是 101。如果用 8 位二进制编码，最高位是符号位，正数的符号位是 0，负数的符号位是 1，二进制真值放在编码右侧，

其余各位用 0 补齐，得到 5 的二进制原码是 0 0000 101。而正数的补码与原码一样，因此 5 的补码也是 0 0000 101。

-5 的补码是多少呢？用 8 位二进制编码，-5 的二进制原码是 1 0000 101。反码是符号位不变，其余按位取反，即 1 1111 010。补码是符号位不变，反码加 1，即 1 1111 011。因此，-5 的补码是 1 1111 011。例如，用二进制把原码表示出来，正数的补码与原码相同，负数的补码为它的原码除符号位外对各位"按位求反"，再在最低位加 1 即可。

```
+5=00000101(原码) -------------------------------- 00000101(补码)
-5=10000101(原码) -------------------------------- 11111011(补码)
+8=00001000(原码) -------------------------------- 00001000(补码)
```

同一个数字在不同的补码表示形式中是不同的。例如-15 的补码，在 8 位二进制中是 1111 0001，然而在 16 位二进制中，其补码就是 1111 1111 1111 0001。以下都使用 8 位二进制来表示。

补码的作用：便于 CPU 进行减法运算。负数的补码是在其原码的基础上，符号位不变，其余各位取反，最后加 1，即在反码基础上加 1。计算机考虑芯片设计成本只做了加法器，并没有做减法器，引进补码的作用是让计算机在没有减法器的情况下做减法。

（2）~按位取反，0 按位取反为什么是-1 不是 1？

按位取反是指按照二进制位取反，0 的二进制原码为 0000 0000，按位取反后得到 1111 1111，最高位是 1，所以是负数，求其原始数据的方法是，再次取反加 1（符号位不变）。再次取反得到 1000 0000，加 1 得到 1000 0001，这个是-1 的原始数据。

9 按位取反为什么会得到-10？计算步骤如下。

9 转换为二进制 0 000 1001 → 按位取反，1 111 0110 →再次取反（符号位不变）得到 1000 1001 →加 1 得到 1 000 1010，即-10 的原始数据。

（3）左移和右移的算法。

左移运算规则：按二进制形式把所有的数字向左移动对应的位数，高位移出（舍弃），低位的空位补 0。

语法格式：需要移位的数字 << 移动的位数。例如，3 << 2，是将数字 3 左移 2 位。计算过程：3 的二进制形式为 00 000011，然后把高位（左侧）的两个 0 移出，其他的数字都朝左移动 2 位，最后在低位（右侧）的两个空位补 0，得到的最终结果是 0000 1100，转换为十进制是 12。数学意义：在数字没有溢出的前提下，对于正数和负数，左移一位都相当于乘以 2 的 1 次方，左移 n 位就相当于乘以 2 的 n 次方。

右移运算规则：按二进制形式把所有的数字向右移动对应的位数，低位移出（舍弃），高位的空位补符号位，即正数补 0，负数补 1。

语法格式：需要移位的数字 >>移动的位数。例如，11 >> 2，是将数字 11 右移 2 位。计算过程：11 的二进制形式为 0000 1011，然后把低位的最后两个数字移出，因为该数字是正数，所以在高位补 0（若是负数则高位补 1），得到的最终结果是 0000 0010，转换为十进制是 2。数学意义：右移一位相当于除以 2 的 1 次方，右移 n 位相当于除以 2 的 n 次方，这里是取商，余数不要。11/(2^2)= 2，若为小数，则取整即可。

2.1.2 顺序结构

Python 不用大括号区分代码组,大括号更多是用来分隔数据的。Python 程序中的代码组很容易被发现,因为它们总是缩进的;也可以利用冒号(:)识别,这个字符用来引入一个必须向右缩进的新的代码组。

【例2.3】采用顺序结构编写 Python 代码,Python 代码会按照编写的顺序,自上而下逐行运行。Python 中一行代码运行结束就标志着一条语句运行结束。在 Spyder 中输入代码 2.3。

代码 2.3 顺序结构

```
1 a=90                # 给变量 a 赋整数值 90
2 b=70                # 给变量 b 赋整数值 70
3 c=150               # 给变量 c 赋整数值 150
4 b=a                 # 给变量 b 赋整数值 a
5 c=b                 # 给变量 c 赋整数值 b
6 print(a, b, c)      # 打印 a、b、c 的值
7 b=a+20              # 给变量 b 赋整数值 a+20
8 c=b+20              # 给变量 c 赋整数值 b+20
9 print(a, b, c)      # 打印 a、b、c 的值
```

运行代码 2.3 得到所要的结果。

2.1.3 选择结构

当 Python 代码运行到选择结构时,会判断条件的 True/False,根据条件判断的结果,选择对应的分支继续执行。当满足条件时,执行一个操作;当不满足该条件时,执行另一个操作。在这种情况下,我们使用 if-else 语句,即一条 if 语句跟随一条可选的 else 语句,当 if 语句的布尔值为 False 时,else 语句块将被执行。

【例2.4】选择结构实例。在 Spyder 中输入代码 2.4。

代码 2.4 if-else 选择结构

```
1 print('提示:这里有一件你喜欢的商品,但是没有价格标签,为了确认你是否买得起,请回答下列问
  题。')                                            # 提示
2 yourmoney = float(input('请输入你有多少钱? '))   # 输入浮点数值
3 price =200                                        # 给定商品价格
4 if  yourmoney >= price:                          # if-else 选择结构判断
5     print('你买得起。付款 200 元可以拿走商品!')  # 符合条件,就打印
6 else:                                             # 否则
7     print('你的资金不足够购买。赚钱去吧!')       # 打印"你的资金不足够购买。赚钱去吧!"
```

运行代码 2.4 得到所要的结果。

当需要检查超过两个条件的情形时，Python 提供了 if-elif-else 结构。关键字"elif"是"else if"的缩写，这样可以避免过深的缩进。Python 只执行 if-elif-else 结构中的一个代码块，会依次检查每个条件测试，当满足条件测试后，将执行该条件情况下的代码块，并跳过剩余的条件测试。

【例 2.5】多重条件测试实例。在 Spyder 中输入代码 2.5。

代码 2.5　if-elif-else 选择结构

```
1  print('提示:下面是 5 级成绩得分转化系统。')         # 提示
2  grades = float(input('请输入你的成绩得分:'))        # 输入浮点数值
3  if grades >= 90:                                  # if-elif-else 选择结构
4      print('你的成绩是优。')                         # 满足条件,打印"你的成绩是优。"
5  elif grades >= 80:                                # if-elif-else 选择结构
6      print('你的成绩是良。')                         # 满足条件,打印"你的成绩是良。"
7  elif grades >= 70:                                # if-elif-else 选择结构
8      print('你的成绩是中。')                         # 满足条件,打印"你的成绩是中。"
9  elif grades >= 60:                                # if-elif-else 选择结构
10     print('你的成绩是及格。')                        # 满足条件,打印"你的成绩是及格。"
11 else:                                             # 否则
12     print('你的成绩不及格。')                        # 打印"你的成绩不及格。"
```

运行代码 2.5 得到所要的结果。

2.1.4　循环结构

循环结构和选择结构有些类似，不同点在于循环结构的条件判断和循环体之间形成了一条回路，当进入循环体的条件成立时，程序会一直在这个回路中循环，直到进入循环体的条件不成立为止。

Python 主要有 for 循环和 while 循环两种形式的循环结构，多个循环可以嵌套使用，并且经常和选择结构嵌套使用。while 循环一般用于循环次数难以提前确定的情况，当然也可以用于循环次数确定的情况；for 循环一般用于循环次数可以提前确定的情况，尤其适用于枚举、遍历序列或迭代对象中元素的场合。对于带有 else 子句的循环结构，如果循环因为条件表达式不成立或遍历序列结束而自然结束，则执行 else 中的语句；如果循环是因为执行了 break 语句而导致循环提前结束，则不会执行 else 中的语句。

【例 2.6】列表的循环遍历。在 Spyder 中输入代码 2.6。

代码 2.6　Python 列表的循环遍历

```
1  a = [1, 2, 3, 4, 5, 6, 7, 8, 9, 10, 11, 12, 13, 14, 15, 16, 17, 18, 19, 20]   # 创建一个列表
2  for number in a:                                  # number 在列表 a 中循环取值
3      print(number, end=(' '))                      # 打印 number,后面使用空格隔开,不换行
```

运行代码2.6得到所要的结果。

【例2.7】字典的循环遍历。在Spyder中输入代码2.7。

代码2.7　Python字典的循环遍历

```
1 person={ '姓名':'张三', '年龄':22, '数学成绩':95, '语文成绩':90, '英语成绩':88 }
                                                          # 定义字典person
2 for i, j in person.items():                             # 字典person循环
3     print(i, ':', j, end=('。  '))                      # 打印字典内容
```

运行代码2.7得到的结果为"姓名：张三。　年龄：22。　数学成绩：95。　语文成绩：90。　英语成绩：88"。

【例2.8】for循环和while循环。在Spyder中输入代码2.8。

代码2.8　for循环和while循环

```
1  s = 0                          # 给变量s赋值0
2  for i in range(1, 101):        # for循环让i在数据容器range(1, 101)中遍历
3      s+=i                       # 连加运算 s = s + i
4  else:                          # for循环遍历完毕
5      print('s = ', s, end=('\n'))   # 打印连加结果s的值,后面用换行'\n'隔开
6  s = i =0                       # 给变量s和i同时赋值0
7  while i <= 100:                # while循环
8      s+=i                       # 连加运算 s = s + i
9      i+=1                       # 连加运算 i = i + 1
10 else:                          # while循环完毕
11     print('s = ', s, end=('。'))   # 打印连加结果s的值,后面加句号
```

运行代码2.8得到所要的结果。

习题2-1

1. 编程实现：计算 $2^{31} - 1$ 的值。
2. 编程实现：学习成绩大于或等于90分的同学的成绩用A表示，60~89分的同学的成绩用B表示，60分以下的同学的成绩用C表示。
3. 编程实现：输入一行字符，分别统计其中英文字母、空格、数字和其他字符的个数。
4. 运行下列程序，输出其结果。

```
s = 10
for i in range(1, 6):
    while True:
        if i%2 == 1:
            break
        else:
            s -= 1
            break
print(s)
```

2.2　Python 语言数据容器

容器用于存放东西，而数据容器就是存放数据的对象，通常有字符串、列表、元组、字典、集合等。

2.2.1　字符串

字符串就是一系列字符。在 Python 中，用引号引起来的都是字符串，其中的引号可以是单引号，也可以是双引号。如果给变量赋值一个字符串，则不需要提前声明。

【例 2.9】使用反斜杠"＼"对引号进行转义。在 Spyder 中输入代码 2.9。

代码 2.9　单引号字符串及对引号进行转义

```
1 print("Let's go")                          # 双引号中放一个单引号
2 print('Let\'s go')                         # 单引号中使用转义字符\辅助
3 print('\n')                                # 使用转义字符\,\n 表示换行
4 print('I\'m Zhang!')                       # 单引号中使用转义字符\辅助
5 print("Let's go", end=('---不换行---'))    # 双引号中放一个单引号,后面不换行
6 print('Let\'s go')
```

运行代码 2.9 得到所要的结果。

【例 2.10】字符串的拼接。Python 能自动将字符串拼接起来(合并为一个字符串)。在 Spyder 中输入代码 2.10。

代码 2.10　拼接字符串

```
1 print("We are", 'classmates')      # 输出两个字符串
2 print("Hello "+"world!")           # 输出两个字符串的拼接
3 a='Hello'                          # 给变量 a 赋值字符串 Hello
4 b='world!'                         # 给变量 b 赋值字符串 world!
5 print(a+b)                         # 输出两个字符串的拼接
```

运行代码 2.10 得到所要的结果。

【例 2.11】打印函数 print( )的使用。Python 打印所有的字符串时，都用引号将其引起来。在 Spyder 中输入代码 2.11。

代码 2.11　打印函数 print( )的使用

```
1 print("Hello world!")        # 打印字符串 Hello world!
2 print("Hello, world!")       # 打印字符串 Hello, world!
3 print("Hello, \nworld!")     # 打印 Hello, \nworld!,\n 会实现自动换行
```

运行代码 2.11 得到所要的结果。

【例 2.12】使用函数 repr( ) 和 str( ) 将数据转换为字符串。在 Spyder 中输入代码 2.12。

代码 2.12　函数 repr( ) 和 str( ) 的应用

```
1 print(repr("Hello, \nworld!"))      # repr()函数的应用,输出结果为 Hello, \nworld!,不自动换行
2 print(str("Hello, \nworld!"))       # str()函数的应用,输出结果会自动换行
```

运行代码 2.12 得到所要的结果。

处理字符串的常用方法通常有以下几种。

（1）center( )：通过在两边添加填充字符（默认为空格）让字符串居中。

（2）find( )：在字符串中查找子串，若找到，则返回子串的第 1 个字符的索引，否则返回 −1。

（3）join( )：一个非常重要的字符串方法，其作用与 split( ) 相反，用于合并序列的元素。

（4）upper( )：返回字符串的大写版本。

（5）lower( )：返回字符串的小写版本。

（6）title( )：将每个单词的首字母大写。

（7）captitalize( )：将第 1 个单词的首字母大写。

（8）strip( )：删除字符串前、后的空格。

（9）lstrip( )：删除字符串左边的空格。该方法的第 1 个字母是英语单词 left（左边）的首字母。

（10）rstrip( )：删除字符串右边的空格。该方法的第 1 个字母是英语单词 right（右边）的首字母。

（11）count( )：统计子串出现的次数。

（12）replace( )：将指定子串都替换为另一个字符串，并返回替换后的结果。

（13）split( )：一个非常重要的字符串方法，其作用与 join( ) 相反，用于将字符串拆分为序列。注意，如果没有指定分隔符，则将默认在单个或多个连续的空白字符（空格、制表符、换行符等）处进行拆分。

【例 2.13】字符串的 center( ) 方法和 find( ) 方法的应用。在 Spyder 中输入代码 2.13。

代码 2.13　字符串的 center( ) 方法和 find( ) 方法的应用

```
1 print('I like Python'.center(20))        # center()方法
2 print('I like Python'.center(80, '* '))  # center()方法
3 print('I like Python'.find('like'))      # find()方法
4 print('I like 5 Python'.find('ab'))      # find()方法
```

运行代码 2.13 得到所要的结果。

【例 2.14】列表的 join( ) 方法的应用。在 Spyder 中输入代码 2.14。

代码 2.14　列表的 join( ) 方法的应用

```
1 sep = '- - -'                        # 设置连接分隔符
2 seq = ['a', 'b', 'c', 'd', 'e']      # 将字符串列表赋值给变量 seq,数字列表不能用 join()
3 print(sep.join(seq))                 # 输出结果
```

运行代码 2.14 得到的结果为 "a---b---c---d---e"。

【例 2.15】字符串的 lower( )、title( )、replace( )、split( ) 和 strip( ) 方法的应用。在 Spyder 中输入代码 2.15。

代码 2.15 字符串的 lower( )、title( )、replace( )、split( ) 和 strip( ) 方法的应用

```
1  print('Trondheim Hammer Dance'.lower())    # lower()方法，返回字符串的小写版本
2  print("that's all folks".title())          # title()方法，将每个单词的首字母大写
3  print('This is a test'.replace('is', 'seem')) # replace()方法，将指定子串都替换为另一个字符串，
                                                  并返回替换后的结果
4  print('1+2+3+4+5'.split('+'))              # split()方法
5  print('Using the default'.split())         # split()方法
6  print('internal whitespace is kept '.strip()) # strip()方法
```

运行代码 2.15 得到所要的结果。

2.2.2 列表与元组

列表：有序的可变对象集合。列表中的每个元素从 0 开始编号。列表是动态的，可以根据需要扩展（和收缩）。列表是可变的，可以在任何时间通过增加、删除或修改对象来修改列表。列表总是用方括号包围，而且列表中包含的对象之间总是用逗号分隔。

【例 2.16】各种列表示例。在 Spyder 中输入代码 2.16。

代码 2.16 各种列表示例

```
1  empty=[ ]                                  # 创建空列表
2  float=[30.0, 101.5, 53.8, 64.5]            # 创建浮点数列表
3  words=['hello', 'world']                   # 创建单词列表
4  mix=['x', 'y', 200, 14.5]                  # 创建混合型列表
5  everything=[empty, float, words, mix]      # 创建包含列表的列表
6  ends=[[1, 2, 3], ['a', 'b', 'c'], ['one', 'two', 'three']]  # 创建包含列表的列表
7  print(empty, end=(', '))                   # 输出列表
8  print(float, words, mix, everything, ends) # 输出列表
```

运行代码 2.16 得到所要的结果。

【例 2.17】Python 对索引位置的编号是从 0 开始的，可以用方括号记法来访问列表中的对象。Python 允许相对于列表两端来访问列表：正索引值为从左向右数，负索引值为从右向左数。在 Spyder 中输入代码 2.17。

代码 2.17 列表的索引

```
1  m = 'I like the world!'                    # 将字符串赋值给变量 m
2  letters=list(m)                            # 将 m 转化为列表并赋值给 letters
3  print(letters)                             # 打印列表 letters
4  print(letters[0], letters[5], letters[-1], letters[-5])  # 打印列表 letters 的第 1、6 及倒数第 1、5 个元素
```

运行代码 2.17 得到所要的结果。

【例 2.18】列表的切片。列表可以把开始值、结束值和步长值放到方括号里，相互之间用冒号分隔，即 list[start: stop: step]。开始值默认为 0，结束值默认为列表允许的最大值，步长值默认为 1。在 Spyder 中输入代码 2.18。

代码 2.18 列表的切片

```
1  m = 'I like the world!'      # 将字符串赋值给变量 m
2  j=list(m)                    # 将字符串转换成列表并赋值给变量 j
3  print(j)                     # 打印列表 j
4  print(j[3:10:2])             # 打印列表 j 的切片
5  print(j[::3])                # 打印列表 j 的切片
6  print(j[10:5:-1])            # 打印列表 j 的切片
7  print(j[5:])                 # 打印列表 j 的切片
8  print(j[:9])                 # 打印列表 j 的切片
```

运行代码 2.18 得到所要的结果。

处理列表的常用方法如下。

（1）append()：用于将一个对象添加到列表末尾。

（2）remove()：用于删除列表中指定的元素。

（3）pop()：从列表中删除最后一个元素，并返回这个值。

（4）extend()：同时将多个值附加到列表末尾，可将这些值组成的序列作为参数提供给方法 extend()。换言之，可使用一个列表来扩展另一个列表。

（5）insert()：用于将一个对象插入列表。

（6）clear()：清空列表的内容。

（7）copy()：复制列表。

【例 2.19】处理列表的常用方法。在 Spyder 中输入代码 2.19。

代码 2.19 处理列表的常用方法

```
1   nums = [1, 2, 3]            # 给变量 nums 赋值为列表
2   nums.append(4)              # 将 4 附加到列表末尾
3   print(nums)                 # 打印列表 nums
4   nums.remove(3)              # remove()方法，从列表中删除 3
5   print(nums)                 # 打印列表 nums
6   nums.pop()                  # pop()方法，删除最后一个元素
7   print(nums)                 # 打印列表 nums
8   nums.pop(0)                 # pop()方法，删除第 1 个元素
9   print(nums)                 # 打印列表 nums
10  nums.extend([3, 4])         # extend()方法，将 3、4 附加到列表末尾
11  print(nums)                 # 打印列表 nums
12  nums.insert(0, 1)           # insert()方法，在第 1 个位置插入 1
13  print(nums)                 # 打印列表 nums
14  nums.clear()                # clear()方法，清空列表的内容
15  print(nums)                 # 打印列表 nums
```

运行代码 2.19 得到所要的结果。

【例 2.20】列表的复制。在 Spyder 中输入代码 2.20。

代码 2.20　列表的复制

```
1 a = [1, 2, 3]                    # 给变量 a 赋值一个列表
2 a[2] = 5                         # 修改列表 a 的第 3 个元素为 5
3 print(a, end=(', '))             # 打印列表 a, 末尾用逗号隔开, 不换行
4 a = [1, 2, 3]                    # 给变量 a 赋值一个列表
5 b = a.copy()                     # 列表 a 复制后赋值给变量 b
6 b[2] = 5                         # 修改列表 b 的第 3 个元素为 5
7 print(a, end=(', '))             # 打印列表 a, 末尾用逗号隔开, 不换行
8 print(b)                         # 打印列表 b
```

运行代码 2.20 得到的结果为"[1, 2, 5], [1, 2, 3], [1, 2, 5]"。

元组：有序的不可变对象的集合。元组是不可变的，一旦向一个元组赋值对象，任何情况下这个元组都不能再改变。元组使用小括号（也称为圆括号）。

【例 2.21】定义元组示例。在 Spyder 中输入代码 2.21。

代码 2.21　定义元组示例

```
1 num =()                          # 定义一个空元组
2 print(num)                       # 打印元组 num
3 nums =(1, 2, 3, 4)               # 将元组赋值给变量 nums
4 print(nums)                      # 打印元组 nums
5 # nums[1] = 5                    # 元组不能改变, 因此不能修改元组 nums 中的元素
```

运行代码 2.21 得到所要的结果。

Python 的规则指出：每个元组在小括号之间至少要包含一个逗号，即使这个元组中只包含一个对象也不例外。例如，('Python',)是元组，而('Python')是字符串。

2.2.3　字典与集合

字典：无序的键值对集合。字典可以存储一个由键值对元素组成的集合。在字典中，每个唯一键有一个与之关联的值，与键关联的值可以是任意对象。字典可以包含多个键值对。字典是无序且可变的，可以把 Python 的字典看作一个两列多行的数据结构。字典可以根据需要扩展（和收缩）。在字典中增加键值对时可能有一个顺序，但字典不会保持这个顺序。当然，如果需要，可以用某个特定的顺序显示字典数据。字典由键及其相应的值组成，这种键值对称为项（item）。每个键与其值之间用冒号分隔，项之间用逗号分隔，而整个字典放在大括号内。空字典（没有任何项）用两个大括号表示。

【例 2.22】创建字典示例。在 Spyder 中输入代码 2.22。

代码2.22　创建字典示例

```
1 dictionary = { }                                              # 创建一个空字典
2 print(dictionary, end=(', '))                                 # 打印空字典
3 results = { 'name':'cao', 'Chinese':95, 'Math':93, 'English':90 }   # 创建字典并赋值给变量
4 print(results)                                                # 打印字典
```

运行代码2.22得到的结果为"{}，{'name': 'cao', 'Chinese': 95, 'Math': 93, 'English': 90}"。

【例2.23】访问字典中的数据，或者为一个新键（放在方括号里）赋一个对象来为字典增加新的键值对。在Spyder中输入代码2.23。

代码2.23　字典的键值对

```
1 results = {'name':'cao', 'Chinese':95, 'Math':93, 'English':90}   # 创建字典并赋值给变量results
2 print(results['name'], end=(', '))                            # 打印字典查询结果
3 print(results['Chinese'], end=(', '))                         # 打印字典查询结果
4 results['age']=22                                             # 给字典添加项
5 print(results)                                                # 打印添加项后的字典
```

运行代码2.23得到的结果为"cao, 95, {'name': 'cao', 'Chinese': 95, 'Math': 93, 'English': 90, 'age': 22}"。

集合：无序的唯一对象集合。集合不允许有重复的对象。集合运算包含并集、交集和差集等运算。集合可以根据需要扩展（和收缩）。集合是无序的，不能对集合中对象的顺序做任何假设。集合中对象之间用逗号分隔，包围在大括号里。要注意空集合和空字典建立的区别：使用set()建立空集合，使用{}建立空字典。

【例2.24】集合的初始化操作。在Spyder中输入代码2.24。

代码2.24　集合的初始化操作

```
1 vowels = {'a', 'e', 'e', 'i', 'o', 'u', 'u'}                  # 将一些对象用大括号括起来赋值给变量vowels
2 print(vowels, end=(', '))                                     # 打印集合vowels，自动去重，后面用逗号隔开
3 vowels2=set('aeeiouu')                                        # 将字符串aeeiouu转换为集合并赋值给变量vowels2
4 print(vowels2)                                                # 打印集合vowels2，自动去重
```

运行代码2.24得到的结果为"{'i', 'e', 'o', 'a', 'u'}, {'i', 'o', 'u', 'e', 'a'}"。

【例2.25】集合运算：Python中使用union()方法求并集，使用intersection()方法求交集，使用difference()方法求差集。在Spyder中输入代码2.25。

代码2.25　集合运算

```
1 vowels = set('aeiou')                                         # 建立集合并赋值给变量vowels
2 word = 'hello'                                                # 将字符串赋值给变量word
3 u = vowels.union(set(word))                                   # 使用union()方法求并集并赋值给u
4 print(u)                                                      # 打印u
5 print(vowels)                                                 # 打印vowels
6 vowels1 = set('aeiou')                                        # 建立集合并赋值给变量vowels1
7 word1 = 'hello'                                               # 将字符串赋值给变量word1
```

```
8  i = vowels1.intersection(set(word1))      # 使用 intersection()方法求交集并赋值给 i
9  print(i, end=(', '))                      # 打印 i
10 vowels2 = set('aeiou')                    # 建立集合并赋值给变量 vowels2
11 word2 = 'hello'                           # 将字符串赋值给变量 word2
12 d1 = vowels1.difference(set(word2))       # 使用 difference()方法求差集并赋值给 d1
13 print(d1, end=(', '))                     # 打印 d1
14 d2 = set(word2).difference(vowels2)       # 使用 difference()方法求差集并赋值给 d2
15 print(d2)                                 # 打印 d2
```

运行代码 2.25 得到所要的结果。

习题2-2

1. 编程实现：请分 10 次输入 10 个整数，并将它们组成一个列表，同时将这 10 个数由小到大排序输出。
2. 编程实现：请将列表[1, 2, 3]的数据复制到列表[4, 5, 6]中。
3. 编程实现：请将程序暂停 1 秒再输出。
4. 编程实现：请至少用两种方法将 1~100 的整数构成一个列表。
5. 编程实现：构造一个由个人信息组成的字典，并打印出字典和字典内容。

2.3 Python 语言程序设计

2.3.1 Python 函数

1. Python 定义函数

Python 函数就是一段用于完成某个具体任务并可以在程序中反复使用的代码。函数是学习编程语言必不可少的基础之一。定义函数的语法格式如下。

```
def 函数名(参数列表):
    函数体
        return 表达式
```

【例 2.26】定义一个 hello( )函数。在 Spyder 中输入代码 2.26。

代码 2.26　定义 hello( )函数

```
1 def  hello():                # 定义函数 hello()
2      print('你好 世界!')      # 打印"你好 世界!"
3 hello()                      # 调用函数 hello()
```

运行代码 2.26 得到的结果为"你好 世界!"。

【例 2.27】定义带一个参数的函数 f(x)。在 Spyder 中输入代码 2.27。

代码 2.27　定义带一个参数的函数

```
1 def    f(x):                    # 定义函数 f(x)
2       return print(x**51)       # 返回打印出 x 的 51 次方的值
3 f(25)                           # 调用函数 f(x)计算 x = 25 的值
```

运行代码 2.27 得到的结果为"19721522630525295135293214132069655741830160877725575119256973266 6015625"。

【例 2.28】定义带两个参数的函数。在 Spyder 中输入代码 2.28。

代码 2.28　定义带两个参数的函数

```
1 def    add(x, y):                # 定义函数 add(x, y)
2       return print(x + y)        # 返回打印 x+y 的值
3 add(20, 25)                      # 调用函数 add(x, y)计算 x = 20、y = 25 的值
4 add('a', 'bc')                   # 调用函数 add(x, y)计算 x = 'a'、y = 'bc'的值, 也就是对字符串进行
                                    拼接
```

运行代码 2.28 得到的结果为"45，abc"。

【例 2.29】编程实现:输入 3 个数,求出其中的最大数。在 Spyder 中输入代码 2.29。

代码 2.29　求 3 个数中的最大数

```
1 def max_f(x, y, z):                          # 定义函数 max_f(x, y, z)
2       max_ = x                              # 将 x 赋值给 max_,因为 max 是关键字,所以加下划
                                                 线进行区别
3       if   max_< y:                         # 条件语句进行判断比较
4           max_ = y                          # 条件成立,将 y 赋值给 max_
5       if   max_< z:                         # 上一个条件不成立,再次进行条件语句判断
6           max_ = z                          # 条件成立,将 z 赋值给 max_
7       return    max_                        # 返回 max_的值
8 num1 = int(input('请输入第 1 个数:'))         # 请输入第 1 个数
9 num2 = int(input('请输入第 2 个数:'))         # 请输入第 2 个数
10 num3 = int(input('请输入第 3 个数:'))        # 请输入第 3 个数
11 result = max_f(num1, num2, num3)           # 调用函数求最大数
12 print('3 个数中最大的数是:', result)         # 打印计算结果
```

运行代码 2.29 得到所要的结果。

2. Python 函数嵌套

所谓函数嵌套,就是在一个函数中又定义了另外一个函数,即 Python 内部函数,从而形成函数的嵌套,类似于数学中的复合函数。注意:内部函数不能被外部直接使用。

【例 2.30】函数嵌套。注意：内部函数只能在函数内部调用。在 Spyder 中输入代码 2.30。

代码 2.30　函数嵌套

```
1  def func1():                    # 定义函数 func1()
2      print('This is func1')       # 打印 This is func1
3      def func2():                 # 定义嵌套函数 func2()
4          print('This is func2')    # 打印 This is func2
5      func2()                      # 在函数 func1()内部调用嵌套函数 func2()
6  func1()                          # 在函数 func1()外部调用函数 func1()
```

运行代码 2.30 得到所要的结果。

3. lambda 函数

lambda 函数也称为表达式函数，定义 lambda 函数的语法格式如下。

```
lambda 参数表:表达式
```

冒号前的参数表为函数参数，多个参数必须用逗号分隔开，冒号后面的表达式为函数语句，其结果为函数的返回值。对于 lambda 函数，应该注意以下几点。

（1）lambda 函数是单行函数，如果需要定义多行函数，则应该使用 def。
（2）lambda 函数可以包含多个参数，它们之间用逗号分隔开。
（3）lambda 函数只有一个返回值。
（4）lambda 函数中的表达式不能含有命令，且仅有一个表达式。

【例 2.31】lambda 函数的应用。在 Spyder 中输入代码 2.31。

代码 2.31　lambda 函数的应用

```
1  def  sum(x, y):                        # 定义函数 sum(x, y)
2      print(x+y)                          # 打印 x+y
3      return x+y                          # 返回 x+y 的值
4  sum(10, 20)                             # 调用函数
5  p = lambda u, v:u + v                   # 定义匿名函数 lambda u, v:u + v
6  print(p(30, 40))                        # 打印函数值
7  a = lambda t:t*t                        # 定义匿名函数 lambda t:t*t
8  print(a(50))                            # 打印函数值
9  b = lambda m, n, q:(m + 8)*n - q        # 定义匿名函数 lambda m, n, q:(m + 8)*n - q
10 print(b(60, 70, 80))                    # 打印函数值
```

运行代码 2.31 得到的结果为"30，70，2500，4680"。

4. 递归函数

函数调用自身的编程技巧称为递归。递归函数可以在函数内部直接或间接地调用自己，即函数的嵌套调用的是函数本身。需要注意的是，函数不能无限递归，一般需要设置终止条件。

【例 2.32】编程实现阶乘的计算。在 Spyder 中输入代码 2.32。

代码 2.32　实现阶乘的计算

```
1  def    factorial(n):                                    # 定义阶乘函数 factorial()
2      if   n == 0:                                        # 条件语句判断 n 等于 0 时,0 的阶乘为 1
3          result = 1                                      # 结果等于 1
4      else:                                               # 否则
5          result = n*factorial(n-1)                       # 结果等于 n*factorial(n-1)
6      return result                                       # 返回 result 的值
7  while True:                                             # 建立一个无限循环
8      n = int(input('请输入一个小于 1001 的非负整数,如果输入 -1 就退出:'))   # 输入需要求阶乘的
                                                                            非负整数
9      if n == -1:                                         # 建立一个退出条件 n == -1
10         break                                           # 退出程序
11     else:                                               # 否则
12         result = factorial(n)                           # 调用阶乘函数 factorial()计算 n 的阶乘
13         print('% d! = % d'%(n, result))                 # 打印阶乘的结果
14         print('------------------------')               # 打印分隔线
```

运行代码 2.32,提示请输入一个小于 1 001 的非负整数,输入 5,输出结果为"5! = 120"。阶乘的实现还有多种方式。

5. 函数列表

函数列表即由函数组成的列表。函数是一种对象,可以将其作为列表的元素使用,然后通过列表索引调用函数。

【例 2.33】函数列表应用。在 Spyder 中输入代码 2.33。

代码 2.33　函数列表应用

```
1  x = [lambda a, b:a+b, lambda a, b:a*b]        # 使用 lambda 函数建立函数列表
2  print(x[0](1, 3))                             # 调用列表 x 中的第 1 个函数,并求值
3  print(x[1](2, 8))                             # 调用列表 x 中的第 2 个函数,并求值
4  def add(a, b):                                # 定义函数 add(a, b)
5      return a + b                              # 返回 a + b 的值
6  def times(c, d):                              # 定义函数 times(c, d)
7      return c*d                                # 返回 c*d
8  y = [add, times]                              # 将函数做成列表
9  print(y[0](1, 2))                             # 调用列表 y 中的第 1 个函数,并求值
10 print(y[1](3, 4))                             # 调用列表 y 中的第 2 个函数,并求值
```

运行代码 2.33 得到的结果为"4,16,3,12"。

6. 内置函数

Python 中有许多内置函数,如表 2-1 所示,总计 68 个内置函数,这些函数在解释器中可以直接运行。

表 2-1　Python 内置函数

函数	说明	函数	说明	函数	说明	函数	说明
abs( )	求绝对值	id( )	唯一标识符	isinstance( )	判断实例	bytes( )	不可变字节数组
max( )	求最大值	hex( )	转成十六进制	input( )	用户输入	filter( )	过滤可迭代对象
min( )	求最小值	bool( )	布尔转换	setattr( )	设置属性	getattr( )	获取属性
pow( )	求幂	repr( )	字符串表现	compile( )	编译代码	staticmethod( )	静态方法装饰器
dir( )	属性列表	dict( )	创建字典	enumerate( )	创建枚举对象	__import__( )	动态导入模块
len( )	对象长度	help( )	帮助文件	ascii( )	可打印字符串	issubclass( )	判断子类
zip( )	列表转字典	list( )	创建列表	divmod( )	求商和余数	memoryview( )	内存查看
all( )	all 运算	type( )	对象类型	float( )	浮点型转换	next( )	迭代对象的下一个
any( )	any 运算	iter( )	可迭代对象	complex( )	复数	callable( )	对象是否可调用
oct( )	转成八进制	open( )	打开文件	format( )	格式化显示	delattr( )	删除属性
chr( )	ASCII 转字符	hash( )	哈希值	reversed( )	反序	classmethod( )	类装饰器
set( )	创建集合	vars( )	局部变量和值	print( )	打印输出	frozenset( )	不可变集
bin( )	转成二进制	range( )	range 对象	hasattr( )	判断属性	locals( )	局部变量和值
ord( )	字符转 ASCII	tuple( )	创建元组	object( )	创建对象	exec( )	执行动态语句
str( )	转成字符串	sorted( )	排列	super( )	继承	eval( )	执行动态表达式
int( )	整型转换	slice( )	切片对象	property( )	属性	globals( )	全局变量和值
sum( )	求和	round( )	求四舍五入	bytearray( )	字节数组	map( )	对可迭代对象中的每个元素进行运算

Python 内置函数的具体说明如下。

（1）数学运算（7 个）：abs( )、divmod( )、max( )、min( )、pow( )、round( )、sum( )。

（2）类型转换（24 个）：bool( )、int( )、float( )、complex( )、str( )、bytearray( )、bytes( )、memoryview( )、ord( )、chr( )、bin( )、oct( )、hex( )、tuple( )、list( )、dict( )、set( )、frozenset( )、enumerate( )、range( )、iter( )、slice( )、super( )、object( )。

（3）序列操作（8 个）：all( )、any( )、filter( )、map( )、next( )、reversed( )、sorted( )、zip( )。

（4）对象操作（9 个）：help( )、dir( )、id( )、hash( )、type( )、len( )、ascii( )、format( )、vars( )。

（5）作用域变量操作（2 个）：globals( )、locals( )。

（6）交互操作（2 个）：print( )、input( )。

（7）文件操作（1 个）：open( )。

（8）编译执行（4 个）：compile( )、eval( )、exec( )、repr( )。

（9）装饰器（3 个）：property( )、classmethod( )、staticmethod( )。

（10）反射操作（8 个）：__import__( )、isinstance( )、issubclass( )、hasattr( )、getattr( )、setattr( )、delattr( )、callable( )。

【例 2.34】内置函数应用示例。在 Spyder 中输入代码 2.34。

代码 2.34　内置函数应用示例

```
1  a = abs(-10)                                    # abs(),求绝对值
2  print('a = ', a, end=(', '))                    # 打印输出 10
3  b = divmod(10, 3)                               # 求两个数值的商和余数,输出(3, 1)
4  c = divmod(10.1, 3)                             # 求两个数值的商和余数,输出(3.0, 1.0999999999999996)
5  d = divmod(-10, 4)                              # 求两个数值的商和余数,输出(-3, 2)
6  print('b = ', b, ',', 'c = ', c, ',', 'd = ', d, end=(', '))   # 打印输出的结果
7  e = max(1, 2, 3)                                # max(),求最大值。传入 3 个数,取 3 个中的较大者;输出 3
8  f = max('1234')                                 # 传入一个可迭代对象,取其最大元素值;输出 4
9  h = max(-1, 0, key = abs)                       # 传入了求绝对值函数,则参数都会进行求绝对值后再取较
                                                     大者;输出-1
10 print('e = ', e, ',', 'f = ', f, ',', 'h = ', h, end=(', '))   # 打印输出的结果
11 i = min(1, 2, 3)                                # 传入 3 个数,取 3 个数中较小的;输出 1
12 j = min('1234')                                 # 传入一个可迭代对象,取其最小元素值;输出 1
13 l = min(-1, -2, key = abs)                      # 传入了求绝对值函数,则参数都会进行求绝对值后再取较
                                                     小者;输出-1
14 print('i = ', i, ',', 'j = ', j, ',', 'l = ', l, end=(', '))   # 打印输出的结果
15 m = pow(2, 3)                                   # 求两个数的幂运算,2**3 = 8
16 print('m = ', m, end=(', '))                    # 打印输出的结果
17 n = round(1.131415926, 1)                       # 对数值进行四舍五入,保留 1 位小数,输出 1.1
18 p = round(1.131415926, 5)                       # 对数值进行四舍五入,保留 5 位小数,输出 1.13142
19 print('n = ', n, ',', 'p = ', p, end=(', '))    # 打印输出的结果
20 q = sum((1, 2, 3, 4))                           # 求数值的和,传入可迭代对象,输出 10
21 r = sum((1.5, 2.5, 3.5, 4.5))                   # 元素类型必须是数值型,求数值的和,输出 12.0
22 s = sum((1, 2, 3, 4), -10)                      # 求数值的和,输出 0
23 print('q = ', q, ',', 'r = ', r, ',', 's = ', s, end=('。'))   # 打印输出的结果,后面以句号结束
```

运行代码 2.34 得到所要的结果。

2.3.2　Python 模块与包

Python 模块(module)就是一个 Python 文件,文件名就是模块名。将多个功能相关联的模块放在一个文件夹中,并在该文件夹中配上一个__init__.py(注意 init 左、右各有两个下划线)文件,这个文件夹的所有文件就组成了一个包,文件夹的名称就是 Python 包的名称,可以理解为 Python 包就是一个包含__init__.py 文件的文件夹。

1. Python 类、模块与包的区别

类(class)是一个文件的一段代码;模块是一个文件;包(package)是多个文件,也可以说是由多个模块组成的文件夹。调用包需要添加__init__.py 文件,此文件可以为空,也可以有代码;包内为首的一个文件便是 __init__.py,然后是一些模块文件和子目录,如果子目录中也有 __init__.py,那么它就是这个包的子包。判断是否为子包的标准,就是看子文

件夹里面是否有__init__.py 文件。

2. Python 包的创建

创建一个文件夹，文件夹的名称就是 Python 包的名称，然后在文件夹中建立一个名为"__init__.py"的 Python 文件。__init__.py 文件可以为空，也可以加入包的初始化代码，然后放入其他 Python 文件(模块)，这样就创建了一个 Python 包，使用类似的方法可以在包里面创建子包，具体步骤如下。

（1）创建一个文件夹，文件夹的名称取为 pypackage。

（2）在文件夹 pypackage 中新建文件夹 mypackage。

（3）在文件夹 mypackage 中新建文件夹 pydata。

（4）在 Spyder 中建立 3 个空的 Python 程序，均命名为__init__.py，并将它们分别保存在 pypackage、pypackage\mypackage 和 pypackage\mypackage\pydata 文件夹中。

（5）然后在 Spyder 中创建一个 Python 程序，并将其保存在 pypackage\mypackage\pydata 文件夹中，文件命名为 mypro.py。

下面给出两个常见包的创建示意，如图 2.1 所示。

```
package_a                        package_b
├── __init__.py                  ├── __init__.py
├── module_1.py                  ├── module_3.py
└── module_2.py                  └── module_4.py
```

图 2.1 两个常见包的创建示意

创建主程序 main.py，如果 main.py 想要引用包 package_a 中的模块 module_1，则可以使用以下语句。

```
from package_a import module_1
import package_a.module_1
```

引用模块 module_1 后，可以使用类似于 module_1.test()的格式进一步调用 module_1 中的函数 test()。

【例 2.35】 Python 包的创建实例。创建文件夹，命名为 mymax_min，这就是包的名称。在该文件夹下创建 3 个 Python 文件：__init__.py、mymax.py 和 mymin.py。__init__.py 这个文件必须以__init__命名，包管理器会自动寻找这个文件，其中代码如下。

```
__author__ = 'lihanlong'
__all__ = ["mymax", "mymin"]
```

求最大值模块 mymax.py，其中代码如下。

```
__author__ = 'lihanlong'
def max(a, b):
    if a >= b:
        return a
    else:
        return b
```

求最小值模块 mymin.py，其中代码如下。

```
__author__ = 'lihanlong'
def min(a, b):
    if a <= b:
        return a
    else:
        return b
```

为了测试这个包，在 mymax_min 文件夹同目录下创建文件名为例 2.35 的 Python 文件，程序如代码 2.35 所示。

代码 2.35　测试包主程序实例

```
1  from mymax_min import  mymax        # 从包 mymax_min 里导入模块 mymax
2  from mymax_min import  mymin        # 从包 mymax_min 里导入模块 mymin
3  print(mymax.max(67, 89))            # 调用模块 mymax 中的函数 max()
4  print(mymin.min(59, 43))            # 调用模块 mymin 中的函数 min()
```

运行代码 2.35 得到所要的结果。

3. Python 包的导入

Python 包相当于一个文件夹，导入包的本质就是导入包中模块的变量、函数和类。

（1）导入模块。

要使用模块中的变量、函数和类，就需要先导入模块，可以使用 import 或 from 语句导入模块，语法格式如下。

```
import 模块名称
import 模块名称 as 新名称
from 模块名称 import 导入的对象名称
from 模块名称 import 导入的对象名称 as 新名称
from 模块名称 import  *
```

使用 import 语句导入整个模块后，使用"模块名称 . 对象名称"格式来引用模块中的对象。使用 from 语句导入模块中指定的对象，导入的对象可以直接使用。使用"from 模块名称 import *"，可以导入模块顶层的所有全局变量和函数。

（2）模块的重新载入。

当使用 import 语句和 from 语句导入某个模块时，会导入模块中的全部语句，当再次导入该模块时并不会重新执行模块，因此不能将模块的所有变量恢复到初始状态。为了解决这个问题，Python 在模块 importlib 中提供了 reload() 函数，使用此函数可以重新载入模块，从而使模块中的变量全部恢复为初始状态。reload() 函数用模块名称作为参数，因此只能重载使用 import 语句导入的模块，如果要重载的模块还没有被导入，则执行 reload( ) 函数会出错。

【例 2.36】reload( ) 函数应用示例。首先创建测试模块 test_module.py，在其中输入以下代码。

```
a =500
b =700
print('这是测试模块中的输出。')
def show():
# print('这是模块中 show()函数的输出!') 如果用 print 命令,则运行结果后面会出现 None
    c = '这是模块中 show()函数的输出!'
    return c
```

下面制作调用模块 test_module.py 的主程序，将它与模块 test_module.py 放在同一文件夹中，在其中输入代码 2.36。

代码 2.36　reload( ) 函数应用示例

```
1  import test_module              # 导入模块 test_module
2  print(test_module.a)            # 打印 test_module.a 值为 500
3  print(test_module.b)            # 打印 test_module.b 值为 700
4  test_module.a =800              # 给 test_module.a 赋值 800
5  test_module.b =900              # 给 test_module.b 赋值 900
6  import test_module              # 再次导入模块 test_module,但是没有恢复到初始状态
7  print(test_module.a)            # 打印 test_module.a 值为 800
8  print(test_module.b)            # 打印 test_module.b 值为 900
9  from importlib import reload    # 从模块 importlib 中导入 reload
10 reload(test_module)             # 加载已经导入的模块 test_module 恢复到初始状态
11 print(test_module.a)            # 打印 test_module.a 值为 500
12 print(test_module.b)            # 打印 test_module.b 值为 700
13 print(test_module.show())       # 打印 test_module.show()值
```

运行代码 2.36 得到所要的结果。

注意：Python 自定义函数使用 return 返回值，如果不用 return 返回值，而用 print 输出值，那么这个函数默认还有一个返回值为 None。在导入模块时，不能在 import 语句或 from 语句中指定模块文件的目录，可使用标准模块 sys 的 path 属性来查看模块的目录，常用两句代码："import sys"和"sys.path"。Python 包的导入方法与导入模块的方法类似，都是使用 import 语句。其语法格式如下。

```
from 包名称 import 模块名称
from 包名称 import 模块名称 as 新名称
from 包名称 import   *
```

星号"*"表示导入包中的所有模块,导入包中的模块时,应该指明包的路径,在路径中使用点号(.)分隔目录。

4. Python 包的安装

首先说明 Python 模块、包与库的区别。

模块:就是.py 文件,里面定义了一些函数和变量,需要的时候可以导入这些模块。

包:在模块之上的概念,包就是一个文件夹,为了方便管理而将文件放在一个文件夹中。包目录下的第 1 个文件便是 __init__.py,然后是一些模块文件和子目录,假如子目录中也有 __init__.py,那么它就是这个包的子包。

库:具有相关功能模块的集合,其实也可以把它理解为包,只不过包强调文件夹中的第 1 个文件是 __init__.py。Python 的一大特色就是具有强大的标准库、第三方库及自定义模块。标准库:下载安装的 Python 里自带的模块。要注意的是,标准库里面有一些模块是看不到的,如 sys 模块。第三方库:由其他的第三方机构发布的、具有特定功能的模块。自定义模块:用户自己可以自行编写的模块,然后使用。

这几个概念实际上都是模块,只不过是个体和集合的区别。Anaconda3 下安装 Python 包的方法:使用 conda 命令安装。例如,安装 requests 包,计算机联网,打开 Anaconda Prompt,输入 conda install requests 命令,回车(按〈Enter〉键),等待安装即可。又如,安装 bs4 包,计算机联网,打开 Anaconda Prompt,输入 conda install bs4 命令,回车,等待安装即可。

下面介绍如何将自己写的.py 文件作为包导入 Anaconda 环境,方便后续调用。

在使用 Anaconda 的时候,如果有一个.py 文件想放到该 Anaconda 环境中,我们可以采取以下步骤。

(1)打开 Anaconda 环境中的 Lib\site-packages 文件夹,如图 2.2 所示。

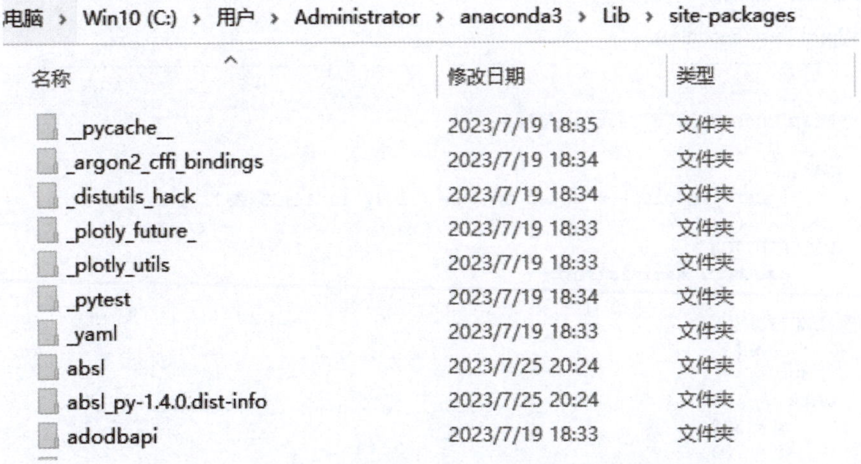

图 2.2 Anaconda 环境中的 Lib\site-packages 文件夹

(2)将自己写的.py 文件直接复制到 site-packages 文件夹中。例如,我们自己写了 a_test_module.py 文件,那么可以直接将 a_test_module.py 文件复制,然后粘贴到 Lib\site-packages 文件夹中,如图 2.3 所示。

43

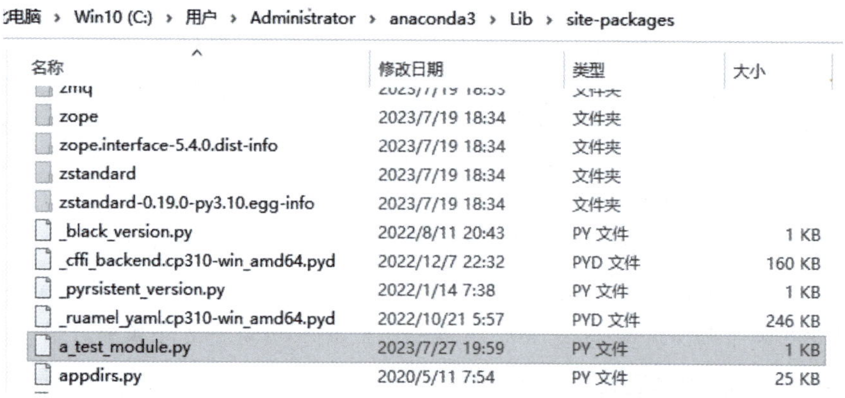

图 2.3　在 Lib\site-packages 文件夹中放入 a_test_module.py 文件

(3)在 Spyder 中像调用其他包一样调用 a_test_module.py，如图 2.4 所示。

```
test_module.py ×   调用自己编写的py程序.py ×

import pandas as pd
import numpy as np
import a_test_module
print(a_test_module.a)
print(a_test_module.b)
print(a_test_module.show())
print(help( a_test_module))
```

图 2.4　在 Spyder 中调用 a_test_module.py

(4)如果用户在自己写的 .py 文件中添加了注释，那么还可以通过 help 指令进行读取，通过运行以下语句可以得到结果，如图 2.5 所示。

```
import a_test_module
print(help( a_test_module))
```

```
Help on module a_test_module:

NAME
    a_test_module - Created on Thu Jul 27 12:42:35 2023

DESCRIPTION
    @author: Administrator

FUNCTIONS
    show()

DATA
    a = 500
    b = 700

FILE
    c:\users\administrator\anaconda3\lib\site-packages\a_test_module.py
```

图 2.5　通过 help 指令读取 .py 文件中的注释

5. Python 时间日期模块

时间库 time 是 Python 中处理时间的标准库，其中包含时间获取函数、时间格式化函数和程序计时函数。

（1）时间获取函数。

函数 time()用于获取当前时间。函数 ctime()能以易读的方式获取当前时间。函数 localtime()可以将一个时间戳转换为本地的时间元组。

【例 2.37】时间库 time 的应用。在 Spyder 中输入代码 2.37。

代码 2.37　时间库 time 的应用

```
1 import time                    # 导入时间库
2 ticks = time.time()            # 获取当前时间戳
3 print('当前时间戳:', ticks)     # 打印当前时间戳
4 dqtime = time.ctime()          # 以易读的方式获取当前时间
5 print('当前时间:', dqtime)      # 打印当前时间
6 bdtime = time.localtime()      # 将时间戳转换为本地时间元组
7 print(bdtime)                  # 打印本地时间元组
```

运行代码 2.37 得到所要的结果。

（2）时间格式化函数。

函数 strftime()用于返回一个格式化的日期与时间。

【例 2.38】时间格式化函数 time.strftime()的应用。在 Spyder 中输入代码 2.38。

代码 2.38　时间格式化函数 time.strftime()的应用

```
1 import time                                     # 导入时间库
2 a = time.strftime("%Y-%m-%d %H:%M:%S")          # 时间格式转换成年月日时分秒
3 b = time.strftime("%Y")                         # 时间格式转换成年
4 c = time.strftime("%y")                         # 时间格式转换成两位数年
5 d = time.strftime("%m")                         # 时间格式转换成月
6 e = time.strftime("%d")                         # 时间格式转换成日
7 f = time.strftime("%H")                         # 时间格式转换成 24 小时制小时数
8 g = time.strftime("%M")                         # 时间格式转换成分钟数
9 h = time.strftime("%S")                         # 时间格式转换成秒数
10 i = time.strftime("%I")                        # 时间格式转换成 12 小时制小时数
11 j = time.strftime("%A")                        # 时间格式转换成本地完整星期名称
12 print(a)                                       # 打印转换结果
13 print(b, c, d, e, f, g, h, i, j, end=('。'))    # 打印转换结果
```

运行代码 2.38 得到所要的结果。

（3）程序计时函数。

函数 sleep()用于推迟调用线程的运行。函数 perf_counter()用于返回一个 CPU 级别的精确时间计数值，单位为秒。

【例 2.39】程序计时函数的应用。在 Spyder 中输入代码 2.39。

代码 2.39　程序计时函数的应用

```
1  import time                              # 导入时间库
2  left_time = 10                           # 设置剩余时间为 10 秒
3  while left_time > 0:                     # while 循环,当剩余时间大于 0 时
4      print('倒计时(s):', left_time)       # 打印倒计时:left_time
5      time.sleep(1)                        # 程序推迟 1 秒执行
6      left_time = left_time -1             # 让剩余时间减去 1 秒
7  scale = 50                               # 设置时间范围
8  start = time.perf_counter()              # 开始计时
9  for i in range(scale+1):                 # for 循环,让 i 在 range(scale+1)中遍历
10     a = '#'*i                            # 给变量 a 赋值 i 个符号"#"
11     b = '.'* (scale-i)                   # 给变量 b 赋值(scale-i)个符号"."
12     c =(i/scale)*100                     # 给变量 c 赋值(i/scale)*100
13     dur = time.perf_counter()-start      # 计算进度条执行时间
14     print('\r{:^3.0f}%[{}->{}]{:.2f}s'.format(c, a, b, dur), end=('')) 
                                            # 打印进度条
15     time.sleep(0.1)                      # 程序推迟 0.1 秒执行
```

运行代码 2.39 得到所要的结果。

2.3.3　Python 程序设计实例

Python 是面向对象的程序设计语言。面向对象程序设计思想就是指使用对象进行程序设计,实现代码和设计的重复使用,使软件的开发更加高效和方便。

1. Python 类

Python 使用 class 关键字来定义类。类通常包含一系列赋值语句和定义的方法,其定义格式如下。

```
class 类名:
    赋值语句
    赋值语句
    …
    def 方法名 1(self, 方法参数列表):
        方法体
    def 方法名 2(self, 方法参数列表):
        方法体
```

其中,class 作为命名类的关键字;"类名"作为有效标识符,其必须符合标识符的命名规则,通常由一个或多个单词组成,每个单词除了第 1 个字母大写外,其余字母均小写。类的方法定义比函数定义多了一个参数 self,这在定义实例方法时是必须的,即在类中定义实例

方法时，第 1 个参数必须是 self，它代表的含义是实例。在对象内只有通过 self 才能调用其他实例变量或方法。

【例 2.40】类定义示例。在 Spyder 中输入代码 2.40。

代码 2.40　类定义示例

```
1  class TestClass:                              # 定义 TestClass 类
2      data = 10                                 # 定义变量 data 并赋值 10
3      def setpdata(self, value):                # 定义方法 setpdata()
4          self.pdata = value                    # 通过"self.变量名"定义实例属性
5      def showpdata(self):                      # 定义方法 showpdata()
6          print('self.pdata = ', self.pdata)    # 打印 self.pdata
7  print('完成类的定义')                          # 打印"完成类的定义"
```

运行代码 2.40 得到的结果为"完成类的定义"。

【例 2.41】创建一个描述猫的类（Cat），其属性包含名字（name）与年龄（age），并定义相关方法描述该类的具体操作。在 Spyder 中输入代码 2.41。

代码 2.41　描述猫的类定义

```
1  class Cat:                        # 定义 Cat 类
2      name = '夜行侠'                # 定义成员变量 name
3      age = '2 岁'                   # 定义成员变量 age
4      def catch(self):              # 自定义成员方法 catch()
5          print("猫在捉老鼠!")       # 打印"猫在捉老鼠!"
6      def eat(self):                # 自定义成员方法 eat()
7          print("猫在吃大餐!")       # 打印"猫在吃大餐!"
8  print('创建完成!')                 # 打印"创建完成!"
9  cat = Cat()                       # 创建对象
10 print(cat.name)                   # 打印输出 name
11 print(cat.age)                    # 打印输出 age
12 cat.catch()                       # 调用类中的方法 catch()
13 cat.eat()                         # 调用类中的方法 eat()
```

运行代码 2.41 得到所要的结果。

2. Python 类和对象的使用

类是某些事物共同特性的抽象描述，而对象是现实中该类事物的个体，要使用类定义的功能，就必须进行实例化，创建类的对象。创建类的对象的语法格式为"对象名 = 类名（参数列表）"，其中，参数列表可以为空。创建对象后，可以使用点"."运算来给对象的属性添加新值，调用对象中的方法，获得输出结果。其语法格式为"对象名.属性值 = 新值．对象名．方法名"。

【例 2.42】类的使用实例：针对例 2.40 定义的 TestClass 类进行具体操作。在 Spyder 中输入代码 2.42。

47

代码 2.42　类的使用实例

```
1  class TestClass:                          # 定义 TestClass 类
2      data = 10                             # 定义变量 data 并赋值 10
3      def setpdata(self, value):            # 定义方法 setpdata()
4          self.pdata = value                # 通过"self.变量名"定义实例属性
5      def showpdata(self):                  # 定义方法 showpdata()
6          print('self.pdata = ', self.pdata)  # 打印 self.pdata
7  print(type(TestClass()))                  # 打印 TestClass()的类型
8  print(TestClass.data)                     # 打印类对象的数据
9  a = TestClass()                           # 调用类对象创建第 1 个实例对象
10 print(type(a))                            # 打印 a 的类型,交互环境中默认模块名称为"__main__"
11 b = a.setpdata('123')                     # 调用类中的方法创建实例对象的数据属性 pdata
12 c = a.showpdata()                         # 调用类中的方法显示实例对象的数据属性 pdata 的值
13 d = TestClass()                           # 调用类对象创建第 2 个实例对象
14 e = a.setpdata('456')                     # 调用类中的方法创建实例对象的数据属性 pdata
15 f = a.showpdata()                         # 调用类中的方法显示实例对象的数据属性 pdata 的值
```

运行代码 2.42 得到所要的结果。

【例 2.43】创建一个教师类(Teacher),其属性包括姓名(teachername)、手机号码(mobile)和家庭住址(address);并在类中创建一个名为 describe_teacher()的方法,它的作用是输出教师的信息;新建两个类的对象,分别为其属性赋值,并分别调用 describe_teacher()方法显示两个对象的属性值。在 Spyder 中输入代码 2.43。

代码 2.43　创建一个教师类的使用实例

```
1  class Teacher:                            # 创建一个 Teacher 类,其中包含 3 个属性
2      teachername = ""                      # 姓名属性
3      mobile = ""                           # 手机号码属性
4      address = ""                          # 家庭住址属性
5      def describe_teacher(self):           # 定义方法 describe_teacher()
6          print("姓名:%s;手机号码:%s;住址%s"%(self.teachername, self.mobile, self.address))
7  teacher1 = Teacher()                      # 创建对象 teacher1,并为其 3 个属性赋值
8  teacher1.teachername = '李原龙'            # 为属性 teachername 赋值
9  teacher1.mobile = '13998895591'           # 为属性 mobile 赋值
10 teacher1.address = '中国贵阳'              # 为属性 address 赋值
11 teacher1.describe_teacher()               # 调用方法 describe_teacher()输出结果
12 teacher2 = Teacher()                      # 创建对象 teacher2,并为其 3 个属性赋值
13 teacher2.teachername = '李乐乐'            # 为属性 teachername 赋值
14 teacher2.mobile = '13940337561'           # 为属性 mobile 赋值
15 teacher2.address = '中国沈阳'              # 为属性 address 赋值
16 teacher2.describe_teacher()               # 调用方法 describe_teacher()输出结果
```

运行代码 2.43 得到所要的结果。

3. Python 类的 self 参数绑定

Python 类的实例方法与 Python 普通函数有明显的区别：实例方法的第 1 个参数永远都是 self，并且在调用这个方法时不必为这个参数赋值。实例方法的这个特殊参数是指对象本身，当某个对象调用方法时，Python 解释器会自动把这个对象作为第 1 个参数值传递给 self，程序中只要传递后面的参数值就可以了。定义实例方法的格式如下。

```
def 方法名(self, 形参列表):
    方法体
```

在程序中，通过"self. 变量名"格式定义的属性称为实例属性，又称成员变量。类的每个对象都包含该类的成员变量的一个单独副本。成员变量在类的内部通过 self 访问，在类的外部通过类的对象进行访问。

【例 2.44】创建一个三角形（Triangle）类，其属性包含边长 side1、side2、side3，定义方法 setSide(self, side1, side2, side3) 设置 3 边的长度，方法 showArea() 计算三角形的面积，创建类的对象，输出三角形的面积。在 Spyder 中输入代码 2.44。

代码 2.44　创建一个三角形（Triangle）类使用实例

```
1  import math                                              # 导入 math 库
2  class Triangle:                                          # 创建 Triangle 类
3      def setSide(self, side1, side2, side3):              # 定义方法 setSide()
4          self.side1 = side1                               # 通过 self 访问变量 side1
5          self.side2 = side2                               # 通过 self 访问变量 side2
6          self.side3 = side3                               # 通过 self 访问变量 side3
7      def showArea(self):                                  # 定义方法 showArea()
8          p = (self.side1 + self.side2 + self.side3)/2     # 取三角形半周长
9          area = math.sqrt(p*(p-self.side1)*(p-self.side2)*(p-self.side3))  # 三角形面积公式
10         print("三角形的面积为%.2f"% area)                 # 输出三角形的面积
11 triangle = Triangle()                                    # 实例化类的对象
12 triangle.setSide(3, 4, 5)                                # 调用方法 setSide() 输入边长
13 triangle.showArea()                                      # 调用方法 showArea() 输出结果
```

运行代码 2.44 得到的结果为"三角形的面积为 6.00"。

4. Python 类的属性

Python 总是通过变量来引用各种对象，因此在 Python 中，类中的变量和方法都称为类属性，分别称为数据属性和方法属性。

【例 2.45】创建一个学生（Student）类，其实例属性包含姓名（name）和性别（sex），类属性包含学生人数（count），定义方法 addStudent(name, sex) 用于增加学生信息，每增加一位学生，类属性值就增加 1。在 Spyder 中输入代码 2.45。

代码 2.45　创建一个学生(Student)类使用实例

```
1  class Student:                                    # 使用类关键字 class 创建一个 Student 类
2      count = 0                                     # 定义类属性
3      def addstudent(self, name, sex):              # 定义方法 addstudent()
4          self.name = name                          # 用 self 为实例属性 name 赋初值
5          self.sex = sex                            # 用 self 为实例属性 sex 赋初值
6          Student.count += 1                        # 让类属性 count 的值增加 1
7  student1 = Student()                              # 实例化类的对象 student1
8  s1 = student1.addstudent('张三', '男')             # 调用方法 addstudent()输入学生的姓名与性别
9  student2 = Student()                              # 实例化类的对象 student2
10 s2 = student2.addstudent('李媞', '女')             # 调用方法 addstudent()输入学生的姓名与性别
11 student3 = Student()                              # 实例化类的对象 student3
12 s3 = student3.addstudent('王五', '男')             # 调用方法 addstudent()输入学生的姓名与性别
13 print('student1 姓名:%s;性别:%s'%(student1.name, student1.sex))   # 打印第 1 位学生的姓名、性别
14 print('student2 姓名:%s;性别:%s'%(student2.name, student2.sex))   # 打印第 2 位学生的姓名、性别
15 print('student3 姓名:%s;性别:%s'%(student3.name, student3.sex))   # 打印第 3 位学生的姓名、性别
16 print('学生人数:', Student.count, '人。')          # 打印学生人数
```

运行代码 2.45 得到所要的结果。

5. Python 类的方法

Python 创建的类中有两个特定的方法，分别是__init__()与__del__()，前者称为构造方法，后者称为析构方法，注意这两个方法名称的前、后都有两个下划线。在前面编写的代码中，若定义类时并没有显示定义这两个方法，则系统自动为类设置默认的构造方法和析构方法。

（1）默认构造方法。

在 Python 中，每个类至少有一个构造方法，如果程序中没有显式定义任何构造方法，则系统会提供一个隐含的默认构造方法。所谓默认构造方法，是指方法名为__init__的方法。当创建类的对象时，系统会自动调用构造方法，从而完成对象的初始化操作。

【例 2.46】默认构造方法示例。在 Spyder 中输入代码 2.46。

代码 2.46　默认构造方法示例

```
1  class Test:                                       # 使用类关键字 class 创建一个 Test 类
2      def __init__(self, value):                    # 默认构造方法
3          self.data = value                         # 通过"self.变量名"定义实例属性
4          print('实例对象初始化完毕!', end=('')      # 打印
5  a = Test(500)                                     # 实例化类的对象
6  print(a.data)                                     # 打印
```

运行代码 2.46 得到的结果为"实例对象初始化完毕!500"。

【例 2.47】创建一个航班(Flight)类，类中属性包括起飞城市(startcity)、目的地城市(endcity)、起飞时间(flytime)，定义方法 showflight()用于显示航班信息；在默认构造方法

中，分别将起飞城市、目的地城市及起飞时间设置为"北京""上海""2023-7-30 12：30"；使用默认构造方法实例化对象，并显示航班信息。在 Spyder 中输入代码 2.47。

代码 2.47　默认构造方法创建航班类示例

```
1 class Flight:                              # 使用类关键字 class 创建一个 Flight 类
2     def __init__(self):                    #描述 Flight 类的默认构造方法
3         self.startcity = '北京'             # 用 self 为实例属性 startcity 赋初值
4         self.endcity = '上海'               # 用 self 为实例属性 endcity 赋初值
5         self.flytime = '2023-7-30 12:30'   # 用 self 为实例属性 flytime 赋初值
6     def showflight(self):                  # 定义方法 showflight()
7         print('起飞城市:%s;目的地:%s;时间:%s'%(self.startcity, self.endcity, self.flytime))
                                              # 打印
8 flight = Flight()                          # 实例化类的对象
9 flight.showflight()                        # 从对象 flight 中调用方法 showflight()
```

运行代码 2.47 得到的结果为"起飞城市：北京；目的地：上海；时间：2023-7-30 12：30"。

默认构造方法除了参数 self，没有其他参数，不方便使用。为了提供程序的可使用性，在构造方法中，还可以根据需要添加一个或多个参数，通常称为"有参构造方法"。在定义类时，如果没有为类定义构造方法，则 Python 编译器在编译时会提供一个隐式的默认构造方法。一个 Python 类只能有一个用于构造对象的__init__()方法。

【例 2.48】 对例 2.47 进行修改，定义一个含有起飞城市、目的地城市和起飞时间 3 个参数的构造方法；实例化类的对象，调用构造方法初始化类的数据成员，并显示航班信息。在 Spyder 中输入代码 2.48。

代码 2.48　有参构造方法创建航班类示例

```
1 class Flight:                                      # 使用类关键字 class 创建一个 Flight 类
2     def __init__(self, startcity, endcity, flytime):   # 描述 Flight 类添加了参数的构造方法
3         self.startcity = startcity                 # 通过"self.变量名"定义实例属性
4         self.endcity = endcity                     # 通过"self.变量名"定义实例属性
5         self.flytime = flytime                     # 通过"self.变量名"定义实例属性
6     def showflight(self):                          # 定义方法 showflight()
7         print('起飞城市:%s;目的地:%s;时间:%s'%(self.startcity, self.endcity, self.flytime))
                                                    # 打印
8 flight1 = Flight('北京', '上海', '2023-7-30 12:30')  # 实例化类的对象
9 flight1.showflight()                               # 从对象 flight1 中调用方法 showflight()
10 flight2 = Flight('上海', '北京', '2023-7-31 8:30')  # 实例化类的对象
11 flight2.showflight()                              # 从对象 flight2 中调用方法 showflight()
```

运行代码 2.48 得到所要的结果。

（2）析构方法。

析构方法与构造方法的功能正好相反，可以通过 del 指令销毁已经创建的类的实例，类的实例被系统销毁前会自动调用析构方法。

【例2.49】对例2.48进行修改，添加析构方法，输出销毁对象的相关信息，再次运行程序，输出结果。在Spyder中输入代码2.49。

代码2.49　添加析构方法创建航班类示例

```
1  class Flight:                                         # 使用类关键字class创建一个Flight类
2      def __init__(self, startcity, endcity, flytime):  # 描述Flight类添加了参数的构造方法
3          self. startcity = startcity                   # 通过"self.变量名"定义实例属性
4          self. endcity = endcity                       # 通过"self.变量名"定义实例属性
5          self. flytime = flytime                       # 通过"self.变量名"定义实例属性
6      def __del__(self):                                # 定义类的析构方法
7          print('调用析构方法，销毁对象！')                  # 打印
8      def showflight(self):                             # 定义方法showflight()
9          print('起飞城市:%s;目的地:%s;时间:%s'%(self. startcity, self. endcity, self. flytime))
                                                          # 打印
10 flight1 = Flight('北京', '上海', '2023-7-30 12:30')     # 实例化类的对象(类的实例)
11 flight1. showflight()                                  # 从对象flight1中调用方法showflight()
12 flight2 = Flight('上海', '北京', '2023-7-31 8:30')      # 实例化类的对象(类的实例)
13 flight2. showflight()                                  # 从对象flight2中调用方法showflight()
```

运行代码2.49得到所要的结果。

（3）类方法与静态方法。

Python允许声明属于类的方法，即类方法。类方法不针对特定的对象进行操作，在类方法中，访问对象的属性会导致错误。类方法用修饰符@classmethod来定义，且第1个参数必须是类本身，通常为cls。定义类方法的格式如下。

```
class 类名:
    @classmethod
    def 类方法名(cls):
        方法体
```

需要注意的是，虽然类方法的第1个参数为cls，但在调用时不需要也不能给该参数传递值，Python会自动把类的对象传递给该参数，通过cls访问类的属性。要调用类方法，可以通过类名调用，也可以通过对象名调用，两种方法没有区别。

【例2.50】创建一个班级信息(ClassInfo)类，该类中包含班级人数(number)类属性，两个类方法addnum(cls, number)与getnum(cls)分别用于添加班级人数和显示班级人数。在Spyder中输入代码2.50。

代码2.50　创建一个班级信息类示例

```
1  class ClassInfo:                              # 创建一个班级信息类
2      number = 0                                # 给类属性number赋值0
3      @classmethod                              # 使用修饰符@classmethod定义类方法
4      def addnum(cls, number):                  # 定义类方法
5          cls. number = cls. number + number    # 班级人数增加
```

```
6      @classmethod                                  # 使用修饰符@classmethod 定义类方法
7      def getnum(cls):                              # 定义类方法
8          print('班级人数为:% d'% cls. number)       # 打印显示班级人数
9  ClassInfo. number = 5                             # 通过类名调用类属性 number 并赋值 5
10 ClassInfo. addnum(30)                             # 通过类名调用类方法 addnum()并赋值 30
11 ClassInfo. getnum()                               # 通过类名调用类方法 getnum()显示班级人数
```

运行代码 2.50 得到的结果为"班级人数为：35"。

Python 静态方法是不需要通过对象而直接通过类就可以调用的方法，它主要用来存放逻辑性代码，与类本身没有交互，不会涉及类中的其他方法和属性的操作。通常使用修饰符@staticmethod 来定义静态方法，其语法格式如下。

```
class 类名：
    @staticmethod
    def 静态方法名():
        方法体
```

注意：静态方法参数列表中没有任何参数。由于静态方法中没有 self 参数，所以无法访问对象属性；静态方法中也没有 cls 参数，所以也无法访问类属性。要使用静态方法，既可以通过类名调用，也可以通过对象名调用，两者之间没有区别。

【例 2.51】 创建一个 Person 类，该类中包含类属性国家（country），有一个静态方法 getcountry（），编写程序实现调用静态方法并输出国家信息。在 Spyder 中输入代码 2.51。

代码 2.51　创建一个 Person 类示例

```
1  class Person:                                     # 创建 Person 类
2      country = 'China'                             # 给类属性 country 赋值 China
3      @staticmethod                                 # 使用修饰符@staticmethod 定义静态方法
4      def getcountry():                             # 定义静态方法
5          print('所属国家为:', Person. country)       # 打印信息
6  Person. getcountry()                              # 通过类名 Person 调用静态方法 getcountry()
```

运行代码 2.51 得到的结果为"所属国家为：China"。

6. Python 类的继承

Python 是面向对象的编程语言，面向对象编程带来的好处之一就是代码可以重复使用，实现这种代码重复使用的方法之一就是继承机制。继承描述的是两个或多个类之间的父子关系。新类继承现有类，就自动拥有了现有类的所有功能。新类不必从头编写，只需要编写现有类缺少的新功能。

（1）继承。

在 Python 中，继承具有以下特点。首先，在类的继承机制中，父类的初始化方法 __init__()不会被自动调用，如果希望子类调用父类的__init__()方法，那么就需要在子类的__init__()方法中显式调用它。其次，在调用父类方法时，需要添加父类的类名前缀，且带上 self 参数。如果在类体外调用该类中定义的方法，那么就不需要 self 参数。最后，在

Python中，子类不能访问父类的私有成员。

继承分为单继承和多继承。单继承是指子类只继承一个父类，但一个父类可能有多个子类。其语法格式如下。

```
class 子类名(父类名):
    类体
```

多继承是指子类可以同时继承多个父类，如果父类中存在同名的属性或方法，则 Python 将按照从左到右的顺序在父类中搜索方法。

【例 2.52】单继承应用示例：定义学校人员基本信息(SchoolMember)类，包含姓名(name)、部门(department)、性别(sex)属性；定义教师信息(TeacherInfo)类，其除了包含学校人员基本信息，还包含职称信息(jobtitle)；定义学生信息(StudentInfo)类，其除了包含学校人员基本信息，还包含专业信息(major)；最后输出教师和学生全部信息。在 Spyder 中输入代码 2.52。

代码 2.52 单继承应用示例

```
1  class SchoolMember:                                   # 定义父类 SchoolMember
2      def __init__(self, name, department, sex):        # 定义父类的构造方法
3          self.name = name                              # 通过"self.变量名"定义实例属性
4          self.department = department                  # 通过"self.变量名"定义实例属性
5          self.sex = sex                                # 通过"self.变量名"定义实例属性
6      def showinfo(self):                               # 定义父类的方法 showinfo()
7          print('姓名:%s;部门:%s;性别:%s'%(self.name, self.department, self.sex))   # 打印信息
8  class TeacherInfo(SchoolMember):                      # 定义子类 TeacherInfo(SchoolMember)
9      def __init__(self, name, department, sex, jobtitle):  # 定义子类的构造方法
10         SchoolMember.__init__(self, name, department, sex)  # 将父类的构造方法继承过来
11         self.jobtitle = jobtitle                      # 通过"self.变量名"定义实例属性
12     def showjobtitle(self):                           # 定义子类的方法 showjobtitle(self)
13         print('教师职称:%s'%self.jobtitle)             # 打印信息
14 class StudentInfo(SchoolMember):                      # 定义子类 StudentInfo(SchoolMember)
15     def __init__(self, name, department, sex, major): # 定义子类的构造方法
16         SchoolMember.__init__(self, name, department, sex)  # 将父类的构造方法继承过来
17         self.major = major                            # 通过"self.变量名"定义实例属性
18     def showmajor(self):                              # 定义子类的方法 showmajor(self)
19         print('学生专业:%s'%self.major)                # 打印信息
20 teacher = TeacherInfo('张老师','理学院','男','副教授')    # 实例化子类的对象(子类的实例)
21 teacher.showjobtitle()                                # 从对象 teacher 中调用方法 showjobtitle()
22 teacher.showinfo()                                    # 从对象 teacher 中调用继承下来的方法 showinfo()
23 student = StudentInfo('李同学','理学院','男','软件工程')  # 实例化子类的对象(子类的实例)
24 student.showmajor()                                   # 从对象 student 中调用方法 showmajor()
25 student.showinfo()                                    # 从对象 student 中调用继承下来的方法 showinfo()
```

运行代码 2.52 得到所要的结果。

【例 2.53】多继承应用示例：定义父类 Father 并打印输出工资；定义父类 Mother 并打印

输出爱好；定义子类 Son，通过继承父类 Father 和 Mother 的特性，初始化两个父类的构造方法，打印输出学习时间；实例化子类对象，调用父类和子类的方法输出。在 Spyder 中输入代码 2.53。

代码 2.53　多继承应用示例

```
1  class Father:                              # 定义第1个父类 Father
2      def __init__(self, salary):           # 定义第1个父类的构造方法
3          self.salary = salary              # 通过"self.变量名"定义实例属性
4      def showsalary(self):                 # 定义第1个父类的方法 showsalary()
5          print('每月工资:%s'%(self.salary, ))  # 打印
6  class Mother:                              # 定义第2个父类 Mother
7      def __init__(self, hobby):            # 定义第2个父类的构造方法
8          self.hobby = hobby                # 通过"self.变量名"定义实例属性
9      def showhobby(self):                  # 定义第2个父类的方法 showhobby()
10         print('业余爱好:%s'% self.hobby)    # 打印
11 class Son(Father, Mother):                 # 定义子类分别继承父类 Father、Mother 的特征
12     def __init__(self, salary, hobby, studytime):  # 定义子类的构造方法，增加参数 studytime
13         Father.__init__(self, salary)     # 将第1个父类的构造方法继承过来
14         Mother.__init__(self, hobby)      # 将第2个父类的构造方法继承过来
15         self.studytime = studytime        # 通过"self.变量名"定义实例属性
16     def showstudytime(self):              # 定义子类的方法 showstudytime()
17         print('每天学习时间:%s'% self.studytime)  # 打印每天学习时间
18 son = Son('5000', '唱歌', 2)                # 实例化子类的对象(子类的实例)
19 son.showsalary()                           # 从对象 son 中调用继承的方法 showsalary()
20 son.showstudytime()                        # 从对象 son 中调用继承的方法 showstudytime()
21 son.showhobby()                            # 从对象 son 中调用继承的方法 showhobby()
```

运行代码 2.53 得到所要的结果。

（2）方法重写。

方法重写是指在子类中有一个和父类名称相同的方法，此时子类的方法会覆盖父类中的同名方法。

【例 2.54】 由继承关系实现方法重写示例：定义父类 SchoolMember，在该类中实例化属性 username、depart 和 sex，显示用户信息；定义子类 Teacher，显示教师授课信息，并调用父类的同名方法；定义子类 StudentInfo，显示学生专业信息，调用父类的同名方法；实例化子类的对象，输出显示的对象信息。在 Spyder 中输入代码 2.54。

代码 2.54　由继承关系实现方法重写示例

```
1  class SchoolMember:                        # 定义父类 SchoolMember
2      def __init__(self, username, depart, sex):  # 定义父类的构造方法
3          self.username = username          # 通过"self.变量名"定义实例属性
4          self.depart = depart              # 通过"self.变量名"定义实例属性
5          self.sex = sex                    # 通过"self.变量名"定义实例属性
```

```
6    def showinfo(self):                                      # 定义父类的方法 showinfo()
7        print('姓名:%s;部门:%s;性别:%s'%(self.username, self.depart, self.sex))   # 打印
8  class Teacher(SchoolMember):                                # 定义子类 Teacher
9    def __init__(self, username, depart, sex, course):        # 定义子类的构造方法
10       SchoolMember.__init__(self, username, depart, sex)    # 继承父类的构造方法
11       self.course = course                                  # 通过"self.变量名"定义实例属性
12   def showinfo(self):                                       # 定义子类的方法 showinfo(重写)
13       print('教授课程:%s'%self.course)                       # 打印
14       super().showinfo()                                    # 函数 super()用于子类调用父类的方法
15 class StudentInfo(SchoolMember):                            # 定义子类 StudentInfo
16   def __init__(self, username, depart, sex, major):         # 定义子类的构造方法
17       SchoolMember.__init__(self, username, depart, sex)    # 继承父类的构造方法
18       self.major = major                                    # 通过"self.变量名"定义实例属性
19   def showinfo(self):                                       # 定义子类的方法 showinfo(重写)
20       print('学生专业:%s'%self.major)                        # 打印
21       super().showinfo()                                    # 函数 super()用于子类调用父类的方法
22 teacher = Teacher('王老师','理学院','男','Python 程序设计')   # 实例化子类的对象
23 teacher.showinfo()                                          # 从对象 teacher 中调用方法 showinfo()
24 student = StudentInfo('李同学','理学院','女','Python 人工智能基础')  # 实例化对象
25 student.showinfo()                                          # 从对象 teacher 中调用方法 showinfo()
```

运行代码 2.54 得到所要的结果。

(3) 多态性。

多态性是面向对象程序设计的特征之一。同一个变量在不同时刻引用多个不同对象,调用不同方法时,就可能呈现多态性。在 Python 中,多态性是指将父对象设置为一个或多个它的子对象的引用,用同一种方法调用父类的方法。Python 是动态语言,可以调用实例方法,它不检查类型,只要方法存在、参数正确就可以调用。多态性在 Python 内建运算符和函数中的体现示例如下。

【例 2.55】多态性在 Python 内建运算符和函数中的体现示例。在 Spyder 中输入代码 2.55。

代码 2.55 多态性在 Python 内建运算符和函数中的体现示例

```
1 a = 3 + 5          # 将 3 与 5 相加,结果赋值给变量 a
2 print(a)           # 打印 a
3 b = '3'+ '5'       # 将字符串 3 与字符串 5 相加,结果赋值给变量 b
4 print(b)           # 打印 b
```

这里运算符"+"对于数字和字符串的计算结果是不一样的。若运算符"+"的左、右对象是数值,那么就进行算术"+"运算;若运算符"+"的左、右对象是字符串,那么就将两个字符串进行连接。这种现象称为运算符重载。

> 习题2-3

1. 编写一个简易计算器程序，主要实现以下功能。
（1）输入两个数，能求出它们的和。
（2）输入两个数，能求出它们的差。
（3）输入两个数，能求出它们的积。
（4）输入两个数，能求出它们的商。
2. 下面代码运行后输出的结果是多少？

```
class Test:
    x = 0
a = Test()
b = Test()
a.x = 20
Test.x = 30
print(b.x)
```

3. 创建一个类，在类中定义用于存放整数列表的数据属性 data，data 的初始值为空列表；为类定义一个方法 data_sum()，用于对 data 中的数据求和。
4. 定义一个函数，实现输入 3 个数，求出这 3 个数中的最小数。
5. 创建一个描述狗的类 Dog，其属性包含名字(name)与年龄(age)，并编写相关方法描述该类的具体操作。

2.4 本章小结

本章分 3 节介绍了 Python 语言基础。第 1 节介绍了 Python 语言结构，具体包含基本运算、顺序结构、选择结构、循环结构。第 2 节介绍了 Python 语言数据容器，具体包含字符串、列表与元组、字典与集合。第 3 节介绍了 Python 语言程序设计，具体包含 Python 函数、Python 模块与包、Python 程序设计实例。

> 总习题 2

1. 编程实现：求 1!+2!+3!+…+20!。
2. 编程实现：给出一个 5 位数，判断它是不是回文数。例如，12321 是回文数，即个位与万位相同，十位与千位相同。
3. 编程实现：有一个已经排好序的列表 l = [0, 10, 20, 30, 40, 50]，现输入一个数，要求按原来的规律将它插入列表。

4. 编程实现：创建一个学生（Student）类，其属性包含姓名（name）和性别（sex），类属性包含学生人数（count），定义方法 addstudent(name, sex)用于增加学生信息并将信息保存在文本文件中。

5. 阅读并运行下面程序，输出其结果。

```
class Bird(object):
    def talk(self):
        print("鸟不会说话!")
class People(Bird):
    def walk(self):
        print('他正在散步!')
c = People()
c.talk()
c.walk()
```

第2章习题答案

第 3 章　Python 数据分析基础

【本章概要】

- Python 操作 Excel 文件
- Python 数据分析库

3.1　Python 操作 Excel 文件

在使用办公软件 Excel 时，会遇到一些重复烦琐的工作，这时候手工操作就显得效率极其低下，因此通过 Python 实现办公自动化很有必要。

3.1.1　xlrd 与 xlwt 操作 xls 文件

操作 Excel 文件，要先搞清楚几个概念：workbook，指一个 Excel 文件；sheet，指 Excel 文件中的一页；cell，指一个单元格。Anaconda 平台下安装 xlrd、xlwt：计算机联网，在命令行中分别输入 conda install xlrd 及 conda install xlwt 命令安装。xlrd 负责读取 xls 文件中，xlwt 负责写数据到 xls 文件中。但要注意，xlrd 只能对 xls 文件进行读操作；xlwt 只能对 xls 文件进行写操作，不能操作 xlsx 文件。若要操作 xlsx 文件，则要使用 openpyxl 模块。

【例 3.1】xlrd 对 xls 文件进行读操作示意。在 Spyder 中输入代码 3.1。

代码 3.1　xlrd 对 xls 文件进行读操作示意

```
1 import xlrd         # 导入 xlrd，打开 Excel 文件读取数据，如果路径或文件名中有中文，则在前面加一个 r
                       表示原生字符
2 workBook = xlrd.open_workbook(r'2023 春跨校修读学分申报汇总.xls')         # 打开工作簿
```

3 a = workBook.sheet_names()	# 获取工作表(sheet)对象,并获取所有 sheet 页的名称
4 sheetName = workBook.sheet_by_name('Sheet2')	# 根据 sheet 页的名称获取指定表名的表
5 sheetName1 = workBook.sheet_by_index(0)	# 根据 sheet 索引获取对应 sheet 表
6 print(a, sheetName, sheetName1)	# 打印获取结果
7 b = sheetName.name	# 获取 sheet 的名称
8 c = sheetName.nrows	# 获取表格的总行数
9 d = sheetName.ncols	# 获取表格的总列数
10 print(b, c, d)	# 打印获取结果
11 rows = sheetName.row_values(3)	# 获取第 4 行内容
12 cols = sheetName.col_values(1)	# 获取第 2 列内容
13 print(rows)	# 打印获取结果
14 print(cols)	# 打印获取结果
15 e = sheetName.cell(3, 1).value	# 获取第 4 行第 2 列的单元格数据
16 f = sheetName.row(5)[1].value	# 获取第 6 行第 2 列的单元格数据
17 g = sheetName.cell(4, 0).ctype	# 获取单元格内容的数据类型:ctype;0 表示 empty, 1 表示 string,2 表示 number,3 表示 date,4 表示 boolean,5 表示 error
18 print(e, f, g)	# 打印获取结果

代码 3.1 的运行结果如图 3.1 所示。

```
['Sheet2', 'Sheet1'] Sheet 0:<Sheet2> Sheet 0:<Sheet2>
Sheet2 15 9
['序号', '课程名称', '建课教师', '联系电话（手机）', '建课高校', '用课教师', '联系电话（手机）', '用课高校', '备注']
['', '', '课程名称', '高等数学', '线性代数', '概率统计', '数理方程', '复变函数', 'Python语言', '数学实验', '计算机组装', 'flash动画', 'mathematica基础', '']
课程名称 线性代数 2
```

图 3.1　代码 3.1 的运行结果

【例 3.2】xlwt 对 xls 文件进行写操作示意。在 Spyder 中输入代码 3.2。

代码 3.2　xlwt 对 xls 文件进行写操作示意

1 import xlwt	# 导入 xlwt
2 workBook = xlwt.Workbook()	# 新建工作簿 xlwt.Workbook()
3 table = workBook.add_sheet('第 1 页', cell_overwrite_ok=True)	
# 在工作簿中新建 sheet 页:add_sheet()。如果对同一单元格重复操作,则会发生 overwrite Exception, cell_overwrite_ok 为可覆盖	
4 sheet = workBook.add_sheet('第 2 页')	# 新增 sheet 表
5 i, j = 1, 2	# 给 i,j 赋值
6 value = 'lihanlong'	# 给 value 赋值
7 sheet.write(i, j, value)	# 向表格(i, j)中写入数据:write(i, j, value)
8 workBook.save('电子表格.xls')	# 保存工作簿:save()

代码 3.2 的运行结果如图 3.2 所示。

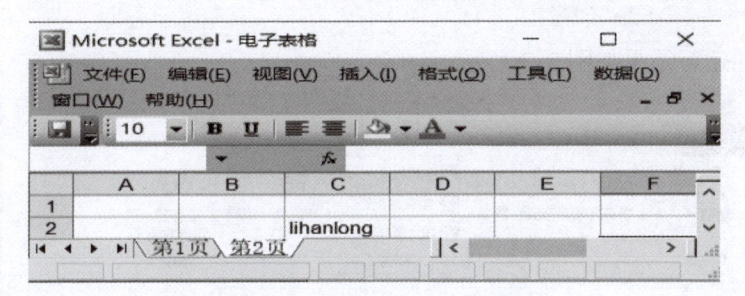

第 3 章　Python 数据分析基础

图 3.2　代码 3.2 的运行结果

3.1.2　openpyxl 操作 xlsx 文件

Anaconda 平台下安装 openpyxl：计算机联网，在命令行中输入 conda install openpyxl 命令安装，安装完成后可以利用 openpyxl 对 xlsx 文件进行读写操作。openpyxl 专门处理 Excel 2007 及以上版本产生的 xlsx 文件，xls 和 xlsx 之间容易转换。注意：如果文字编码是"gb2312"，则读取后会显示乱码，需要先转成 Unicode。

openpyxl 可以定义多种数据格式，主要有以下 3 种：NULL（空值），对应于 Python 的 None，表示这个 cell 里面没有数据；numberic（数字型），对应于 Python 中的 float；string（字符串型），对应于 Python 中的 Unicode。Excel 文件有 3 个对象：workbook（工作簿）；sheet（工作表，一个工作簿有多个工作表，利用表名识别，如"sheet1""sheet2"等）；cell（单元格，用于存储数据）。

【例 3.3】使用 openpyxl 库创建 Excel 表格，判断 xlsx 文件是否已经存在。如果存在，则加载原 xlsx 文件，在此基础上修改；否则创建新的 xlsx 文件。在 Spyder 中输入代码 3.3。

代码 3.3　使用 openpyxl 库创建 Excel 表格操作示意

```
1  import openpyxl                                              # 导入 openpyxl 库
2  import os                                                    # 导入 os 库
3  def write_xlsx(filename, sheet_index, sheet_name, data):     # 定义带 4 个参数的函数 write_xlsx()
4      if os.path.exists(filename):                             # 如果文件存在
5          wb = openpyxl.load_workbook(filename)                # 打开并加载文件
6      else:                                                    # 否则
7          wb = openpyxl.Workbook()                             # 创建一个新的工作簿文件
10     sheet=wb.create_sheet(title=sheet_name, index=sheet_index) # 创建一个 sheet 工作表
11     for item in data:                                        # for 循环让 item 在 data 中遍历
12         sheet.append(item)                                   #将遍历的 item 添加到 sheet 工作表中
13     wb.save(filename)                                        # 保存工作簿文件
14 if __name__ == '__main__':                                   # 调用主程序
15     filename = "2023春跨校修读学分申报汇总.xlsx"              # 给文件名赋值,包含扩展名.xlsx
16     sheet_index = 3                                          # sheet 工作表的索引为 3
17     sheet_name = "跨校修读学分增加人员"                       # sheet 工作表的名称
18     data = [[1,"张三"],[2,"李四"],[3,"王五"],[4,"冯六"]]      # sheet 工作表数据
19     write_xlsx(filename, sheet_index, sheet_name, data)      # 写入数据
```

代码 3.3 的运行结果如图 3.3 所示。

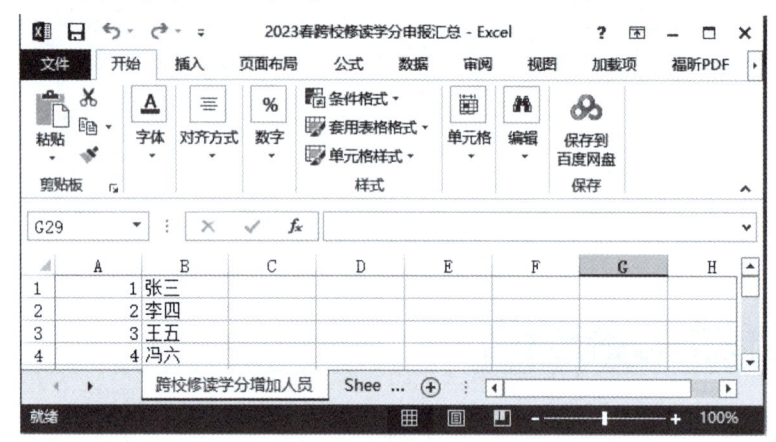

图 3.3　代码 3.3 的运行结果

【例 3.4】使用 wb = openpyxl.Workbook( ) 创建一个工作簿，在创建一个工作簿的同时至少也新建了一个工作表。在 Spyder 中输入代码 3.4。

代码 3.4　创建一个工作簿示意

1 import openpyxl	# 导入 openpyxl 库
2 wb = openpyxl.Workbook()	# 创建一个工作簿
3 wb.save('filename.xlsx')	# 保存工作簿，文件名为 filename.xlsx

代码 3.4 的运行结果如图 3.4 所示。

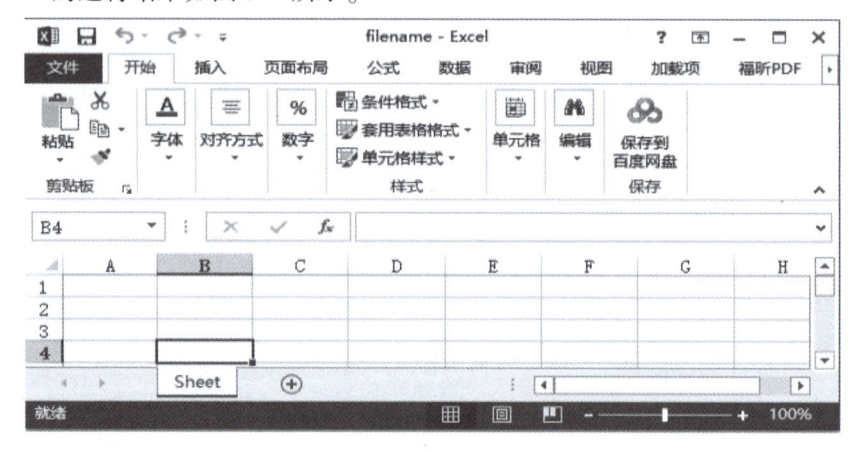

图 3.4　代码 3.4 的运行结果

【例 3.5】使用 wb = openpyxl.load_workbook('file_name.xlsx') 打开已有工作簿。在 Spyder 中输入代码 3.5。

代码 3.5　打开已有工作簿示意

1 import openpyxl	# 导入 openpyxl 库
2 wb = openpyxl.load_workbook('2022春跨校修读学分申报汇总.xlsx')	# 打开工作簿

```
3 ws = wb['第1页']                              # 通过名称"第1页"打开工作表
4 print(ws)                                    # 打印
5 a = ws['B1:B10']                             # 从 B1 到 B10 读取单元格
6 b = ws['A1:I1']                              # 从 A1 到 I1 读取单元格
7 print(a)                                     # 打印
8 print(b)                                     # 打印
```

代码 3.5 的运行结果如图 3.5 所示。

```
<Worksheet "第1页">
(((<Cell '第1页'.B1>,), (<Cell '第1页'.B2>,), (<Cell '第1页'.B3>,), (<Cell '第1页'.B4>,), (<Cell '第1页'.B5>,),
(<Cell '第1页'.B6>,), (<Cell '第1页'.B7>,), (<Cell '第1页'.B8>,), (<Cell '第1页'.B9>,), (<Cell '第1页'.B10>,))
((<Cell '第1页'.A1>, <Cell '第1页'.B1>, <Cell '第1页'.C1>, <Cell '第1页'.D1>, <Cell '第1页'.E1>, <Cell '第1
页'.F1>, <Cell '第1页'.G1>, <Cell '第1页'.H1>, <Cell '第1页'.I1>),)
```

图 3.5　代码 3.5 的运行结果

【例 3.6】 在工作簿中新建工作表示意。在 Spyder 中输入代码 3.6。

代码 3.6　在工作簿中新建工作表示意

```
1 from openpyxl import Workbook                # 从 openpyxl 中导入 Workbook
2 wb = Workbook()                              # 创建一个工作簿对象
3 ws1 = wb.create_sheet('创建工作表1')          # 在工作簿中创建工作表1,默认插在最后
4 ws2 = wb.create_sheet('创建工作表2', index=0) # 在工作簿中创建工作表2,插在开头
# 在创建工作表的时候系统自动命名,依次为 Sheet, Sheet1, Sheet2 . . .
5 ws3 = wb.create_sheet(title="QQ")            # 在工作簿中创建工作表 QQ,默认插在最后
6 ws3.title = "New Title"                      # 修改工作表的名称 QQ 为 New Title
7 wb.save('newfile.xlsx')                      # 保存工作簿
```

代码 3.6 的运行结果如图 3.6 所示。

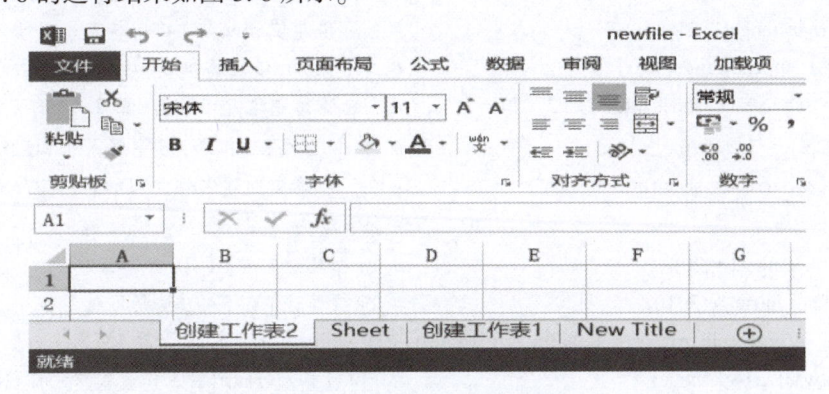

图 3.6　代码 3.6 的运行结果

【例 3.7】 工作簿单元格的写入示意。在 Spyder 中输入代码 3.7。

代码 3.7　工作簿单元格的写入示意

```
1 from openpyxl import Workbook                # 从 openpyxl 中导入 Workbook
```

```
2 wb = Workbook()                                          # 创建一个工作簿对象
3 ws = wb.active                                            # 激活工作簿
4 ws['A1'] = 425                                            # 数据可以直接分配到单元格中
5 ws.append([1, 2, 3])                                      # 可以附加行,从第 1 列开始附加
6 ws.append([4, 5, 6])                                      # 可以附加行,从第 1 列开始附加
7 import datetime                                           # 导入日期库
8 ws['A4'] = datetime.datetime.now().strftime("%Y-%m-%d")   # 在 A4 中添加系统当前时间
9 wb.save("sample.xlsx")                                    # 保存文件
```

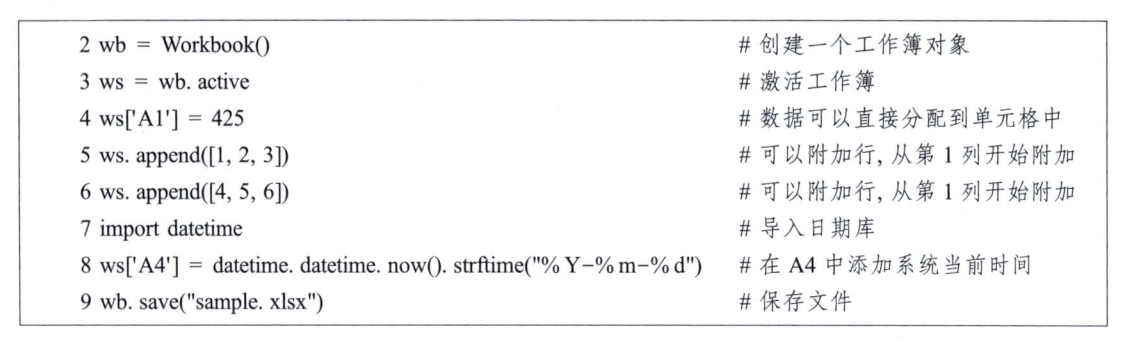

代码 3.7 的运行结果如图 3.7 所示。

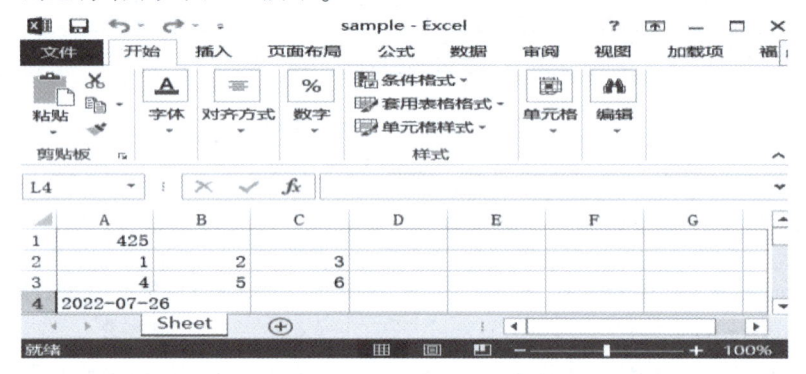

图 3.7　代码 3.7 的运行结果

【例 3.8】工作表的创建与单元格的写入示意。在 Spyder 中输入代码 3.8。

代码 3.8　工作表的创建与单元格的写入示意

```
1 from openpyxl import Workbook                             # 从 openpyxl 中导入 Workbook
2 wb = Workbook()                                           # 创建工作簿对象
3 ws1 = wb.active                                           # 激活工作簿
4 ws1.title = "第 1 页"                                      # 设置工作簿的默认工作表名为"第 1 页"
5 for row in range(1, 21):                                  # 循环语句使 row 从 1~20 取值
6     ws1.append(range(50))                                 # 第 1~20 行依次添加 0~49 共 50 个数
7 ws2 = wb.create_sheet(title="第 2 页")                     # 在工作簿中创建名称为"第 2 页"的工作表
8 ws2['D5'] = 2.71828                                       # 在"第 2 页"工作表 D5 中写入 2.71828
9 ws3 = wb.create_sheet(title="Data")                       # 在工作簿中创建名称为"Data"的工作表
10 s = '*'                                                  # 给 s 赋值"*"
11 for i in range(10, 20):                                  # for 循环让 i 在 10~19 遍历取值
12     for j in range(5, 10):                               # for 循环让 j 在 5~10 遍历取值
13         ws3.cell(row = i, column = j, value = "{}".format(s))  # 单元格中写入 s 的值
14 print(ws3['G14'].value)                                  # 打印名称为"Data"的工作表中单元格 G14 中的值
15 wb.save('创建并写入的工作表.xlsx')                          # 保存工作簿
```

代码 3.8 的运行结果如图 3.8 所示。

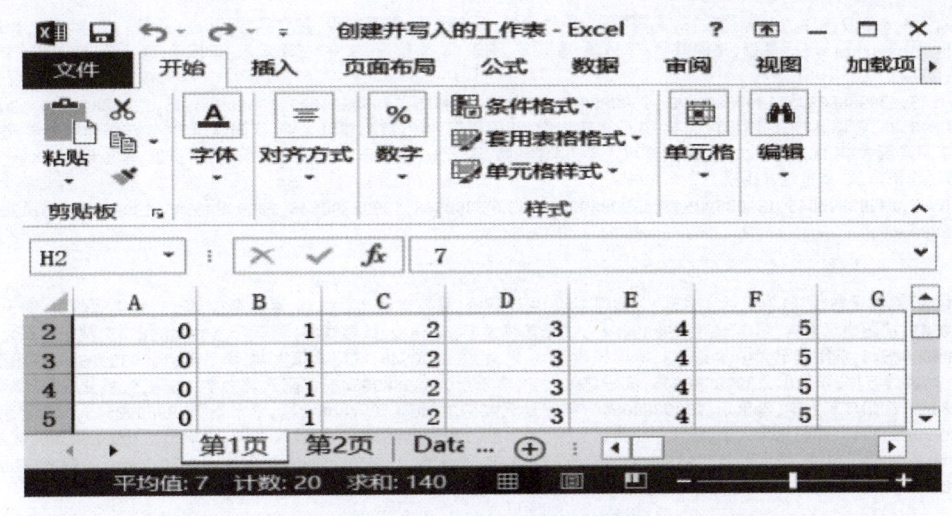

图 3.8 代码 3.8 的运行结果

【例 3.9】遍历工作表行和列中单元格的值。在 Spyder 中输入代码 3.9。

代码 3.9　遍历工作表行和列中单元格的值

```
1 import openpyxl                                              # 导入 openpyxl 库
2 wb = openpyxl.load_workbook('2023春跨校修读学分申报汇总.xlsx')    # 打开 Excel 文件
3 ws = wb.active                                               # 激活当前的表单
4 ws = wb['第 2 页']                                            # 打开工作表的第 2 页
5 col_range = ws['A:G']                                        # 设置列的范围为 A 到 G
6 row_range = ws[1:10]                                         # 设置行的范围为 1~10
7 for col in col_range:                                        # for 循环让 col 在所有列中遍历
8     for cell in col:                                         # for 循环让单元格 cell 在列 col 中遍历
9         print(cell.value, end=', ')                          # 打印 A 到 G 列单元格中的值
10 print('\n', '------------------------------------------------', '\n')
                                                               # 打印分隔线
11 for row in row_range:                                       # for 循环让 row 在所有行中遍历
12     for cell in row:                                        # for 循环让单元格 cell 在行 row 中遍历
13         print(cell.value, end=', ')                         # 打印 1~10 行中所有单元格中的值
14 print('\n', '------------------------------------------------')
                                                               # 打印分隔线
15 for row in ws.iter_rows(min_row=1, max_row=2, max_col=2):   # for 循环 row 遍历
16     for cell in row:                                        # for 循环让 cell 在所有行中遍历
17         print(cell.value, end=', ')                         # 打印第 1~2 行、第 1~2 列中的内容
```

代码 3.9 的运行结果如图 3.9 所示。

序号,1,2,3,4,5,6,7,8,9,10,课程名称,高等数学,线性代数,概率统计,数理方程,复变函数,Python语言,数学实验,计算机组装,flash动画,mathematica基础,建课教师,李乐乐,李乐乐,李乐乐,李乐乐,李乐乐,李乐乐,李乐乐,李乐乐,李乐乐,李乐乐,联系电话(手机),
13998890545,13998890545,13998890545,13998890545,13998890545,13998890545,13998890545,13998890545,13998890545,13998890545,建课高校,沈阳建筑大学,沈阳建筑大学,沈阳建筑大学,沈阳建筑大学,沈阳建筑大学,沈阳建筑大学,沈阳建筑大学,沈阳建筑大学,沈阳建筑大学,沈阳建筑大学,用课教师,李乐乐,李乐乐,李乐乐,李乐乐,李乐乐,李乐乐,李乐乐,李乐乐,李乐乐,李乐乐,联系电话(手机),
13998890545,13998890545,13998890545,13998890545,13998890545,13998890545,13998890545,13998890545,13998890545,13998890545,

----

序号,课程名称,建课教师,联系电话(手机),建课高校,用课教师,联系电话(手机),用课高校,备注,1,高等数学,李乐乐,13998890545,沈阳建筑大学,李乐乐,13998890545,沈阳建筑大学,None,2,线性代数,李乐乐,13998890545,沈阳建筑大学,李乐乐,13998890545,沈阳建筑大学,None,3,概率统计,李乐乐,13998890545,沈阳建筑大学,李乐乐,13998890545,沈阳建筑大学,None,4,数理方程,李乐乐,13998890545,沈阳建筑大学,李乐乐,13998890545,沈阳建筑大学,None,5,复变函数,李乐乐,13998890545,沈阳建筑大学,李乐乐,13998890545,沈阳建筑大学,None,6,Python语言,李乐乐,13998890545,沈阳建筑大学,李乐乐,13998890545,沈阳建筑大学,None,7,数学实验,李乐乐,13998890545,沈阳建筑大学,李乐乐,13998890545,沈阳建筑大学,None,8,计算机组装,李乐乐,13998890545,沈阳建筑大学,李乐乐,13998890545,沈阳建筑大学,None,9,flash动画,李乐乐,13998890545,沈阳建筑大学,李乐乐,13998890545,沈阳建筑大学,None,

----

序号,课程名称,1,高等数学,

图 3.9 代码 3.9 的运行结果

【例 3.10】查看工作表行和列的总数。在 Spyder 中输入代码 3.10。

代码 3.10　查看工作表行和列的总数

```
1  import openpyxl                                              # 导入 openpyxl 库
2  wb = openpyxl.load_workbook('2022春跨校修读学分申报汇总.xlsx')   # 打开 Excel 文件
3  ws = wb.active                                                # 激活当前的表单
4  print('{}行 {}列'.format(ws.max_row, ws.max_column))           # 打印默认表单行数和列数
5  ws1 = wb['第2页']                                             # 读取第 2 页工作表
6  print(ws1)                                                    # 打印
7  print('{}行{}列'.format(ws1.max_row, ws1.max_column))          # 打印第 2 页工作表行数和列数
8  for row in ws1.iter_rows(min_row=1, max_row=4, max_col=4):    # for 循环 row 遍历
9      for cell in row:                                          # for 循环 cell 遍历
10         print(cell.value, end=(', '))                         # 打印第 1~4 行、第 1~4 列中的内容
```

代码 3.10 的运行结果如图 3.10 所示。

11行 9列
<Worksheet "第2页">
11行 9列
序号,课程名称,建课教师,联系电话(手机),1,高等数学,李乐乐,13998890545,2,线性代数,李乐乐,13998890545,3,概率统计,李乐乐,13998890545,

图 3.10 代码 3.10 的运行结果

3.1.3　pandas 操作 xlsx 文件

在 Anaconda 命令行中输入 conda install pandas 命令安装 pandas,然后可以利用 pandas 对

xlsx 文件进行读写操作。

【例 3.11】利用 pandas 包中的 read_excel( )函数读取 xlsx 文件。在 Spyder 中输入代码 3.11。

代码 3.11 利用 pandas 包中的 read_excel( )函数读取 xlsx 文件

```
1 import pandas as pd                                              # 导入 pandas 库记作 pd
2 bsdata = pd.read_excel(r'2023 春跨校修读学分申报汇总.xlsx')        # 读取 xlsx 默认工作表
3 print(bsdata[3:5])                                                # 打印显示第 3~4 行
4 bsdata1 = pd.read_excel(r'2023 春跨校修读学分申报汇总.xlsx','第 1 页')  # 读取第 1 页工作表
5 print(bsdata1[3:5])                                               # 打印显示第 3~4 行
6 bsdata2 = pd.read_excel(r'2022 春跨校修读学分申报汇总.xlsx','第 2 页')  # 读取第 2 页工作表
7 print(bsdata2[3:6])                                               # 打印显示第 3~5 行
```

代码 3.11 的运行结果如图 3.11 所示。

```
Empty DataFrame
Columns: [1, 张三]
Index: []
   附件: Unnamed: 1  Unnamed: 2  ...  Unnamed: 6  Unnamed: 7  Unnamed: 8
3       1         高等数学      李乐乐    ...  13998890505   沈阳建筑大学      NaN
4       2         线性代数      李乐乐    ...  13998890505   沈阳建筑大学      NaN

[2 rows x 9 columns]
   序号   课程名称  建课教师    联系电话（手机）  建课高校  用课教师  联系电话（手机）.1  用课高校  备注
3   4     数理方程   李乐乐   13998890545  沈阳建筑大学  李乐乐  13998890545  沈阳建筑大学  NaN
4   5     复变函数   李乐乐   13998890545  沈阳建筑大学  李乐乐  13998890545  沈阳建筑大学  NaN
5   6     Python 语言  李乐乐  13998890545  沈阳建筑大学  李乐乐  13998890545  沈阳建筑大学  NaN
```

图 3.11 代码 3.11 的运行结果

【例 3.12】利用 pandas 包中的 to_excel 保存文件。在 Spyder 中输入代码 3.12。

代码 3.12 利用 pandas 包中的 to_excel 保存文件

```
1 import pandas as pd                                              # 导入 pandas 库记作 pd
2 bsdata = pd.read_excel('2023 春跨校修读学分申报汇总.xlsx','第 2 页')   # 读取文件第 2 页
3 print(bsdata.head())                                              # 显示前 5 行
4 print(bsdata.tail())                                              # 显示后 5 行
5 print(bsdata.info())                                              # 显示数据框信息
6 print(bsdata.columns)                                             # 查看数据框列名
7 print(bsdata.index)                                               # 查看数据框行名
8 print(bsdata.shape)                                               # 显示数据框行数和列数
9 print(bsdata.shape[0])                                            # 显示数据框行数
10 print(bsdata.shape[1])                                           # 查看数据框列名
11 print(bsdata.values[:5])                                         # 查看数据框值数组
12 bsdata.to_excel('2023 春跨校修读学分申报汇总另存.xlsx')             # 数据另存为 xlsx 文件
```

代码 3.12 的部分运行结果如图 3.12 所示。

67

```
(10, 9)
10
9
[[1 '高等数学' '李乐乐' 13998890545 '沈阳建筑大学' '李乐乐' 13998890545 '沈阳建筑大学' nan]
 [2 '线性代数' '李乐乐' 13998890545 '沈阳建筑大学' '李乐乐' 13998890545 '沈阳建筑大学' nan]
 [3 '概率统计' '李乐乐' 13998890545 '沈阳建筑大学' '李乐乐' 13998890545 '沈阳建筑大学' nan]
 [4 '数理方程' '李乐乐' 13998890545 '沈阳建筑大学' '李乐乐' 13998890545 '沈阳建筑大学' nan]
 [5 '复变函数' '李乐乐' 13998890545 '沈阳建筑大学' '李乐乐' 13998890545 '沈阳建筑大学' nan]]
```

图 3.12 代码 3.12 的部分运行结果

3.1.4 xlrd 和 xlsxwriter 合并成 xls 文件

工作中经常会碰到多个 Excel 表格汇总成一个表格的情况，可以用 Python 自动实现合并。

【例 3.13】在文件夹"例题 13 案例"中有 5 个 xls 文件（想象一下有 100 个或更多 xls 文件需要合并），利用 xlrd 和 xlsxwriter 编程实现将它们合并成一个 xls 文件。在 Spyder 中输入代码 3.13。

代码 3.13 xlrd 和 xlsxwriter 合并成 xls 文件

```
1 import glob                                  # 导入 glob 库，用于查找默认文件夹下符合要求
                                                 的文件名
2 import xlrd                                   # 导入 xlrd 库用于读取 xls 文件
3 import xlwt                                   # 导入 xlwt 库用于写入 xls 文件
4 import time                                   # 导入 time 库用于设置睡眠时间
5 biaotou=['课程名称','建课教师','联系电话(建课)','建课高校','用课教师','联系电话(用课)','用
课高校','备注']                                   # 这些变量需要根据自己的具体情况选择
6 filelocation="例题 13 案例\\"                  # 在文件夹"例题 13 案例"中搜索多个表格
7 fileform="xls"                                # 当前文件夹下搜索的文件扩展名
8 filedestination="例题 13 案例\\"               # 合并后的表格存放的位置
9 file="test12345"                              # 将合并后的表格命名为 file
10 filearray=[]                                 # 首先查找默认文件夹下有多少个文件需要整
                                                 合，设置一个空列表用于装数据
11 for filename in glob.glob(filelocation+"*."+fileform):   # for 循环 filename 遍历找到的文件名
12     filearray.append(filename)               # 把找到的文件名添加到列表 filearray 中
13 ge=len(filearray)                            # 获取列表 filearray 中的文件个数
14 print("在默认文件夹下有%d 个文档!"%ge)          # 打印提示文件夹下有多少个 xls 文件
15 matrix = [None]* ge                          # None 代表一个空对象，[None]是包含名为 None
                                                 的特殊对象的列表
16 for i in range(ge):                          # for 循环 i 遍历文件个数
17     fname = filearray[i]                     # 让 fname 依次取列表 filearray 中的文件名
18     bk=xlrd.open_workbook(fname)             # 打开工作簿文件 fname 并赋值给 bk
19     try:                                     # 试一试
20         sh=bk.sheet_by_name("Sheet1")        # 打开工作簿中名为"Sheet1"的工作表并赋值给 sh
21     except:                                  # 否则
```

```
22          print("文件%s 中没有找到 sheet1,读取文件失败,是否换换表格名字?" % fname)    # 打印
23      nrows=sh. nrows                                    # 获取工作表"Sheet1"的行数
24      matrix[i] = [0]* (nrows-1)                         # 构造列表,行数减 1
25      ncols=sh. ncols                                    # 获取工作表"Sheet1"的列数
26      for m in range(nrows-1):                           # for 循环 m 遍历行数
27          matrix[i][m] = ["0"]*ncols                     # 构造列表["0"]*ncols
28      for j in range(1, nrows):                          # for 循环 j 遍历行数(从 1 开始,不含表头)
29          for k in range(0, ncols):                      # for 循环 k 遍历列数
30              matrix[i][j-1][k]=sh. cell(j, k). value    # 获取工作表"Sheet1"的 j 行 k 列的值
31  filename=xlwt. Workbook()                              # 创建一个工作簿
32  sheet=filename. add_sheet("Sheet1")                    # 在工作簿中添加名为"Sheet1"的工作表
33  for i in range(0, len(biaotou)):                       # for 循环 i 遍历 0 到表头长度
34      sheet. write(0, i, biaotou[i])                     # 在工作表 sheet 中写入表头
35  zh=1                                                   # 定义初始变量值为 1
36  for i in range(ge):                                    # for 循环 i 遍历文件个数
37      for j in range(len(matrix[i])):                    # for 循环 j 遍历
38          for k in range(len(matrix[i][j])):             # for 循环 k 遍历
39              sheet. write(zh, k, matrix[i][j][k])       # 在工作表 sheet 中写入单元格的值
40          zh=zh+1                                        # 变量值递增 1
41      print('------第%d 个合并完毕------'%(i+1))          # 打印文件合并提示
42      time. sleep(0. 5)                                  # 程序休眠 0.5 秒
43  print("%d 个文件已合成 1 个文件,命名为%s. xls, 快打开看看正确不?"%(ge, file))    # 打印
44  filename. save(filedestination+file+". xls")           # 保存文件
```

代码 3.13 的运行结果如图 3.13 所示。

在默认文件夹下有5个文档!
------第1个合并完毕------
------第2个合并完毕------
------第3个合并完毕------
------第4个合并完毕------
------第5个合并完毕------
5个文件已合成1个文件,命名为test12345.xls,快打开看看正确不?

图 3.13 代码 3.13 的运行结果

在例 3.13 中用到了 glob 库,它是 Python 标准库。glob 库主要应用于文件名模式的匹配。
(1)通配符:使用星号(*)匹配 0 个或多个字符。
【例 3.14】使用星号匹配 0 个或多个字符示意。在 Spyder 中输入代码 3.14。
代码 3.14 使用星号匹配 0 个或多个字符示意

```
1 import glob                                        # 导入 glob 库
2 print(len(glob. glob('D:/*')))                     # 打印 D 盘文件夹及文件个数
3 for name in glob. glob('D:/*'):                    # for 循环 name 在 glob. glob('D:/*')中遍历
4     print(name)                                    # 打印文件夹和文件名称
5 for name1 in glob. glob('例题 13 案例/*'):          #for 循环 name1 在 glob. glob('例题 13 案例/*')中遍历
```

```
6    print(name1)                              # 打印文件夹和文件名称
7 print(type(glob.glob('例题 13 案例/*')))      # 打印 glob.glob('例题 13 案例/*')的类型
```

代码 3.14 的运行结果如图 3.14 所示。

```
例题13案例\1.xls
例题13案例\2.xls
例题13案例\3.xls
例题13案例\4.xls
例题13案例\5.xls
例题13案例\test12345.xls
<class 'list'>
```

图 3.14　代码 3.14 的运行结果

（2）单个字符通配符：使用问号（？）匹配任意单个的字符。

【例 3.15】使用问号匹配任意单个的字符示意。在 Spyder 中输入代码 3.15。

代码 3.15　使用问号匹配任意单个的字符示意

```
1 import glob                                  # 导入 glob 库
2 for name in glob.glob('例题 13 案例/?.xls'):  # for 循环 name 在 glob.glob('例题 13 案例/?.xls')
                                                   中遍历
3    print(name)                               # 打印
```

代码 3.15 的运行结果如图 3.15 所示。

```
例题13案例\1.xls
例题13案例\2.xls
例题13案例\3.xls
例题13案例\4.xls
例题13案例\5.xls
```

图 3.15　代码 3.15 的运行结果

（3）字符范围：当需要匹配一个特定的字符时，可以使用一个范围。

【例 3.16】使用一个范围匹配一个特定的字符示意。在 Spyder 中输入代码 3.16。

代码 3.16　使用一个范围匹配一个特定的字符示意

```
1 import glob                                       # 导入 glob 库
2 for name in glob.glob('例题 13 案例/*[0-9].*'):   # for 循环 name 在 glob.glob('例题 13 案例/*[0-9]
                                                        .*')中遍历
3    print(name)                                    # 打印
```

代码 3.16 的运行结果如图 3.16 所示。

```
例题13案例\1.xls
例题13案例\2.xls
例题13案例\3.xls
例题13案例\4.xls
例题13案例\5.xls
例题13案例\test12345.xls
```

图 3.16　代码 3.16 的运行结果

3.1.5 pandas 将 xls 文件合并成 xlsx 文件

首先使用 pd.read_excel()方法加载 xls 文件,然后使用 pd.concat()将 DataFrame 列表进行拼接,最后使用 pd.ExcelWriter()和 to_excel()将合并后的 DataFrame 保存成 xlsx 文件。

【例 3.17】利用 pandas 将 xls 文件合并成 xlsx 文件示意。在 Spyder 中输入代码 3.17。

代码 3.17 利用 pandas 将 xls 文件合并成 xlsx 文件示意

```
1  import glob                                              # 导入 glob 库
2  import pandas as pd                                      # 导入 pandas 库,记作 pd
3  filename_xls = []                                        # 新建列表,存放文件名
4  for file in glob.glob('例题 13 案例/? .xls'):             # 在文件夹"例题 13 案例"中找到 xls 文件
5      filename_xls.append(file)                            # 将找到的 xls 文件名添加到 filename_xls 中
6  print(filename_xls)                                      # 打印文件名
7  data = []                                                # 新建列表,存放 xls 文件数据
8  for i in filename_xls:                                   # for 循环 i 在文件名中遍历
9      data.append(pd.read_excel(i))                        # pd.read_excel()读出数据并添加到 data 中
10 file_xlsx = pd.ExcelWriter('例题 13 案例/合并的文件 .xlsx')  # 创建 xlsx 文件
11 pd.concat(data).to_excel(file_xlsx, 'Sheet1', index=False)  # 将数据写入 file_xlsx 的 Sheet1
12 file_xlsx.close()                                        # 关闭上面创建的对象,其实是保存文件。若
                                                            #   用 file_xlsx.save(),则会有出错提示
13 print('文件合并完成,请查看!')                            # 打印文件合并完成提示
```

代码 3.17 的运行结果如图 3.17 所示。

['例题13案例\\1.xls', '例题13案例\\2.xls', '例题13案例\\3.xls', '例题13案例\\4.xls', '例题13案例\\5.xls']
文件合并完成,请查看!

图 3.17 代码 3.17 的运行结果

3.1.6 openpyxl 将 xlsx 文件合并成 xlsx 文件

利用 openpyxl 将多个 xlsx 文件合并成一个 xlsx 文件,要求多个 xlsx 文件有相同行和列,假定有 3 个 xlsx 文件都包含 11 行 7 列的数据,其中第 1 行为表头,即列索引。下面利用 openpyxl 和 glob 将它们合并成一个 xlsx 文件

【例 3.18】利用 openpyxl 将 3 个 xlsx 文件合并成一个 xlsx 文件。在 Spyder 中输入代码 3.18。

代码 3.18 利用 openpyxl 合并 xlsx 文件

```
1  import glob                                              # 导入 glob 库
2  from openpyxl import load_workbook                       # 从 openpyxl 中导入 load_workbook
3  filename_xlsx = []                                       # 新建列表,存放文件名
4  for file in glob.glob('例题 18 案例/* .xlsx'):            # 在文件夹"例题 18 案例"中找到 xls 文件
5      filename_xlsx.append(file)                           # 将找到的 xls 文件名添加到 filename_xlsx 中
```

```
6   print(filename_xlsx)                           # 打印文件名
7   wb1 = load_workbook(filename_xlsx[0])          # 加载工作簿
8   wb2 = load_workbook(filename_xlsx[1])          # 加载工作簿
9   wb3 = load_workbook(filename_xlsx[2])          # 加载工作簿
10  ws1 = wb1.active                               # 激活 worksheet, wb1 作为母表, 将 wb2, wb3 合并到 wb1
11  ws2 = wb2.active                               # 激活 worksheet 子表
12  ws3 = wb3.active                               # 激活 worksheet 子表
13  num = 2                                        # 设置变量 num 控制行数, 默认取 2, 去掉表头
14  a = 12                                         # 控制插入位, 表格有 11 行, 从第 12 行开始插入
15  n = 1                                          # 列数记录, 一共有 7 列
16  k = 1                                          # 子表记录, 一共有 3 个 xlsx 表格, 1 个母表, 2 个子表
17  def writer_elsx(num, a, n, k):                 # 定义函数, 实现合并功能
18      for i in range(1, 11):                     # 此处尾数为子文件行数, 除了表头, 一共有 10 行
19          print('当前写入行:', a)                # 打印按行写入子表
20          ws = [ws2, ws3]                        # 将子表做成一个列表
21          datas = ws[k-1]['A{}'.format(num):'G{}'.format(num)]   # 获取子表第 1~7 列
22          for j in datas:                        # 让 j 在第 1~7 列中遍历
23              for data in j:                     # 让 data 在 j 中遍历
24                  key = data.value               # 提取 data 的数据
25                  print(key)                     # 打印 data 的数据
26                  ws1.cell(a, n, key)            # 在母表 ws1 格子(a, n)即 12 行 1 列中输入 data 数据
27                  n += 1                         # 列数递增 1
28                  if n == 8:                     # 表格列数为 7, 故 n==8 时回位
29                      n = 1                      # 回到第 1 列
30                      a = a + 1                  # a 递增 1, 跳到 13 行 1 列输入 data 数据
31                      num += 1                   # num 递增 1
32  num, a, n, k = 2, 12, 1, 1                     # 从第 2 行开始取, 第 12 行开始插入, 第 1 列, 第 1 个子表
33  writer_elsx(2, 12, 1, 1)                       # 调用函数实现合并子表 1 到母表
34  num, a, n, k = 2, 22, 1, 2                     # 从第 2 行开始取, 第 22 行开始插入, 第 1 列, 第 2 个子表
35  writer_elsx(2, 22, 1, 2)                       # 调用函数实现合并子表 2 到母表
36  wb1.save('例题 18 案例/123 合并.xlsx')         # 保存文件
```

代码 3.18 的部分运行结果如图 3.18 所示。

```
['例题18案例\\file1.xlsx', '例题18案例\\file2.xlsx', '例题18案例\\file3.xlsx']
当前写入行: 12
高等数学
李欢欢
13998890546
沈阳建筑大学
李欢欢
沈阳建筑大学
None
```

图 3.18 代码 3.18 的部分运行结果

习题3-1

1. 阅读并运行下列程序，输出其结果。

```
import xlrd
book = xlrd.open_workbook('xlrd_test.xls')
print(book.sheet_names())
print(book.sheet_by_name('Sheet1'))
print(book.sheet_loaded('Sheet1'))
print(book.unload_sheet('Sheet1'))
print(book.sheet_loaded('Sheet1'))
sh = book.sheet_by_index(0)
print(sh.name)
print(sh.nrows)
print(sh.ncols)
print(sh.row_values(4))
print(sh.col_values(3))
print(sh.cell_value(0, 0))
print(sh.cell_value(1, 1))
print(sh.cell_value(2, 2))
print(sh.cell_value(3, 4))
print(sh.cell_value(4, 3))
```

2. 阅读并运行下列程序，输出其结果。

```
import xlwt
students = [['姓名', '年龄', '性别', '分数'],
            ['mary', 20, '女', 80.5],
            ['hennry', 22, '男', 80.9],
            ['rose', 20, '女', 75.6],
            ['duke', 23, '男', 80.5] ]
book = xlwt.Workbook()
sheet = book.add_sheet('students_sheet')
row = 0
for stud in students:
    col = 0
    for stu in stud:
        sheet.write(row, col, stu)
        col += 1
    row += 1
book.save('习题3-1案例/学生成绩单.xls')
print('---保存完毕----')
```

3. 使用 openpyxl 库创建一个 xlsx 表格。

4. 使用 pandas 库创建一个 xlsx 表格。

5. glob 是 Python 自带的一个文件操作相关模块,用它可以查找符合自己要求的文件,类似于 Windows 下的文件搜索。编程搜索 D 盘下的 doc 文件。

3.2 Python 数据分析库

Python 具有丰富的数据分析库,这给利用 Python 做数据分析提供了方便。下面介绍几个常用的数据分析库。

3.2.1 numpy 数值计算库

numpy 是 Python 进行科学计算的基础库,要更好掌握 Python 科学计算库,尤其是 pandas 库,需要先掌握 numpy 库。使用 Anaconda 发行版的 Python,其中安装了 numpy 库,因此无须另外安装。numpy 库的数据结构为 ndarray,这是一种多维数组对象,元素数量是事先指定好的,元素的数据类型由 dtype(data-type)对象来指定,每个 ndarray 只有一种 dtype 类型。ndarray 的大小固定,当创建数组时,一旦指定好大小,就不会再发生改变。ndarray 的属性为 ndim,即维度数量。shape 表示各维度大小的元组,即数组的形状。size 为元素总个数,即 shape 中各数组的乘积。

【例 3.19】numpy 库应用示意。在 Spyder 中输入代码 3.19。

代码 3.19 numpy 库应用示意

```
1 import numpy as np                          # 导入 numpy 库,记作 np
2 a = np.array([[[1.4,5,6,7],[3,2.5,4,6]],[[1.3,6,5,8],[0.3,5,3,1]],[[9,6.7,3,2],[1,3,4,5]]])
# 构造 array()数组
3 print(a.ndim)                               # 打印 ndarray 数组维数
4 print(a.dtype)                              # 打印 ndarray 数组元素的数据类型
5 print(a.shape)                              # 打印 ndarray 数组的形状
6 print(a.size)                               # 打印 ndarray 数组元素的总个数
```

代码 3.19 的运行结果如图 3.19 所示。

```
3
float64
(3, 2, 4)
24
```

图 3.19 代码 3.19 的运行结果

array()函数用于接收一个普通的 Python 序列,并将其转换成 ndarray。

【例 3.20】多维数组对象 ndarray 的常见创建方式。在 Spyder 中输入代码 3.20。

代码 3.20　多维数组对象 ndarray 的常见创建方式

```
1  d = np.zeros((3, 4))                    # 创建3行4列的全0数组,每一行都是零向量,
                                             有4个坐标值0
2  e = np.ones((4, 6))                     # 创建4行6列的全1数组,每一行都是坐标为
                                             1的向量,有4个行
3  f = np.empty((2, 3, 4))                 # 创建两个3行4列的数组,数值为未初始化的
                                             随机值
4  g = np.arange(20)                       # 产生由0~19共20个数组成的数组
5  h = np.arange(0, 20, 1)                 # 产生由0~19共20个数组成的数组,步长为1
6  i = np.arange(0, 20, 2)                 # 产生由0~19共10个数组成的数组,步长为2
7  j = np.arange(0, 12).reshape(3, 4)      # 产生由0~11共12个数组成的3行4列的数组
8  k = np.linspace(0, 10, 5)               # 由0~10产生5个数的等差数列
# 对数等比数列 logspace(初值, 结束值, 元素个数, base=对数的底, 默认值为10, endpoint=是否包含结束值)
9  l = np.logspace(0, 2, 4)                # 由0~2产生4个数的对数等比数列
10 m = np.random.random((2, 2, 4))         # 产生两个2行4列的随机数组
11 print(k, '。\n\n', f, '。\n\n', l, '。\n\n', m, '。\n')   # 打印
```

代码 3.20 的运行结果如图 3.20 所示。

```
[ 0.   2.5  5.   7.5 10. ]。

[[[6.23042070e-307 4.67296746e-307 1.69121096e-306 1.29061074e-306]
  [1.69119873e-306 1.78019082e-306 7.56587585e-307 1.37961302e-306]
  [1.05699242e-307 8.01097889e-307 1.78020169e-306 7.56601165e-307]]

 [[1.02359984e-306 1.69118108e-306 9.34598926e-307 1.78021798e-306]
  [6.23059726e-307 9.34609790e-307 1.24610723e-306 1.33511562e-306]
  [1.37962796e-306 1.78020984e-306 9.34601642e-307 1.42410974e-306]]]。

[  1.           4.64158883  21.5443469  100.        ]。

[[[0.88955171 0.62141517 0.4370245  0.67257792]
  [0.38856259 0.93467613 0.89176709 0.59761834]]

 [[0.34988308 0.15099653 0.21526429 0.95793653]
  [0.08847195 0.79694919 0.58297757 0.75132325]]]。
```

图 3.20　代码 3.20 的运行结果

【例 3.21】numpy 基本操作示意。在 Spyder 中输入代码 3.21。

代码 3.21　numpy 基本操作示意

```
1  import numpy as np                      # 导入 numpy 库,记作 np
2  arr1 = np.array([1, 2, 3, 4, 5])        # 构造 array() 数组 arr1
3  a = arr1 + 2                            # 数组 arr1 每个元素都加 2
4  b = arr1 - 2                            # 数组 arr1 每个元素都减 2
5  c = arr1*2                              # 数组 arr1 每个元素都乘以 2
6  d = 1/arr1                              # 1 除以数组 arr1 每个元素
7  e = arr1**2                             # 数组 arr1 每个元素都平方
8  arr = np.array([1.0, 2.0, 3.0, 4.0])    # 构造 array() 数组 arr
```

75

```
 9 f = arr.max()                              # 求数组 arr 的最大值
10 g = arr.min()                              # 求数组 arr 的最小值
11 h = arr.mean()                             # 求数组 arr 的平均值
12 i = arr.std()                              # 计算数组 arr 的标准差
13 j = np.sqrt(np.power(arr - arr.mean(),2).sum() / arr.size)   # 计算数组 arr 的标准差
14 k = np.array([[1,2,3,4],[3,4,5,6]])        # 构造 array() 数组 k
15 l = k.mean(axis=0)                         # 对数组 k 同一列上的元素进行平均值计算
16 m = k.mean(axis=1)                         # 对数组 k 同一行上的元素进行平均值计算
17 n = k.sum(axis=0)                          # 对数组 k 同一列上的元素进行求和计算
18 p = k.max(axis=1)                          # 对数组 k 同一行上的元素进行求最大值计算
19 q = k.std(axis=0)                          # 对数组 k 同一列上的元素进行求标准差计算
20 print(a, b, c, d, e)                       # 打印结果
21 print(f, g, h, i, j)                       # 打印结果
22 print(l, m, n, p, q)                       # 打印结果
```

代码 3.21 的运行结果如图 3.21 所示。

```
[3 4 5 6 7] [-1 0 1 2 3] [ 2 4 6 8 10] [1.         0.5        0.33333333 0.25       0.2       ]
[ 1  4  9 16 25]
4.0 1.0 2.5 1.118033988749895 1.118033988749895
[2. 3. 4. 5.] [2.5 4.5] [ 4  6  8 10] [4 6] [1. 1. 1. 1.]
```

图 3.21 代码 3.21 的运行结果

【例 3.22】数组数据文件读写示意。在 Spyder 中输入代码 3.22。

代码 3.22 数组数据文件读写示意

```
1 import numpy as np                          # 导入 numpy 库, 记作 np
2 data = np.array([[1,2,3,4],[2,3,4,5],[6,7,8,9],[2,4,5,6]])   # 构造 array() 数组 data
3 np.save('data', data)                       # 保存数据
4 print(np.load('data.npy'))                  # 打印载入数据。npy 文件是不能在计算机上
                                              # 使用软件打开的, 它是存储数据的一种格式
```

代码 3.22 的运行结果如图 3.22 所示。

```
[[1 2 3 4]
 [2 3 4 5]
 [6 7 8 9]
 [2 4 5 6]]
```

图 3.22 代码 3.22 的运行结果

3.2.2 pandas 数据操作库

pandas 构建于 numpy 基础之上, 兼具 numpy 高性能的数组计算功能, 以及电子表格和关

系数据灵活的数据处理能力,同时提供了复杂精细的索引功能,可以更为方便地完成索引、切片、组合及选取数据子集等数据整理的操作。pandas 包含了序列(Series)和数据框(DataFrame)两种常用的数据结构类型,使 Python 进行数据处理变得非常快速和简单。在 Anaconda 平台下,可以通过在命令行输入 conda install pandas 命令来安装 pandas。在 Python 中,调用 pandas 的方式为 import pandas as pd,而 pandas 调用序列和数据框的方式为 from pandas import Series, DataFrame;也可以直接用 pd.XXX 的方式进行调用。

【例 3.23】应用序列创建向量和一维数组。在 Spyder 中输入代码 3.23。

代码 3.23　应用序列创建向量和一维数组

```
1 import pandas as pd                          # 导入 pandas 库,记作 pd
2 a = pd.Series([], dtype = 'float64')         # 创建一个空序列
3 x = [1, 2, 3, 4, 5, 6]                       # 构造一个列表
4 b = pd.Series(x)                             # 用 x 创建一个序列,即一维列向量
5 c = b[2]                                     # 对序列 b 进行切片
6 d = b[1:4]                                   # 对序列 b 进行切片
7 print('a = ', a, '\nb = \n', b, '\nc = ', c, '\nd = \n', d)   # 打印
```

代码 3.23 的运行结果如图 3.23 所示。

```
a = Series([], dtype: float64)
b =
 0    1
 1    2
 2    3
 3    4
 4    5
 5    6
dtype: int64
c = 3
d =
 1    2
 2    3
 3    4
dtype: int64
```

图 3.23　代码 3.23 的运行结果

【例 3.24】创建数据框函数 DataFrame( ) 的应用。在 Spyder 中输入代码 3.24。

代码 3.24　创建数据框函数 DataFrame( ) 的应用

```
1 import pandas as pd                                                        # 导入 pandas 库,记作 pd
2 a = pd.DataFrame()                                                         # 创建一个空数据框
3 x = [60, 49, 65, 80, 70]                                                   # 创建一个列表
4 b = pd.DataFrame(x)                                                        # 用 x 创建一个数据框
5 c = pd.DataFrame(x, columns = ['x'], index = range(5))                     # 修改数据框 b
6 d = pd.DataFrame(x, columns = ['体重'], index = ['A', 'B', 'C', 'D', 'E']) # 修改数据框 b
7 print(d)                                                                   # 打印
8 s1 = [1, 3, 6, 4, 9]                                                       # 创建列表
9 s2 = [65, 46, 68, 85, 76]                                                  # 创建列表
```

```
10  s3 = ['女', '女', '男', '男', '女']                                    # 创建列表
11  y = {'S1':s1, 'S2':s2, 'S3':s3, }                                   # 创建字典
12  df1 = pd.DataFrame(y)                                               # 根据字典创建数据框
13  df2 = pd.DataFrame({'sex':s3, 'weight':s2}, index=s1)               # 修改数据框 df1
14  df2['weight2'] = df2['weight']*2                                    # 生成新的列
15  print(df2)                                                          # 打印
16  del df2['weight2']                                                  # 删除列
17  print(df2)                                                          # 打印
```

代码 3.24 的运行结果如图 3.24 所示。

```
   体重
A  60
B  49
C  65
D  80
E  70
  sex  weight  weight2
1  女      65      130
3  女      46       92
6  男      68      136
4  男      85      170
9  女      76      152
  sex  weight
1  女      65
3  女      46
6  男      68
4  男      85
9  女      76
```

图 3.24　代码 3.24 的运行结果

3.2.3　seaborn 数据绘图库

seaborn 库在 matplotlib 的基础上进行了更高级的 API 封装，从而使绘图更加容易。seaborn 能满足数据分析大部分统计图绘制的要求。

【例 3.25】使用 seaborn 绘制柱状图。在 Spyder 中输入代码 3.25。

代码 3.25　使用 seaborn 绘制柱状图

```
1  import numpy as np                       # 导入 numpy 库，记作 np
2  import seaborn as sns                    # 导入 seaborn 库，记作 sns
3  x = np.random.normal(size=100)           # np.random.normal()的意思是一个正态分布
4  sns.displot(x, kde=True)                 # 使用 seaborn 绘制柱状图，kde=True 显示正态曲线
```

代码 3.25 的运行结果如图 3.25 所示。

图 3.25　代码 3.25 的运行结果

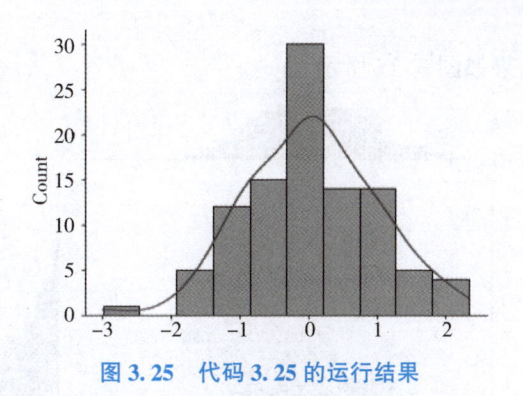

【例 3.26】使用 seaborn 绘制散点图。在 Spyder 中输入代码 3.26。

代码 3.26　使用 seaborn 绘制散点图

```
1 import pandas as pd                                    # 导入 pandas 库，记作 pd
2 import numpy as np                                     # 导入 numpy 库，记作 np
3 import seaborn as sns                                  # 导入 seaborn 库，记作 sns
4 mean, cov = [0, 1], [(1, 0.5), (0.5, 1)]              # 给定 mean、cov 数据
5 data = np.random.multivariate_normal(mean, cov, 400)  # 由实际情况生成多元正态分布矩阵
6 df = pd.DataFrame(data, columns=["x", "y"])           # pandas 数据结构，分为 x 与 y 两列
7 sns.jointplot(x="x", y="y", data=df)                  # 利用 jointplot() 画出散点图
```

代码 3.26 的运行结果如图 3.26 所示。

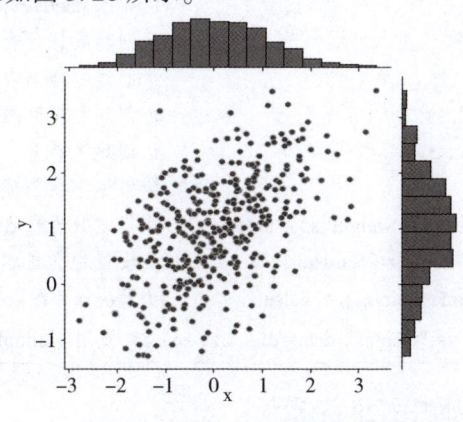

图 3.26　代码 3.26 的运行结果

【例 3.27】当点数较多时，使用 seaborn 绘制散点图。在 Spyder 中输入代码 3.27。

代码 3.27　当点数较多时，使用 seaborn 绘制散点图

```
1 import numpy as np                                         # 导入 numpy 库，记作 np
2 import seaborn as sns                                      # 导入 seaborn 库，记作 sns
3 mean, cov = [0, 1], [(1, 0.5), (0.5, 1)]                  # 给定 mean、cov 数据
4 x, y = np.random.multivariate_normal(mean, cov, 1000).T   # 给定 x、y 的值
5 with sns.axes_style("white"):                              # with 语句的应用
6     sns.jointplot(x=x, y=y, kind="hex", color="black")    # 利用 jointplot() 画出散点图
```

79

代码 3.27 的运行结果如图 3.27 所示。

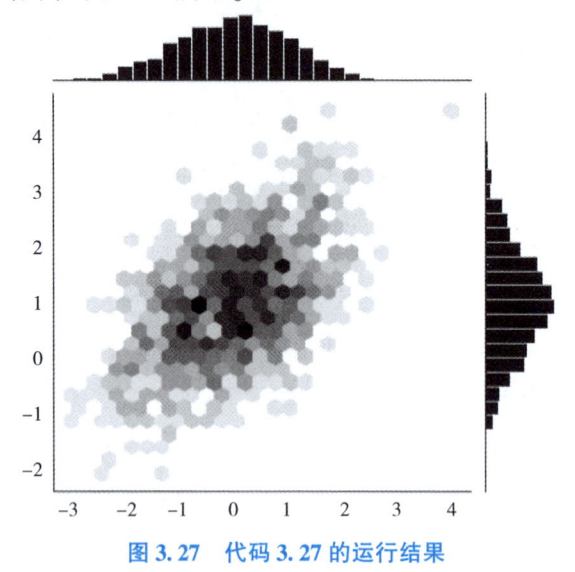

图 3.27　代码 3.27 的运行结果

【例 3.28】使用 seaborn 绘制小提琴图。在 Spyder 中输入代码 3.28。

代码 3.28　使用 seaborn 绘制小提琴图

```
1  import matplotlib.pyplot as plt                # 导入 matplotlib.pyplot, 记作 plt
2  import seaborn as sns                          # 导入 seaborn 库, 记作 sns
3  import pandas as pd                            # 导入 pandas 库, 记作 pd
4  s1 = [1, 3, 6, 4, 9]                           # 创建数据列表
5  s2 = [65, 46, 68, 85, 76]                      # 创建数据列表
6  s3 = ['女', '女', '男', '男', '女']              # 创建数据列表
7  y = {'S1':s1, 'S2':s2, 'S3':s3, }              # 创建字典
8  df1 = pd.DataFrame(y)                          # 根据字典创建数据框
9  df2 = pd.DataFrame({'sex':s3, 'weight':s2}, index=s1)  # 修改数据框 df1
10 plt.rcParams['font.sans-serif']=['SimHei']     # 设置中文显示
11 plt.rcParams['axes.unicode_minus'] = False     # 解决保存图像是负号"-"而显示为方块的问题
12 sns.violinplot(x="sex", y="weight", data=df2, size=6)  # 使用 violinplot()绘制小提琴图
```

代码 3.28 的运行结果如图 3.28 所示。

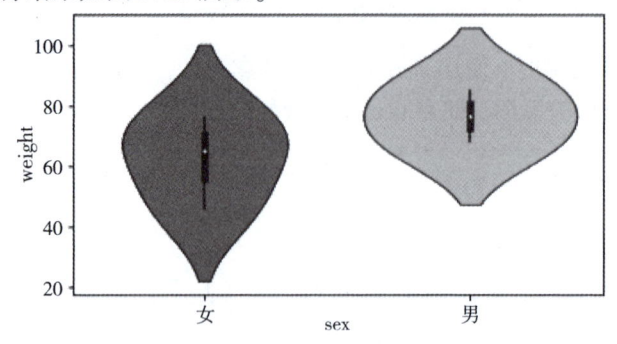

图 3.28　代码 3.28 的运行结果

> 习题3-2

1. 编程实现：阅读下面 3 组数据，并将它们分别写入列表和字典。
1，2，3，4，5
a，b，c，d
physics，chemistry，2021，2022

2. 编程实现：创建一个 2×2 的数组，并计算对角线上元素的和。

3. 编程实现：创建一个长度为 9 的一维数据，数组元素为 1~9，并将它重新变为 3×3 的二维数据。

4. 编程实现：应用序列创建一个一维向量，元素为 2、3、4、5、6；应用函数 DataFrame( )创建一个 3×3 的数据框，数据自己设定。

5. 阅读并运行下列程序，输出其结果。

```
import pandas as pd
import seaborn as sns
import matplotlib.pyplot as plt
plt.rcParams['font.sans-serif']=['SimHei']
plt.rcParams['axes.unicode-minus']=False
s1 = [1, 2, 3, 4]
name = ['张三','李四','王五','冯六']
sex = ['男','女','男','女']
mark = [90, 85, 95, 75]
b = pd.DataFrame({'name':name, 'sex':sex, 'mark':mark}, index=s1)
sns.violinplot(x = "sex", y = 'mark', data=b)
```

3.3 本章小结

本章分 2 节介绍了 Python 数据分析基础。第 1 节介绍了 Python 操作 Excel 文件，具体包含 xlrd 与 xlwt 操作 xls 文件、openpyxl 操作 xlsx 文件、pandas 操作 xlsx 文件、xlrd 和 xlsxwriter 合并成 xls 文件、pandas 将 xls 文件合并成 xlsx 文件和 openpyxl 将 xlsx 文件合并成 xlsx 文件。第 2 节介绍了 Python 数据分析库，具体包含 numpy 数值计算库、pandas 数据操作库和 seaborn 数据绘图库。

> 总习题 3

1. 编程实现：自动创建 30 个电子表格 xlsx 文件。
2. 对电子表格而言，图示什么是行(row)、列(column)？什么是单元格(cell)？

3. 编程实现：使用 numpy 创建一个多维数组，并显示该数组的维度。
4. 编程实现：利用函数 DataFrame( ) 创建一个数据框。
5. 编程实现：使用 seaborn 绘制小提琴图。

第 4 章 Python 数据可视化

【本章概要】

- Python 二维图形
- Python 三维图形
- Python 数据绘图

4.1 Python 二维图形

Python 二维图形的绘制通常会用到数值计算程序包 numpy、基本绘图程序包 matplotlib 和基础数学包 math。在 Anaconda 平台下，通过在命令行输入 conda install numpy 及 conda install matplotlib 命令来安装 numpy、matplotlib。

4.1.1 Python 绘图基本操作

在平面直角坐标系下绘制一元函数 $y=f(x)$ 的图形可由数值计算程序包 numpy、基本绘图程序包 matplotlib 和基础数学包 math 配合完成。

【例 4.1】绘图调用包及操作示意。在 Spyder 中输入代码 4.1。

代码 4.1 绘图调用包及操作示意

```
1  import numpy as np                          # 导入 numpy 库，记作 np
2  import matplotlib.pyplot as plt             # 导入 matplotlib.pyplot，记作 plt
3  from math import sin, cos, radians, sqrt    # 导入 sin、cos、radians、sqrt
4  from numpy import sin, cos, radians         # 导入 sin、cos、radians
#  然后我们会用到下面的命令
5  plt.axis('on')                              # 显示坐标轴
6  plt.axis('off')                             # 不显示坐标轴
```

```
7  plt.grid(True)                    # 显示网格
8  plt.grid(True, color='b')         # 绘制蓝色网格
9  plt.grid(False)                   # 不显示网格
10 plt.scatter()                     # 绘制散点
11 plt.arrow()                       # 绘制箭头
12 plt.plot()                        # 绘制直线
13 plt.show()                        # 显示绘制图形
14 plt.axis([x1, x2, y1, y2])        # 定义绘图区域
15 plt.xticks(xmin, xmax, dx)        # x 轴刻度，xmin、xmax 是刻度范围的起始和结尾，dx 为间距
16 plt.yticks(ymin, ymax, dy)        # y 轴刻度，ymin、ymax 是刻度范围的起始和结尾，dy 为间距
```

代码 4.1 只是程序示例，并不是完整的程序，因此运行它并不能输出最后的结果。

【例 4.2】制作平面绘图区域，要求 x 轴的取值范围是 [-15, 15]，y 轴的取值范围是 [-10, 10]。在 Spyder 中输入代码 4.2。

代码 4.2　制作平面绘图区域

```
1  import matplotlib.pyplot as plt    # 导入 matplotlib.pyplot，记作 plt
2  x1 = -15                           # x1 定义了绘图区域左侧范围值
3  x2 = 15                            # x2 定义了绘图区域右侧范围值
4  y1 = -10                           # y1 定义了绘图区域下侧范围值
5  y2 = 10                            # y2 定义了绘图区域上侧范围值
6  plt.axis([x1, x2, y1, y2])         # 建立绘图区域的标准形式
7  plt.axis('on')                     # 显示坐标轴
8  plt.grid(True)                     # 显示网格
9  plt.show()                         # 显示绘制图形
```

运行代码 4.2 生成所要的图形。

【例 4.3】在同一坐标系下，绘制函数 $y = \sin x$、$y = \cos x$，$x \in [-\pi, \pi]$ 的图形。在 Spyder 中输入代码 4.3。

代码 4.3　在同一坐标系下绘制函数图形

```
1  import numpy as np                 # 导入 numpy 库，记作 np
2  import matplotlib.pyplot as plt    # 导入 matplotlib.pyplot，记作 plt
3  x = np.linspace(-np.pi, np.pi)     # 通过 np.linspace() 生成 x，它包含默认的具有 50 个元素
                                      #   的数组，这 50 个元素均匀分布在 [-pi, pi] 的区间上
4  C = np.cos(x)                      # 用 C 表示余弦函数
5  S = np.sin(x)                      # 用 S 表示正弦函数
6  plt.plot(x, C)                     # 绘制余弦函数图形
7  plt.plot(x, S)                     # 绘制正弦函数图形
8  plt.show()                         # 显示出所绘制的图形
```

运行代码 4.3 生成所要的图形。

注意：matplotlib 的两个模块 pyplot 和 pylab 的区别。当绘制函数图形时，matplotlib 下的模块 pyplot 和 pylab 均可以使用。matplotlib 通过 pyplot 模块提供了一套和 MATLAB 类似的绘

图 API，将众多绘图对象所构成的复杂结构隐藏在这套 API 内部，方便快速绘图。matplotlib 提供的 pylab 模块中包括了许多 numpy 和 pyplot 模块中常用的函数，方便用户快速进行计算和绘图，十分适合在 IPython 交互式环境中使用。具体该如何使用呢？pylab 结合了 pyplot 和 numpy，既可以绘图又可以进行简单的计算。但是对于一个项目来说，建议分别导入使用，即使用 import numpy as np，import matplotlib.pyplot as plt 而不使用 import pylab as pl。

【例 4.4】 坐标轴刻度标记，要求 x 轴取值范围是 [−20, 120]，y 轴取值范围是 [−20, 80]。在 Spyder 中输入代码 4.4。

代码 4.4　坐标轴刻度标记

```
1  import numpy as np                                  # 导入 numpy 库，记作 np
2  import matplotlib.pyplot as plt                     # 导入 matplotlib.pyplot, 记作 plt
3  x1 = −20                                            # x1 定义了绘图区域左侧范围值
4  x2 = 120                                            # x2 定义了绘图区域右侧范围值
5  y1 = 80                                             # y1 定义了绘图区域下侧范围值
6  y2 = −20                                            # y2 定义了绘图区域上侧范围值
7  plt.axis([x1, x2, y1, y2])                          # 建立绘图区域的标准形式
8  plt.axis('on')                                      # 显示坐标轴
9  plt.rcParams['font.sans-serif']=['simsun']          # 设置显示为宋体，替换 simsun 为 SimHei(黑体)也可以
10 plt.rcParams['axes.unicode_minus'] = False          # 解决保存图像是负号"-"而显示为方块的问题
11 plt.grid(True, color = 'b')                         # 绘制蓝色网格
12 plt.title('刻度标记示例')                             # 给图形添加标题
13 xmin = x1                                           # x 轴刻度标记，xmin 是 x 轴刻度范围的起始
14 xmax = x2                                           # x 轴刻度标记，xmax 是 x 轴刻度范围的结尾
15 dx = 10                                             # dx 为间距
16 ymin = y1                                           # y 轴刻度标记，ymin 是 y 轴刻度范围的起始
17 ymax = y2                                           # y 轴刻度标记，ymax 是 y 轴刻度范围的结尾
18 dy = −10                                            # dy 为间距
19 plt.xticks(np.arange(xmin, xmax, dx))               # 绘制坐标轴 x 轴上的刻度
20 plt.yticks(np.arange(ymin, ymax, dy))               # 绘制坐标轴 y 轴上的刻度
21 plt.show()                                          # 显示出所绘制的图形
```

代码 4.4 中第 9 行的 ['simsun'] 也可以换为以下代码：['Microsoft Yahei']、['Microsoft Jhenghei']、['KaiTi']、['FangSong']、['SimHei'] 等 sans serif(无衬线字体)。运行代码 4.4 生成所要的图形。

注意：改变 rcParams 中的参数，解决中文乱码问题。代码 4.4 中第 9 与第 10 行解决了中文显示和负号显示不出来的问题。同时，注意 serif(衬线字体)和 sans serif 的区别。在西方国家罗马字母中，字体分为两大种类：sans serif 和 serif，打字机体虽然也属于 sans serif，但由于是等宽字体，所以另外独立出 monospace(等宽字体)这一种类。例如，在 Web 中，表示代码时常常要使用等宽字体。serif 的意思是，在字的笔划开始及结束的地方有额外的装饰，而且笔划的粗细会因直横的不同而有所不同；相反，sans serif 则没有这些额外的装饰，笔划的粗细差不多。可以看出，我们平时所用的 Georgia、Times New Roman 等就属于 serif，而 Arial、Tahoma、Verdana 等属于 sans serif。对中文而言，同样存在这两大种类，很明显，隶书、细明体(繁体中常用)等就属于 serif，而宋体、黑体、幼圆等属于 sans serif。也可以使用

plt. rcParams['figure. dpi'] =1000 设置图片分辨率。

【例4.5】绘制直线 $y = x$ 的图形。在Spyder中输入代码4.5。

代码4.5　绘制直线

```
1  import numpy as np                              # 导入 numpy 库, 记作 np
2  import matplotlib.pyplot as plt                 # 导入 matplotlib.pyplot, 记作 plt
3  import matplotlib                               # 导入 matplotlib
4  matplotlib.rcParams['font.family']='simsun'     # 设置显示为宋体, 设置成 SimHei 也可以
5  matplotlib.rcParams['font.size']=14             # 设置中文字体显示字号大小
6  x = np.arange(0, 51, 1)                         # 设置 x 取样点, 0 ≤ x<51, 间距为 1
7  plt.plot(x, x, 'r-')                            # 画出 y = x 红色实线
8  plt.xlabel('横轴:x', color='green')             # 设置横轴标记:横轴 x 绿色
9  plt.ylabel('纵轴:y=x', color='red')             # 设置纵轴标记:纵轴 y=x 红色
10 plt.axis([0, 50, 0, 50])                        # 建立绘图区域的标准形式
11 plt.show()                                      # 显示出所绘制的图形
```

运行代码4.5生成所要的图形。

注意：np. arange( )的用法。函数 np. arange( )分为1个参数、2个参数、3个参数3种情况，当为1个参数时，参数值为终点，起点取默认值0，步长取默认值1；当为2个参数时，第1个参数为起点，第2个参数为终点，步长取默认值1；当为3个参数时，第1个参数为起点，第2个参数为终点，第3个参数为步长，其中步长支持小数。例如，输入 a = np. arange(4)，输出 [0 1 2 3]；输入 a = np. arange(3, 9)，输出 [3 4 5 6 7 8]；输入 a = np. arange(0, 1, 0.1)，输出 [0. 0.1 0.2 0.3 0.4 0.5 0.6 0.7 0.8 0.9]。

【例4.6】绘制抛物线 $y = x^2$ 的图形。在Spyder中输入代码4.6。

代码4.6　绘制抛物线

```
1  import matplotlib.pyplot as plt                 # 导入 matplotlib.pyplot, 记作 plt
2  import numpy as np                              # 导入 numpy 库, 记作 np
3  import matplotlib                               # 导入 matplotlib
4  matplotlib.rcParams['font.family']='simsun'     # 设置显示为宋体, 设置成 SimHei 也可以
5  matplotlib.rcParams['font.size']=18             # 设置中文字体显示字号大小
6  plt.rcParams['axes.unicode_minus'] = False      # 解决保存图像是负号"-"而显示为方块的问题
7  x=np.arange(-10, 11, 1)                         # 设置 x 取样点
8  plt.plot(x, x**2, 'r-')                         # 画出 y = x**2 红色实线
9  plt.xlabel('横轴:x', color='green')             # 设置横轴标记:横轴 x 绿色
10 plt.ylabel('纵轴:y= $ \mathregular{x^2} $ ', color='red')   # 设置纵轴标记:纵轴 y=x**2 红色
11 plt.axis([-10, 10, 0, 100])                     # 建立绘图区域的标准形式
12 plt.show()                                      # 显示出所绘制的图形
```

运行代码4.6生成所要的图形。

可以通过向plot( )函数添加格式字符串来显示离散值，可以使用以下格式字符串：'r-'表示红色实线；'r--'表示红色短横线；'r-.'表示红色点划线；'r:'表示红色虚线。常用的颜色代码如表4.1所示。

表 4.1　常用的颜色代码

序号	说明	序号	说明
1	'k'表示黑色	6	'b'表示蓝色
2	'c'表示青色	7	'g'表示绿色
3	'm'表示洋红色	8	'r'表示红色
4	'y'表示黄色	9	'gray'或'grey'表示灰色
5	'lightgray'或'lightgrey'表示浅灰色	10	'w'表示白色

颜色代码也可以用于 scatter( )、plot( )和 arrow( )等函数中。

【例 4.7】使用 scatter( )函数绘制一个红色圆点。在 Spyder 中输入代码 4.7。

代码 4.7　绘制红色图点

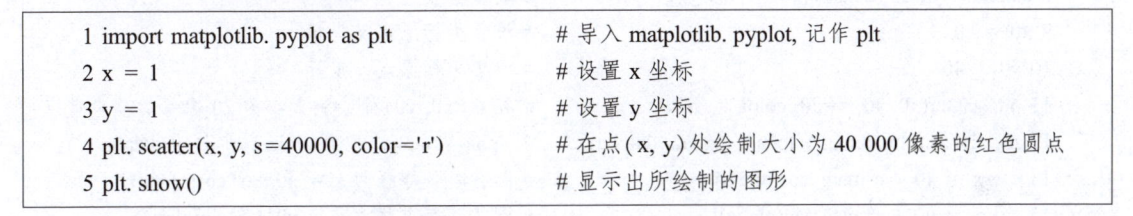

```
1 import matplotlib.pyplot as plt        # 导入 matplotlib.pyplot,记作 plt
2 x = 1                                   # 设置 x 坐标
3 y = 1                                   # 设置 y 坐标
4 plt.scatter(x, y, s=40000, color='r')   # 在点(x,y)处绘制大小为 40 000 像素的红色圆点
5 plt.show()                              # 显示出所绘制的图形
```

运行代码 4.7 生成所要的图形。

【例 4.8】用 plt.arrow( )绘制箭头,其标准格式为 plt.arrow(x, y, dx, dy, kwargs),绘制从(x, y)到(x + dx, y + dy)的箭头。在 Spyder 中输入代码 4.8。

代码 4.8　绘制箭头

```
1 import matplotlib.pyplot as plt                            # 导入 matplotlib.pyplot,记作 plt
2 import numpy as np                                          # 导入 numpy 库,记作 np
3 plt.rcParams['font.sans-serif'] = ['SimHei']                # 指定默认字体为黑体,设置为 KaiTi 也可以
4 plt.rcParams['axes.unicode_minus'] = False                  # 解决保存图像是负号"-"而显示为方块的问题
5 plt.axis([-20, 20, -20, 20])                                # 建立绘图区域
6 plt.arrow(-15, 15, 6.8, -6.8, linewidth=5, head_length=0, head_width=0, color='r')  # 绘制箭头
7 plt.arrow(0, 0, 10, -10, linewidth=5, head_length=4, head_width=2, color='r')       # 绘制箭头
8 x = np.linspace(-8, 8, 1024)                                # 生成 x,它是包含 1 024 个元素的数组
9 y1 = 0.8*np.abs(x) - 1.5*np.sqrt(64 - x**2)                 # 输入 y1 的表达式
10 y2 = 0.8*np.abs(x) + 1.5*np.sqrt(64 - x**2)                # 输入 y2 的表达式
11 plt.plot(x, y1, color='r')                                 # 绘制曲线 y1,红色
12 plt.plot(x, y2, color='r')                                 # 绘制曲线 y2,红色
13 plt.title("爱你 10000 年!")                                # 显示标题文本"爱你 10000 年!"
```

运行代码 4.8 生成所要的图形。

注意:np.linspace( )主要用来创建等差数列,标准格式为 numpy.linspace(start, stop, num=50, endpoint=True, retstep=False, dtype=None, axis=0),在 start 和 stop 之间返回均匀间隔的数据,即返回的是[start, stop]的均匀分布,可以选择是否排除间隔的终点。np.linspace( )的参数:start 返回样本数据开始点;stop 返回样本数据结束点;num 表示生成的样本数据量,默认为 50;endpoint 如果为 True 则包含 stop,为 False 则不包含 stop;retstep 如果为 True,则结果会给出数据间隔;dtype 表示输出数组的类型;axis 为 0(默认)或-1。

【例4.9】绘制圆$(x-40)^2+(y-40)^2=30^2$的图形。首先将圆的方程参数化，令$x = 40 + 30\cos(\text{alpha})$，$y = 40 + 30\sin(\text{alpha})$。在Spyder中输入代码4.9。

代码4.9　绘制圆

```
1  import matplotlib.pyplot as plt              # 导入 matplotlib.pyplot, 记作 plt
2  import numpy as np                            # 导入 numpy 库, 记作 np
3  import math                                   # 导入 math 库
4  plt.axis([0, 100, 0, 100])                    # 建立绘图区域
5  r = 30                                        # 设置圆的半径
6  alpha1 = math.radians(0)                      # 设置角度的起始值
7  alpha2 = math.radians(360)                    # 设置角度的终点值
8  dalpha = math.radians(1)                      # 设置步长
9  x0 = 40                                       # 设置坐标原点 x 坐标
10 y0 = 40                                       # 设置坐标原点 y 坐标
11 plt.scatter(x0, y0, s=20, color = 'b')        # 在点(x0,y0)处绘制大小为20像素的蓝色散点
12 for alpha in np.arange(alpha1, alpha2, dalpha):   # alpha 从 alpha1 取到 alpha2, 步长为 dalpha
13     x = x0 + r*math.cos(alpha)                # 圆的参数方程为 x = x0 + r*cos(alpha)
14     y = y0 + r*math.sin(alpha)                # 圆的参数方程为 y = y0 + r*sin(alpha)
15     plt.scatter(x, y, s=5, color = 'r')       # 在点(x,y)处绘制大小为5像素的红色散点
16 plt.axis('equal')                             # 设置两坐标轴尺度相同
17 plt.show()                                    # 显示出所绘制的图形
```

运行代码4.9生成所要的图形。

【例4.10】绘制带箭头的坐标轴。在Spyder中输入代码4.10。

代码4.10　绘制带箭头的坐标轴

```
1  import numpy as np                            # 导入 numpy 库, 记作 np
2  import matplotlib.pyplot as plt               # 导入 matplotlib.pyplot, 记作 plt
3  plt.rcParams['font.sans-serif'] = ['SimHei']  # 默认字体为黑体, 换为 KaiTi 也可以
4  plt.rcParams['axes.unicode_minus'] = False    # 解决保存图像是负号"-"而显示为方块的问题
5  x1 = -20                                      # x1 定义了绘图区域左侧范围值
6  x2 = 120                                      # x2 定义了绘图区域右侧范围值
7  y1 = 80                                       # y1 定义了绘图区域下侧范围值
8  y2 = -20                                      # y2 定义了绘图区域上侧范围值
9  plt.axis([x1, x2, y1, y2])                    # 建立绘图区域
10 plt.axis('on')                                # 显示坐标轴
11 plt.grid(True)                                # 显示网格
12 plt.title('带箭头的坐标轴')                    # 显示标题文本"带箭头的坐标轴"
13 dx = 5                                        # x 轴刻度标记, x1、x2 分别是 x 轴刻度范围的起始和结尾, dx 为间距
14 dy = -5                                       # y 轴刻度标记, y1、y2 分别是 y 轴刻度范围的起始和结尾, dy 为间距
15 for x in np.arange(x1, x2, dx):               # for 循环语句, 表示 x1 ≤ x < x2, dx 为间距
```

```
16      for y in np.arange(y1, y2, dy):          # for 循环语句，表示 y1 ≤ y < y2, dy 为间距
17          plt.scatter(x, y, s=2, color='g')     # 在点(x, y)处绘制大小为 2 像素的绿色散点
18 plt.arrow(0, 0, 40, 0, head_length=5, head_width=4, color='b')   # 从(0, 0)到(40, 0)绘制蓝色箭头
19 plt.arrow(0, 0, 0, 40, head_length=5, head_width=4, color='b')   # 从(0, 0)到(0, 40)绘制蓝色箭头
20 plt.show()                                    # 显示出所绘制的图形
```

运行代码 4.10 生成所要的图形。

4.1.2 Python 常用绘图函数

Python 中利用 matplotlib 绘图的几个常用函数如下。

1. 用 scatter() 函数生成点

scatter() 函数格式：plt.scatter(x, y, s=size, color='color')。

scatter(x, y, s=size, color='color')表示在点(x, y)处绘制一个实心圆点，s 表示圆点的大小；s=1 表示绘制小圆点，s=5 表示绘制大圆点；color 表示点的颜色，color='r'产生一个红色点，color='g'产生一个绿色点，color='b'则产生一个蓝色点。也可以使用 color=(r, g, b)语句给出红绿蓝的混合颜色，其中，r、g、b 都是取 0~1 的数，例如，color=(1, 0, 0)表示红色。另外, color='k'产生一个黑色点，color='grey'产生一个灰色点，color='lightgrey'产生一个浅灰色点。

2. 用 plot() 函数生成线

plot() 函数格式：plt.plot([x1, x2], [y1, y2], linewidth=linewidth, color='color', linestyle='linestyle ')。

plot([x1, x2], [y1, y2], linewidth=2, color='b', linestyle='-')表示从点(x1, y1)到点(x2, y2)绘制一条线段；用 linewidth=2 表示线的宽度为 2；color='b'表示线的颜色为蓝色；linestyle='-'表示线的样式为实线。另外，linestyle=':'表示线的样式为虚线，linestyle='-.'表示线的样式为点划线。

3. 用 arrow() 函数生成箭头

arrow() 函数格式：plt.arrow(x, y, dx, dy, linewidth=linewidth, head_length=headlength, head_width=headwidth, color='color', linestyle='linestyle ')。

【例 4.11】绘制不同样式的箭头。在 Spyder 中输入代码 4.11。

代码 4.11 绘制不同样式的箭头

```
1 import matplotlib.pyplot as plt               # 导入 matplotlib.pyplot, 记作 plt
2 x1 = -20                                      # x1 定义了绘图区域左侧范围值
3 x2 = 120                                      # x2 定义了绘图区域右侧范围值
4 y1 = 80                                       # y1 定义了绘图区域下侧范围值
5 y2 = -20                                      # y2 定义了绘图区域上侧范围值
6 plt.axis([x1, x2, y1, y2])                    # 建立绘图区域
7 plt.arrow(20, 0, 60, 0, linewidth=1, color='r', head_length=5, head_width=3)    # 绘制箭头
8 plt.arrow(20, 20, 60, 0, linewidth=2, color='g', head_length=10, head_width=3, linestyle=':')
9 plt.arrow(20, 40, 60, 0, linewidth=3, color='b', head_length=10, head_width=3, linestyle='-')
10 plt.arrow(20, 60, 60, 0, linewidth=1, color='k', head_length=10, head_width=3, linestyle='-.')
11 plt.show()                                   # 显示出所绘制的图形
```

运行代码 4.11 生成所要的图形。

4. 用 text( ) 函数生成文本

text( ) 函数格式：plt. text(x, y, 'text', color = 'color', size = 'size', fontweight = 'fontweight', fontstyle = 'fontstyle', rotation = degrees)。

【例 4.12】在绘制的图形中添加文本。在 Spyder 中输入代码 4.12。

代码 4.12　在绘制的图形中添加文本

```
1  import matplotlib. pyplot as plt                          # 导入 matplotlib. pyplot, 记作 plt
2  plt. rcParams['font. sans-serif'] = ['SimHei']            # 字体设置为黑体, SimHei 换为 KaiTi 也可以
3  plt. rcParams['axes. unicode_minus'] = False              # 解决保存图像是负号"-"而显示为方块的问题
4  x1 = 0                                                     # x1 定义了绘图区域左侧范围值
5  x2 = 150                                                   # x2 定义了绘图区域右侧范围值
6  y1 = 0                                                     # y1 定义了绘图区域下侧范围值
7  y2 = 80                                                    # y2 定义了绘图区域上侧范围值
8  plt. axis([x1, x2, y1, y2])                                # 建立绘图区域
9  plt. axis('on')                                            # 显示坐标轴
10 plt. grid(False)                                           # 不显示网格
11 plt. title('在绘制的图形中添加文本', color='darkblue')      # 添加标题文本
12 plt. text(20, 70, '这是小文本', color='r', size='small')    # 在点(20, 70)处添加文本
13 plt. text(20, 65, '这是正常文本', color='g')                # 在点(20, 65)处添加文本
14 plt. text(20, 60, '这是大文本', color='b', size='large')    # 在点(20, 60)处添加文本
15 plt. text(20, 50, '这是粗体大文本', color='k', size='large', fontweight='bold')   # 添加文本
16 plt. text(20, 45, '这是粗斜体大文本', color='r', size='large', fontweight='bold', fontstyle='italic')
17 plt. text(20, 40, '这是粗文本', color=(0.5, 0, 0.4), size='large', fontweight='bold', fontstyle='italic')
18 plt. text(20, 35, '浅紫大文本', color=(0.8, 0, 0.8), size='large', fontweight='bold', fontstyle='italic')
19 plt. text(20, 30, '这是浅紫文本', color=(0.8, 0, 0.8))      # 在点(20, 30)处添加文本
20 plt. text(70, 50, '这是 45 度角文本', rotation=45, color='k')  # 在点(70, 50)处添加旋转文本
21 plt. text(100, 20, '这是-60 度角文本', rotation=-50, color='b')  # 在点(100, 20)处添加旋转文本
22 plt. text(20, 10, r'$ {\lim_ {x\rightarrow{\infty}} \left(1+\frac{1}{x}\right)^x = {e} $', color='k', size='large')
                                                              # 在点(20, 10)处添加数学公式
23 plt. show()                                                # 显示出所绘制的图形
```

注意：第 22 行的第 1 对单引号中间 $ {\lim_ {x\rightarrow{\infty}} \left(1+\frac{1}{x}\right)^x = {e} $ 是数学公式的 Latex 文本，它之前有一个小写字母 r，其作用是告诉 Python 将这个字符串作为一个原始字符串，以便保留 Latex 所需要的反斜杠。matplotlib 会根据美元符号 $ 识别出这部分是 Latex 代码，Latex 代码必须放在两个美元符号 $ 之间。除此以外，还可以显示很多种 Latex 文本。Latex 是一个专业编辑排版软件，门槛比 Word 软件高。运行代码 4.12 生成所要的图形。

5. 使用列表生成数据

Python 列表是最常用的数据类型，列表的数据项不需要具有相同的类型，创建一个列表，只需要把用逗号分隔的不同数据项用方括号括起来即可，如下所示。

```
list1 = ['math', 'chinese', 2019, 2020], list2 = [1, 2, 3, 4, 5, 6], list3 = ["a", "b", "c", "d", "e", "f"]
```

列表索引从 0 开始，可以对列表进行截取、组合等操作。访问列表中的值，可以使用下标索引来访问，也可以使用方括号的形式截取字符。有时使用列表绘图的效率会更高，代码会更少。

【例 4.13】使用列表编程实现绘制正方形。在 Spyder 中输入代码 4.13。

代码 4.13　使用列表编程实现绘制正方形

```
1 import matplotlib.pyplot as plt        # 导入 matplotlib.pyplot，记作 plt
2 plt.grid(True)                          # 显示网格
3 x=[-10, 10, 10, -10, -10]               # 构造列表 x
4 y=[-10, -10, 10, 10, -10]               # 构造列表 y
5 plt.plot(x, y, linewidth=2, linestyle='-', color='r')   # 以点(-10, -10)、(10, -10)、(10, 10)、(-10, 10)为顶点绘制正方形
6 plt.axis('equal')                       # 设置两坐标轴尺度相同，防止正方形变形成长方形
7 plt.show()                              # 显示出所绘制的图形
```

运行代码 4.13 生成所要的图形。

6. range( ) 函数与 arange( ) 函数

range( ) 函数格式：range(start, stop, step)。

range( ) 函数根据 start 与 stop 指定的范围及 step 设定的步长，生成一个序列。range( ) 的参数含义：计数从 start 开始，默认从 0 开始，例如，range(5)等价于 range(0, 5)；计数到 stop 结束，但不包括 stop，例如，range(0, 5)是[0, 1, 2, 3, 4]，不包括 5；step 表示每次跳跃的间距，默认为 1，例如，range(0, 5)等价于 range(0, 5, 1)。

arange( ) 函数格式：arange(start, stop, step)。

arange( ) 函数根据 start 与 stop 指定的范围及 step 设定的步长，生成一个 ndarray。

【例 4.14】arange( ) 函数应用示意。在 Spyder 中输入代码 4.14。

代码 4.14　arange( ) 函数应用示意

```
1 import numpy as np          # 导入 numpy 库，记作 np
2 a = np.arange(3)             # 构造一个列表 a
3 b = np.arange(3.0)           # 构造一个列表 b
4 c = np.arange(3, 7)          # 构造一个列表 c
5 d = np.arange(3, 7, 2)       # 构造一个列表 d
6 e = np.arange(0, 1, 0.1)     # 构造一个列表 e
7 print(a, b, c, d, e)         # 打印列表 a、b、c、d、e
```

运行代码 4.14 生成所要的结果。

4.1.3　Python 基本绘图步骤

Python 中利用 matplotlib 模块绘图的基本步骤如下。

(1) 导入模块 matplotlib.pyplot：import matplotlib.pyplot as plt。

（2）导入模块 numpy：import numpy as np。

（3）生成数据：np. linspace( )，np. arange(start，stop，step)。

（4）开始绘图：plt. plot( )。

（5）添加坐标轴：plt. axis([x1，x2，y1，y2])。

（6）添加注释：plt. text( )，

（7）添加标题：plt. title('标题'，fontsize=16)。

（8）设置字体：plt. rcParams['font. sans-serif'] = ['SimHei']。

（9）解决保存图像是负号"-"而显示为方块的问题：plt. rcParams['axes. unicode_minus'] = False。

（10）显示图形：plt. show( )。

如果导入模块报错，则说明 matplotlib 和 numpy 没有安装好，需要再次安装；如果导入模块没有报错，则说明两个模块均已安装好。matplotlib 主要用来绘图，numpy 主要用来生成数据。

【例4.15】绘制指数函数图形。在 Spyder 中输入代码4.15。

代码 4.15　绘制指数函数图形

```
1 import matplotlib. pyplot as plt              # 导入 matplotlib. pyplot, 记作 plt
2 import numpy as np                            # 导入 numpy 库，记作 np
3 plt. rcParams['font. sans-serif'] = ['SimHei']  # 指定默认字体为黑体
4 plt. rcParams['axes. unicode_minus'] = False   # 解决保存图像负号是"-"而显示为方块的问题
5 x = np. linspace(-4, 4, 200)                  # 产生起点为-4、终点为4、含有200个数据的等差数组
6 f1 = np. power(10, x)                         # 生成以10为底的指数函数
7 f2 = np. power(np. e, x)                      # 生成以e为底的指数函数
8 f3 = np. power(2, x)                          # 生成以2为底的指数函数
9 plt. plot(x, f1, 'r', x, f2, 'b', x, f3, 'g', linewidth=5)  # 绘制3个函数的图形，颜色依次为红、蓝、绿
10 plt. axis([-4, 4, -0.5, 8])                  # 添加坐标轴绘图区域
11 plt. text(1, 7.5, r'$ 10^x $', fontsize=16)   # 添加注释，$10^x$ 为 Latex 代码
12 plt. text(2.2, 7.5, r'$ e^x $', fontsize=16)  # 添加注释，$e^x$ 为 Latex 代码
13 plt. text(3.2, 7.5, r'$ 2^x $', fontsize=16)  # 添加注释，'$2^x$ 为 Latex 代码
14 plt. title('绘制指数函数图形', fontsize=16)    # 添加标题
15 plt. show()                                   # 显示图形
```

运行代码4.15生成所要的图形。

4.1.4　Python 绘图实例

【例4.16】由两点绘制直线。在 Spyder 中输入代码4.16。

代码 4.16　由两点绘制直线

```
1 import matplotlib. pyplot as plt    # 导入 matplotlib. pyplot, 记作 plt
2 plt. plot([1, 2], [3, 4])            # 绘制由两点(1,3)与(2,4)生成的直线
3 plt. show()                          # 显示图形
```

运行代码 4.16 生成所要的图形。

【例 4.17】绘制椭圆曲线 $\dfrac{x^2}{a^2}+\dfrac{y^2}{b^2}=1$。在 Spyder 中输入代码 4.17。

代码 4.17　绘制椭圆曲线

```
1  import matplotlib.pyplot as plt                                  # 导入 matplotlib.pyplot,记作 plt
2  import numpy as np                                               # 导入 numpy 库,记作 np
3  plt.axis([-80, 80, 60, -60])                                     # 建立绘图区域
4  plt.axis('on')                                                   # 显示坐标轴,常与关闭坐标轴代码
                                                                     plt.axis('off')套用
5  plt.grid('True')                                                 # 显示网格
6  plt.arrow(0, 0, 60, 0, head_length=4, head_width=4, color='r')   # 画箭头
7  plt.arrow(0, 0, 0, 45, head_length=4, head_width=4, color='r')   # 画箭头
8  plt.text(58, -3, 'x')                                            # 在点(58,-3)处添加文本
9  plt.text(-5, 44, 'y')                                            # 在点(-5,44)处添加文本
10 a=20                                                             # 设置椭圆短半轴长为 20
11 b=40                                                             # 设置椭圆长半轴长为 40
12 xp1=-a                                                           # 设置 x 起始值
13 xp2=a                                                            # 设置 x 结束值
14 dx=0.1                                                           # 设置步长为 0.1
15 xplast=-a                                                        # 设置 xplast 值为-a
16 yplast=0                                                         # 设置 yplast 值为 0
17 for xp in np.arange(xp1, xp2, dx):                               # for 循环,xp 在 xp1 与 xp2 之间取值,
                                                                     步长为 dx
18     yp=b*(1-xp52./a**2.)**0.5                                    # 从椭圆方程中解出
19     plt.plot([xplast, xp], [yplast, yp], linewidth=1, color='r') # 从点(xplast, yplast)到点(xp, yp)画红线
20     plt.plot([xplast, xp], [-yplast, -yp], linewidth=1, color='r')# 从点(xplast, -yplast)到点(xp, -yp)画
                                                                     红线
21     xplast=xp                                                    # 设置 xplast=xp
22     yplast=yp                                                    # 设置 yplast=yp
23 plt.plot([xplast, a], [yplast, yp], linewidth=1, color='r')      # 从点(xplast, yplast)到点(a, yp)画红线
24 plt.plot([xplast, a], [-yplast, -yp], linewidth=1, color='r')    # 从点(xplast, -yplast)到点(a, yp)画红
                                                                     线
25 plt.show()                                                       # 显示图形
```

运行代码 4.17 生成所要的图形。

使用 Python 自带的运算符,可以完成数学中的加、减、乘、除,以及取余、取整、幂次等计算。导入 math 模块之后,里面又包含绝对值、阶乘、开平方等一些常用的数学函数,不过,这些函数仍然相对基础。当我们需要生成数据的时候,往往需要使用到 numpy,因此有必要了解 numpy 都包含哪些常用的数学函数,具体如下。

1. 三角函数

np.sin(x):正弦函数。np.cos(x):余弦函数。np.tan(x):正切函数。np.arcsin(x):

反正弦函数。np.arccos(x)：反余弦函数。np.arctan(x)：反正切函数。np.hypot(x1,x2)：直角三角形求斜边。np.degrees(x)：弧度转换为度。np.radians(x)：度转换为弧度。np.deg2rad(x)：度转换为弧度。np.rad2deg(x)：弧度转换为度。

2. 双曲函数

在数学中，双曲函数是一类与常见的三角函数类似的函数。双曲函数经常出现于某些重要的线性微分方程的解中，使用 numpy 计算它们的函数如下。

np.sinh(x)：双曲正弦函数。np.cosh(x)：双曲余弦函数。np.tanh(x)：双曲正切函数。np.arcsinh(x)：反双曲正弦函数。np.arccosh(x)：反双曲余弦函数。np.arctanh(x)：反双曲正切函数。

3. 求和、求积、差分

下面这些函数用于数组内元素或数组间进行求和、求积及差分。

np.prod(a,axis,dtype,keepdims)：返回指定轴上的数组元素的乘积。

np.sum(a,axis,dtype,keepdims)：返回指定轴上的数组元素的总和。

np.nanprod(a,axis,dtype,keepdims)：返回指定轴上的数组元素的乘积，将 NaN 视作 1。

np.nansum(a,axis,dtype,keepdims)：返回指定轴上的数组元素的总和，将 NaN 视作 0。

np.cumprod(a,axis,dtype)：返回沿指定轴的元素的累积乘积。

np.cumsum(a,axis,dtype)：返回沿指定轴的元素的累积总和。

np.nancumprod(a,axis,dtype)：返回沿指定轴的元素的累积乘积，将 NaN 视作 1。

np.nancumsum(a,axis,dtype)：返回沿指定轴的元素的累积总和，将 NaN 视作 0。

np.diff(a,n,axis)：计算沿指定轴的第 n 个离散差分。

np.ediff1d(ary,to_end,to_begin)：数组的连续元素之间的差异。

np.gradient(f)：返回 N 维数组的梯度。

np.cross(a,b,axisa,axisb,axisc,axis)：返回两个(数组)向量的叉积。

np.trapz(y,x,dx,axis)：使用复合梯形规则沿指定轴积分。

4. 指数和对数

如果需要进行指数或对数求值，则可能用到以下函数。

np.exp(x)：计算输入数组中所有元素的自然指数。

np.expm1(x)：对数组中的所有元素计算 exp(x)-1。

np.exp2(x)：对于输入数组中的所有 x，计算 2**x。

np.log(x)：计算自然对数。

np.log10(x)：计算常用对数。

np.log2(x)：计算二进制对数。

np.log1p(x)：即 log(1+x)。

np.logaddexp(x1,x2)：即 log2(2**x1 + 2**x2)。

np.logaddexp2(x1,x2)：即 log(exp(x1)+exp(x2))。

5. 算术运算

numpy 也提供了一些用于算术运算的函数，使用起来会比 Python 提供的运算符灵活一些，主要是可以直接针对数组。

np.add(x1, x2)：对应元素相加。np.reciprocal(x)：求倒数 1/x。np.negative(x)：求对应负数。np.multiply(x1, x2)：求解乘法。np.divide(x1, x2)：相除 x1/x2。np.power(x1, x2)：类似于 x1^x2。np.subtract(x1, x2)：减法。np.fmod(x1, x2)：返回除法的元素余项。np.mod(x1, x2)：返回余项。np.modf(x1)：返回数组的小数和整数部分。np.remainder(x1, x2)：返回除法的余数。

6. 矩阵和向量积

求解向量、矩阵、张量的点积等同样是 numpy 非常强大的地方。

np.dot(a, b)：求解两个数组的点积。np.vdot(a, b)：求解两个向量的点积。

np.inner(a, b)：求解两个数组的内积。np.outer(a, b)：求解两个向量的外积。

np.matmul(a, b)：求解两个数组的矩阵乘积。np.tensordot(a, b)：求解张量点积。

np.kron(a, b)：计算 Kronecker 乘积。

7. 其他

除了上面这些归好类别的函数，numpy 中还有一些用于数学运算的函数，归纳如下。

np.angle(z, deg)：返回复参数的角度。np.real(val)：返回数组元素的实部。

np.imag(val)：返回数组元素的虚部。np.conj(x)：按元素方式返回共轭复数。

np.convolve(a, v, mode)：返回线性卷积。np.sqrt(x)：求平方根。

np.cbrt(x)：求立方根。np.square(x)：求平方。

np.absolute(x)：求绝对值，可求解复数。np.fabs(x)：求绝对值。

np sign(x)：符号函数。np.maximum(x1, x2)：求最大值。

np.minimum(x1, x2)：求最小值。np.nan_to_num(x)：用 0 替换 NaN。

np.interp(x, xp, fp, left, right, period)：线性插值。

8. 代数运算

上面介绍了 numpy 中常用的数学函数。这些函数让复杂的计算过程表达得更为简单。除此之外，numpy 中还包含一些代数运算的函数，尤其是涉及矩阵的计算函数，可以用来求解特征值、特征向量、逆矩阵等，非常方便。

np.linalg.cholesky(a)：Cholesky 分解。

np.linalg.qr(a, mode)：计算矩阵的 QR 因式分解。

np.linalg.svd(a, full_matrices, compute_uv)：奇异值分解。

np.linalg.eig(a)：计算正方形数组的特征值和右特征向量。

np.linalg.eigh(a, UPLO)：返回 Hermitian 或对称矩阵的特征值和特征向量。

np.linalg.eigvals(a)：计算矩阵的特征值。

np.linalg.eigvalsh(a, UPLO)：计算 Hermitian 或真实对称矩阵的特征值。

np.linalg.norm(x, ord, axis, keepdims)：计算矩阵或向量范数。

np.linalg.cond(x, p)：计算矩阵的条件数。

np.linalg.det(a)：计算数组的行列式。

np.linalg.matrix_rank(M, tol)：使用奇异值分解方法返回秩。

np.linalg.slogdet(a)：计算数组的行列式的符号和自然对数。

np.trace(a, offset, axis1, axis2, dtype, out)：沿数组的对角线返回总和。

np. linalg. solve(a, b)：求解线性矩阵方程或线性标量方程组。

np. linalg. tensorsolve(a, b, axes)：为 x 解出张量方程 ax = b。

np. linalg. lstsq(a, b, rcond)：将最小二乘解返回到线性矩阵方程。

np. linalg. inv(a)：计算逆矩阵。

np. linalg. pinv(a, rcond)：计算矩阵的伪逆(Moore-Penrose)。

np. linalg. tensorinv(a, ind)：计算 N 维数组的逆。

【例 4.18】绘制加点标记。在 Spyder 中输入代码 4.18。

代码 4.18　绘制加点标记

```
1 import matplotlib. pyplot as plt          # 导入 matplotlib. pyplot, 记作 plt
2 x = [1, 2, 3]                             # 编写列表 x 坐标的值
3 y = [2, 4, 6]                             # 编写列表 y 坐标的值
4 plt. plot(x, y, 'o')                      # 'o'表示将每个点都标记出来, 但连线不需要绘制
5 plt. show()                               # 显示绘制的图形
```

运行代码 4.18 生成所要的图形。

【例 4.19】图例函数 plt. legend( ) 的应用。在 Spyder 中输入代码 4.19。

代码 4.19　图例函数 plt. legend( ) 的应用

```
1 import matplotlib. pyplot as plt          # 导入 matplotlib. pyplot, 记作 plt
2 import numpy as np                        # 导入 numpy 库, 记作 np
3 x = np. arange(0, 2*np. pi, 0.1)          # 产生 0~2pi 的数据, 步长为 0.1
4 y = np. sin(x)                            # 输入 y=sin(x)
5 z = np. cos(x)                            # 输入 z=cos(x)
6 plt. plot(x, y)                           # 绘制点(x, y)形成的正弦曲线
7 plt. plot(x, z)                           # 绘制点(x, z)形成的余弦曲线
8 plt. legend(['y=sinx', 'y=cosx'])         # 按照不同颜色给图作图例标记
9 plt. show()                               # 显示绘制的图形
```

运行代码 4.19 生成所要的图形。

习题4-1

1. 编程实现：绘制曲线 $y = \dfrac{\sin x}{x}$，其中 $x \in [-\pi, \pi]$。

2. 编程实现：绘制旋轮线(又称摆线) $x = 2(\theta - \sin\theta)$，$y = 2(1 - \cos\theta)$，$\theta \in [0, 2\pi]$。

3. 编程实现：绘制由极坐标方程 $r = 3\sin 3\theta$ 确定的曲线。

4. 编程实现：绘制由 $(x^2 + y^2)^2 = 16(x^2 - y^2)$ 确定的函数 $y = y(x)$ ($x \in [-4, 4]$，$y \in [-4, 4]$) 的图形。

5. 编程实现：绘制函数 $y = \dfrac{1}{1 + 2x + 3x^2}$ ($x \in [-4, 4]$) 的图形，将曲线显示为绿色。

4.2 Python 三维图形

Python 可以通过第三方程序包功能进行三维图形处理,可以非常方便地绘制出许多三维函数的图形。

4.2.1 Python 三维绘图命令与函数

在遇到三维数据时,可能需要进行 Python 三维绘图。与绘制二维图形类似,绘制三维图形的一般步骤为导入模块、生成数据、绘制图形三大步。Python 的 matplotlib 库中包含了丰富的三维绘图工具,为绘制图形提供了方便。生成数据一般使用 numpy 库。三维绘图命令与函数调用格式如下。

```
1 from matplotlib import pyplot as plt      # 导入 pyplot,记作 plt,与 import matplotlib.pyplot as plt 同
2 import numpy as np                         # 导入 numpy 库,记作 np
3 from mpl_toolkits.mplot3d import Axes3D    # 从 mpl_toolkits.mplot3d 导入 Axes3D
4 X = np.arange(x1, x2, dx)                  # 产生 x1~x2 的数据列表,步长为 dx
5 Y = np.arange(y1, y2, dy)                  # 产生 y1~y2 的数据列表,步长为 dy
4 X, Y = np.meshgrid(X, Y)                   # 用 numpy.meshgrid()生成网格点坐标矩阵
5 R = np.sqrt(X**2 + Y**2)                   # 产生 √(x²+y²) 生成的数据列表
6 Z = np.sin(R)                              # 产生 sin(R)生成的数据列表
7 ax=plt.subplot(111, projection='3d')       # 用 plt.subplot(numRows, numCols, plotNum)绘制子图
8 ax.scatter(X, Y, Z, c="r")                 # 在点(X, Y, Z)处绘制红色散点图
9 plt.show()                                 # 显示绘制的图形
10 fig = plt.figure()                        # 定义 figure
11 ax = Axes3D(fig)                          # 将 figure 变为 3d
12 ax.plot_surface(X, Y, Z, rstride=1, cstride=1, cmap='rainbow')
# 在点(X, Y, Z)处绘制表面图,rstride 表示行之间的跨度,cstride 表示列之间的跨度,cmap 表示图的颜色
```

mpl_toolkits.mplot3d 是 matplotlib 专门用来画三维图的工具包,使用 from mpl_toolkits.mplot3d import * 或 import mpl_toolkits.mplot3d as p3d 命令导入。画图有以下两种方式。

```
fig = plt.figure()
ax = p3d.Axes3D(fig)
```

或者:

```
fig = plt.figure()
ax = fig.add_subplot(111, projection='3d')
```

画三维图需要先得到一个 Axes3D 对象，上面两种方式得到的 ax 都是 Axes3D 对象，接下来就可以调用函数在 ax 上画图了。

在 matplotlib 下，一个 figure 对象可以包含多个子图（subplot），可以使用 subplot() 快速绘制，其调用形式如下：subplot(numRows, numCols, plotNum)。图表的整个绘图区域被分成 numRows 行和 numCols 列，plotNum 参数指定创建的 Axes 对象所在的区域。如果 numRows = 2，numCols = 3，那么整个绘制图表样式为 2×3 的图片区域，用坐标表示为(1, 1)、(1, 2)、(1, 3)、(2, 1)、(2, 2)、(2, 3)；这时，当 plotNum = 1 时，表示的坐标为(1, 1)，即第 1 行第 1 列的子图。

Python 绘图命令 plt.figure() 的语法格式如下。

```
figure(num=None, figsize=None, dpi=None, facecolor=None, edgecolor=None, frameon=True)
```

num：图像编号或名称，数字为编号，字符串为名称。figsize：指定 figure 的宽和高，单位为英寸（1 英寸＝2.54 厘米）。dpi：指定 figure 对象的分辨率，即每英寸有多少个像素，默认值为 80，A4 纸是 21 cm×30 cm 的纸张。facecolor：背景颜色。edgecolor：边框颜色。frameon：是否显示边框。

subplot() 的语法格式如下。

```
subplot(nrows, ncols, sharex, sharey, subplot_kw, **fig_kw)
```

nrows：subplot 的行数。ncols：subplot 的列数。sharex：所有 subplot 使用相同的 x 轴刻度（调节 xlim 将会影响所有 subplot）。sharey：所有 subplot 使用相同的 y 轴刻度（调节 ylim 将会影响所有 subplot）。subplot_kw：用于创建各个子图 subplot 的关键字字典。**fig_kw：用于创建 figure 时的其他关键字，如 plt.subplot(2, 2, figsize=(4, 3))。subplot() 命令可将 figure 划分为 n 个子图，但每条 subplot() 命令只会创建一个子图。

最基本的三维图是由三维坐标点(x, y, z)构成的线图与散点图，可以用 ax.plot3D() 和 ax.scatter3D() 函数来创建，在默认情况下，散点会自动改变透明度，在平面上呈现出立体感。

【例 4.20】绘制三角螺旋线。在 Spyder 中输入代码 4.20。

代码 4.20　绘制三角螺旋线

```
1 import matplotlib.pyplot as plt        # 导入 matplotlib.pyplot, 记作 plt
2 import numpy as np                      # 导入 numpy 库, 记作 np
3 ax = plt.axes(projection='3d')          # 设置三维绘图环境 ax
# 三维线的数据
4 theta = np.linspace(0, 25, 10000)       # 产生 0~25 的 10 000 个等差数据
5 x = np.sin(theta)                       # 产生 x 坐标值
6 y = np.cos(theta)                       # 产生 y 坐标值
7 ax.plot3D(x, y, theta, 'r')             # 在三维绘图环境 ax 中画出三维线图
8 plt.show()                              # 显示绘制的图形
```

运行代码 4.20 生成所要的图形。

【例 4.21】绘制三维散点图。在 Spyder 中输入代码 4.21。

代码 4.21　绘制三维散点图

```
1 import numpy as np                          # 导入 numpy 库,记作 np
2 import matplotlib.pyplot as plt             # 导入 matplotlib.pyplot,记作 plt
3 ax = plt.axes(projection='3d')              # 设置三维绘图环境 ax
4 z = np.arange(0, 6*np.pi, 0.1)              # 产生 0~6pi、步长为 0.1 的数据列表
5 x = np.sin(z)                               # 产生 sin(z)函数值列表
6 y = np.cos(z)                               # 产生 cos(z)函数值列表
7 ax.scatter3D(x, y, z, c=z, cmap='Greens')   # 绘图
8 plt.show()                                  # 显示所绘制的图形
```

运行代码 4.21 生成所要的图形。

【例 4.22】绘制三维等高线图。在 Spyder 中输入代码 4.22。

代码 4.22　绘制三维等高线图

```
1  import matplotlib.pyplot as plt            # 导入 matplotlib.pyplot,记作 plt
2  import numpy as np                         # 导入 numpy 库,记作 np
3  def f(x, y):                               # 定义函数 f(x, y)
4      return np.sin(np.sqrt(x**2 + y**2))    # 函数表达式 f(x, y) = sin √(x² + y²)
5  x = np.linspace(-6, 6, 30)                 # 产生-6~6、包含 30 个等差数据的列表
6  y = np.linspace(-6, 6, 30)                 # 产生-6~6、包含 30 个等差数据的列表
7  X, Y = np.meshgrid(x, y)                   # 用 numpy.meshgrid()生成网格点坐标矩阵
8  Z = f(X, Y)                                # Z = f(X, Y)
9  ax = plt.axes(projection='3d')             # 设置三维绘图环境 ax
10 ax.contour3D(X, Y, Z, 30, cmap='rainbow')  # 在点(X, Y, Z)处画等高线,数量为 30,颜色为
                                              #   rainbow(彩虹色)
11 ax.set_xlabel('x')                         # 设置 x 轴标记
12 ax.set_ylabel('y')                         # 设置 y 轴标记
13 ax.set_zlabel('z')                         # 设置 z 轴标记
# 调整观察角度和方位角,这里将俯仰角设为 60 度,把方位角调整为 45 度
14 ax.view_init(60, 45)                       # 设置观察角度和方位角
15 plt.show()                                 # 显示所绘制的图形
```

运行代码 4.22 生成所要的图形。

【例 4.23】绘制二元函数 $z = \sin\sqrt{x^2 + y^2}$ 的图形。在 Spyder 中输入代码 4.23。

代码 4.23　绘制二元函数的图形

```
1 from matplotlib import pyplot as plt                    # 导入 matplotlib.pyplot,记作 plt
2 import numpy as np                                      # 导入 numpy 库,记作 np
3 from mpl_toolkits.mplot3d import Axes3D                 # 从 mpl_toolkits.mplot3d 导入 Axes3D
4 figure = plt.figure()                                   # 设置绘图环境
5 ax = Axes3D(figure, auto_add_to_figure=False)           # 设置三维绘图环境 ax
6 figure.add_axes(ax)                                     # 设置绘图环境
```

```
7  X = np.arange(-20, 20, 0.2)                    # 产生-20~20、步长为 0.2 的数据列表
8  Y = np.arange(-20, 20, 0.2)                    # 产生-20~20、步长为 0.2 的数据列表
9  X, Y = np.meshgrid(X, Y)                       # 用 numpy.meshgrid()生成网格点坐标矩阵
10 Z = np.sin(np.sqrt(X**2 + Y**2))               # 输入函数表达式
11 ax.plot_surface(X, Y, Z, rstride=1, cstride=1, cmap='rainbow')   # cmap='rainbow'表示颜色为彩虹色
#  在三维绘图环境 ax 中点(X, Y, Z)处绘图,rstride=1 表示行跨度为 1,cstride=1 表示列跨度为 1
12 plt.show()                                     # 显示所绘制的图形
```

运行代码 4.23 生成所要的图形。

【**例 4.24**】绘制旋转抛物面 $z = x^2 + y^2$ 的图形。在 Spyder 中输入代码 4.24。

代码 4.24　绘制旋转抛物面的图形

```
1  from matplotlib import pyplot as plt           # 导入 matplotlib.pyplot,记作 plt
2  import numpy as np                             # 导入 numpy 库,记作 np
3  from mpl_toolkits.mplot3d import Axes3D        # 从 mpl_toolkits.mplot3d 导入 Axes3D
4  figure = plt.figure()                          # 设置绘图环境
5  ax = Axes3D(figure, auto_add_to_figure=False)  # 设置三维绘图环境 ax
6  figure.add_axes(ax)                            # 设置绘图环境
7  X = np.arange(-10, 10, 0.2)                    # 产生-10~10、步长为 0.2 的数据列表
8  Y = np.arange(-10, 10, 0.2)                    # 产生-10~10、步长为 0.2 的数据列表
9  X, Y = np.meshgrid(X, Y)                       # 用 numpy.meshgrid()生成网格点坐标矩阵
10 Z = X**2 + Y**2                                # 输入函数表达式
11 ax.plot_surface(X, Y, Z, rstride=1, cstride=1, cmap='rainbow')   # cmap='rainbow'表示颜色为彩虹色
#  在三维绘图环境 ax 中点(X, Y, Z)处绘图,rstride=1 表示行跨度为 1,cstride=1 表示列跨度为 1
12 plt.show()                                     # 显示所绘制的图形
```

运行代码 4.24 生成所要的图形。

4.2.2　Python 三维绘图常用命令

Python 3.10 中使用 matplotlib 进行三维绘图的几个常用命令如下。

```
1  import matplotlib.pyplot as plt                # 导入 matplotlib.pyplot,记作 plt
2  import numpy as np                             # 导入 numpy 库,记作 np
3  from mpl_toolkits.mplot3d import Axes3D        # 从 mpl_toolkits.mplot3d 导入 Axes3D
#  在使用 matplotlib 模块绘制三维图形、三维数据散点图时,需要注意下面两条命令的区别
4  ax.plot_surface(X, Y, Z, rstride=1, cstride=1, cmap='rainbow')   # 绘面
5  ax.scatter(x[1000:4000], y[1000:4000], z[1000:4000], c='r')      # 绘点
```

【**例 4.25**】绘制二元函数 $z = |x|e^{-x^2-(\frac{4}{3}y)^2}$ ($x \in [-1.5, 1.5]$,$y \in [-1.5, 1.5]$) 的图形。在 Spyder 中输入代码 4.25。

代码 4.25　绘制二元函数的图形

```
1 from matplotlib import pyplot as plt          # 导入 matplotlib.pyplot,记作 plt
2 import numpy as np                            # 导入 numpy 库,记作 np
3 from mpl_toolkits.mplot3d import Axes3D       # 从 mpl_toolkits.mplot3d 导入 Axes3D
4 figure = plt.figure()                         # 设置绘图环境
5 ax = Axes3D(figure, auto_add_to_figure=False) # 设置三维绘图环境 ax
6 figure.add_axes(ax)                           # 设置绘图环境
7 X = np.arange(-1.5, 1.5, 0.01)                # 产生-1.5~1.5、步长为 0.01 的数据列表
8 Y = np.arange(-1.5, 1.5, 0.01)                # 产生-1.5~1.5、步长为 0.01 的数据列表
9 X, Y = np.meshgrid(X, Y)                      # 用 numpy.meshgrid()生成网格点坐标矩阵
10 Z = abs(X)*np.exp(-X**2-(Y/0.75)**2)         # 输入函数表达式
11 ax.plot_surface(X, Y, Z, rstride=1, cstride=1, cmap='plasma_r') # cmap='plasma_r'表示颜色
# 在三维绘图环境 ax 中点(X, Y, Z)处绘图, rstride=1 表示行跨度为 1, cstride=1 表示列跨度为 1
12 plt.show()                                   # 显示所绘制的图形
```

运行代码 4.25 生成所要的图形。

【例 4.26】绘制二元函数 $z = \mathrm{e}^{-(x^2+y^2)}$（$x \in [-2, 2]$，$y \in [-2, 2]$）的图形。在 Spyder 中输入代码 4.26。

代码 4.26　绘制二元函数的图形

```
1 from matplotlib import pyplot as plt          # 导入 matplotlib.pyplot,记作 plt
2 import numpy as np                            # 导入 numpy 库,记作 np
3 from mpl_toolkits.mplot3d import Axes3D       # 从 mpl_toolkits.mplot3d 导入 Axes3D
4 figure = plt.figure()                         # 设置绘图环境
5 ax = Axes3D(figure, auto_add_to_figure=False) # 设置三维绘图环境 ax
6 figure.add_axes(ax)                           # 设置绘图环境
7 X = np.arange(-2, 2, 0.1)                     # 产生从-2 到 2、步长为 0.1 的数据列表
8 Y = np.arange(-2, 2, 0.1)                     # 产生从-2 到 2、步长为 0.1 的数据列表
9 X, Y = np.meshgrid(X, Y)                      # 用 numpy.meshgrid()生成网格点坐标矩阵
10 Z = np.exp(-X**2-Y**2)                       # 输入函数表达式
11 ax.plot_surface(X, Y, Z, rstride=1, cstride=1, cmap='rainbow') # cmap='rainbow'表示颜色
# 在三维绘图环境 ax 中点(X, Y, Z)处绘图, rstride=1 表示行跨度为 1, cstride=1 表示列跨度为 1
12 plt.show()                                   # 显示所绘制的图形
```

运行代码 4.26 生成所要的图形。

4.2.3　Python 三维绘图基本步骤

在 Python 中使用 matplotlib 模块画三维图形的基本步骤如下。

（1）导入模块：from matplotlib import pyplot as plt，import numpy as np，from mpl_toolkits.mplot3d import Axes3D。

（2）设置绘图环境：figure = plt.figure()，ax = Axes3D(figure，auto_add_to_figure = False)，figure.add_axes(ax)。

（3）生成数据列表：X = np.arange(start，stop，step)，Y = np.arange(start，stop，step)。

（4）用numpy.meshgrid()生成网格点坐标矩阵：X，Y = np.meshgrid(X，Y)。

（5）输入函数表达式：Z = f(X，Y)。

（6）在三维绘图环境ax中绘图：ax.plot_surface(X，Y，Z，rstride = 1，cstride = 1，cmap = 'rainbow')。其中，rstride = 1 表示行跨度为1，cstride = 1 表示列跨度为1，cmap = 'rainbow'表示彩虹色。

（7）显示图形：plt.show()。

【例4.27】绘制球面。在Spyder中输入代码4.27。

代码4.27　绘制球面

```
1  import matplotlib.pyplot as plt           # 导入 matplotlib.pyplot，记作 plt
2  import numpy as np                         # 导入 numpy 库，记作 np
3  fig = plt.figure()                         # 设置绘图环境
4  ax = fig.add_subplot(111, projection='3d') # 建立三维绘图环境
5  u = np.linspace(0, 2*np.pi, 100)           # 产生 0~2pi 的 100 个等差数据
6  v = np.linspace(0, np.pi, 100)             # 产生 0~pi 的 100 个等差数据
7  x = 10*np.outer(np.cos(u), np.sin(v))      # 输入 x=10*cos(u)*sin(v)
8  y = 10*np.outer(np.sin(u), np.sin(v))      # 输入 y=10*sin(u)*sin(v)
9  z = 10*np.outer(np.ones(np.size(u)), np.cos(v))  # 输入 z=10*cos(v)
10 ax.plot_surface(x, y, z, color='r')        # 绘制曲面，红色
11 plt.show()                                 # 显示所绘制的图形
```

运行代码4.27生成所要的图形。

代码4.27中第7、8、9行关于np.outer()、np.ones()的使用说明：np.outer()表示的是两个向量外积相乘，例如，np.outer(a，b)表示拿第1个向量a的元素分别与第2个向量b所有元素相乘得到结果的一行，分为数组和矩阵两种情况；np.ones()用来产生含多个1的数据列表，如下所示。

```
1  import numpy as np                         # 导入 numpy 库，记作 np
2  a1 = np.arange(0, 9)                       # 产生 0~8 的数据列表
3  b1 = a1[::-1]                              # b1=[8, 7, 6, 5, 4, 3, 2, 1, 0]
4  c1 =np.outer(a1, b1)                       # 两个向量相乘
5  a2 = np.arange(1, 5).reshape(2, 2)         # 产生 1~4 的数据，2 行 2 列列表
6  b2 = np.arange(0, 4).reshape(2, 2)         # 产生 0~3 的数据，2 行 2 列列表
7  c2 = np.outer(a2, b2)                      # 两个向量相乘
8  d1= np.ones(5)                             # 产生含 5 个 1 的数据列表
9  d2=np.ones((5), dtype=int)                 # 产生含 5 个整数 1 的数据列表
10 d3=np.ones((2, 1))                         # 产生 2 行 1 列的全 1 数据列表
11 s =(2, 2)                                  # 2 行 2 列格式
12 d4=np.ones(s)                              # 产生 2 行 2 列格式的全 1 数据列表
13 print('c1=', c1, '\n', 'c2=', c2, '\n', d1, d2, d3, d4)  # 打印结果
```

运行上述程序可以得到相应的结果。

np.size()主要用来统计矩阵元素个数，或者矩阵某一维上的元素个数。numpy.size(a, axis=None)中的参数 a 表示输入的矩阵，axis 用来指定返回哪一维的元素个数。若 axis 的值没有设定，则返回矩阵的元素个数；若 axis = 0，则表示返回该二维矩阵的行数；若 axis = 1，则表示返回该二维矩阵的列数。axis 的值从 0 开始，不是从 1 开始。

【例 4.28】使用 add_subplot(111, projection='3d')命令绘制旋转抛物面。在 Spyder 中输入代码 4.28。

代码 4.28　绘制旋转抛物面

```
1 import matplotlib.pyplot as plt                              # 导入 matplotlib.pyplot, 记作 plt
2 import numpy as np                                           # 导入 numpy 库, 记作 np
3 fig = plt.figure()                                           # 设置绘图环境
4 ax = fig.add_subplot(111, projection='3d')                   # 设置三维绘图环境
5 r, theta = np.mgrid[0:np.sqrt(60):60j, 0:2*np.pi:40j]        # 生成 r 与 theta 数据
6 x = r*np.cos(theta)                                          # 生成 x 的数据
7 y = r*np.sin(theta)                                          # 生成 y 的数据
8 z = x**2+y**2                                                # 输入函数
9 ax.plot_surface(x, y, z, rstride=1, cstride=1, color='b')    # 绘制曲面图形
10 plt.show()                                                  # 显示所绘制的图形
```

运行代码 4.28 生成所要的图形。

关于 add_subplot(111, projection='3d')的使用说明：fig.add_subplot(111)表示构成的 1×1 子图中的第 1 个子图，fig.add_subplot(234)表示构成的 2×3 个子图中的第 4 个子图，projection 是投影的意思，组合起来就可以在"111"图中画三维图。

关于 Python 的 numpy 中 meshgrid()和 mgrid()的区别和使用说明：meshgrid()通常用于数据的矢量化，它适用于生成网格型数据，可以接收两个一维数组生成两个二维矩阵，对应两个数组中所有的(x, y)对；mgrid()用于返回多维结构，常见的如二维图形、三维图形，对比 meshgrid()，其在处理大数据时速度更快，且能处理多维数据(meshgrid()只能处理二维数据)。例如 np.mgrid[X, Y]，样本(i, j)的坐标为(X[i, j], Y[i, j])，X 代表第 1 维，Y 代表第 2 维，在此例中分别为横坐标和纵坐标。np.mgrid[[1:3:3j, 4:5:2j]]中的 3j 表示 3 个点，步长为复数表示点数，左闭右闭，步长为实数表示间隔，左闭右开。具体如下所示。

```
1 import numpy as np                       # 导入 numpy 库, 记作 np
2 x = np.arange(4)                         # 产生 0~3 的数据列表
3 y = np.arange(5)                         # 产生 0~4 的数据列表
4 z = np.meshgrid(x, y)                    # 产生(x, y)网格数据列表
5 print(z)                                 # 打印 z
6 # 二维数据
7 a=np.mgrid[-5:5:5j]                      # 产生二维数据列表
8 b = np.mgrid[-1:1:2j, -2:2:3j]           # 产生二维数据列表
9 u, v = b                                 # 给 u、v 赋值
```

```
10 # 三维结构(三维立方体)
11 c = np.mgrid[-1:1:2j, -2:2:3j, -3:3:5j]        # 产生三维数据列表
12 print(u, v, c)                                  # 打印 u、v、c
```

运行上述代码可以得到相应的结果。

【例 4.29】绘制圆柱面。在 Spyder 中输入代码 4.29。

代码 4.29　绘制圆柱面

```
1 import matplotlib.pyplot as plt                  # 导入 matplotlib.pyplot, 记作 plt
2 import numpy as np                               # 导入 numpy 库, 记作 np
3 fig = plt.figure()                               # 设置绘图环境
4 ax = fig.add_subplot(111, projection='3d')       # 设置三维子图绘图环境
5 u = np.linspace(0, 2*np.pi, 50)                  # 产生 0~2pi 的 50 个等差数据, 即把
                                                    圆按角度分为 50 等份
6 h = np.linspace(0, 1, 20)                        # 产生 0~1 的 20 个等差数据, 即把高
                                                    度 1 均分为 20 份
7 x = np.outer(np.sin(u), np.ones(len(h)))         # x 值重复 20 次
8 y = np.outer(np.cos(u), np.ones(len(h)))         # y 值重复 20 次
9 z = np.outer(np.ones(len(u)), h)                 # x、y 对应的高度
10 ax.plot_surface(x, y, z, cmap=plt.get_cmap('rainbow'))  # 绘图
11 plt.show()                                      # 显示所绘制的图形
```

运行代码 4.29 生成所要的图形。

【例 4.30】绘制圆锥面。在 Spyder 中输入代码 4.30。

代码 4.30　绘制圆锥面

```
1 import matplotlib.pyplot as plt                  # 导入 matplotlib.pyplot, 记作 plt
2 import numpy as np                               # 导入 numpy 库, 记作 np
3 fig = plt.figure()                               # 设置绘图环境
4 ax = fig.add_subplot(111, projection='3d')       # 设置三维子图绘图环境
5 u = np.linspace(0, 2*np.pi, 50)                  # 产生 0~2pi 的 50 个等差数据
6 v = np.linspace(0, np.pi, 50)                    # 产生 0~pi 的 50 个等差数据
7 x = np.outer(np.cos(u), np.sin(v))               # outer(a, b)外积: a 中的每个元素乘以 b
                                                    中的每个元素, 二维数组
8 y = np.outer(np.sin(u), np.sin(v))               # outer(a, b)外积: a 中的每个元素乘以 b
                                                    中的每个元素, 二维数组
9 z = np.sqrt(x**2+y**2)                           # 圆锥体的高
10 ax.plot_surface(x, y, z, cmap=plt.get_cmap('rainbow'))  # 绘制图形
11 plt.show()                                      # 显示绘制的图形
```

运行代码 4.30 生成所要的图形。

4.2.4　Python 三维绘图实例

根据 Python 三维绘图基本步骤及三维绘图基本函数和命令，可以方便地绘制出一些常用的二元函数的图形，下面给出一些具体的实例。

【例 4.31】绘制平面 $x + y + z = 1$ 的图形。在 Spyder 中输入代码 4.31。

代码 4.31　绘制平面 $x + y + z = 1$ 的图形

1 from sympy import symbols	# 从 sympy 导入 symbols
2 from sympy. plotting import plot3d	# 从 sympy. plotting 导入 plot3d
3 x, y = symbols('x y')	# symbols()函数定义多个数学符号
4 plot3d(1−x−y, (x, −2, 2), (y, −2, 2))	# 绘制图形

运行代码 4.31 生成所要的图形。

【例 4.32】绘制函数 $z = e^{-x^2-y^2}$ 的图形。在 Spyder 中输入代码 4.32。

代码 4.32　绘制函数 $z = e^{-x^2-y^2}$ 的图形

1 import numpy as np	# 导入 numpy 库，记作 np
2 import matplotlib. pyplot as plt	# 导入 matplotlib. pyplot，记作 plt
3 x, y=np. mgrid[−2: 2: 20j, −2: 2: 20j]	# 产生二维数据列表
4 z=x*np. exp(−x**2−y**2)	# 输入需要绘图的函数
5 ax=plt. subplot(111, projection= '3d')	# 设置三维子图绘图环境 ax
6 ax. plot_surface(x, y, z, rstride= 2, cstride= 1, cmap=plt. cm. coolwarm, alpha= 0.9)	# 绘制图形
7 ax. set_xlabel('x')	# 设置 x 轴标签
8 ax. set_ylabel('y')	# 设置 y 轴标签
9 ax. set_zlabel('z')	# 设置 z 轴标签
10 plt. show()	# 显示绘制的图形

运行代码 4.32 生成所要的图形。

【例 4.33】绘制函数 $z = \sin(-xy)$ 的图形。在 Spyder 中输入代码 4.33。

代码 4.33　绘制函数 $z = \sin(-xy)$ 的图形

1 import matplotlib. pyplot as plt	# 导入 matplotlib. pyplot，记作 plt
2 import numpy as np	# 导入 numpy 库，记作 np
3 from matplotlib import cm	# 从 matplotlib 导入 cm
4 r = 8	# 设置半径 r = 8
5 theta =36	# 设置 theta =36
6 radii = np. linspace(0, 1.0, r)	# 产生 0~1.0 的 8 个等差数据
7 angles = np. linspace(0, 2*np. pi, theta)	# 产生 0~2pi 的 36 个等差数据
8 angles = np. repeat(angles[..., np. newaxis], r, axis=1)	# 对 r 在行方向重复所有的角度,列方向用 axis=0
9 x = np. append(0, (radii*np. cos(angles)). flatten())	# np. append(arr, values) 将 values 添加到 arr
10 y = np. append(0, (radii*np. sin(angles)). flatten())	# np. append(arr, values) 将 values 添加到 arr
11 z = np. sin(−x*y)	# 输入函数 z = sin(−xy)
12 fig = plt. figure()	# 设置画布

105

```
13  ax = fig.add_subplot(projection='3d')                    # 设置三维绘图环境
14  ax.plot_trisurf(x, y, z, linewidth=0.2, cmap=cm.jet)     # 绘制图形,cmap=cm.jet 表示设置颜色
15  plt.show()                                               # 显示绘制的图形
```

运行代码 4.33 生成所要的图形。

注意：np.repeat( )用于将 numpy 数组重复，np.newaxis 在使用和功能上等价于 None，查看源码发现 newaxis = None，其实就是 None 的一个别名。np.append( )的用法：格式为 np.append(arr, values, axis=None)，作用是为原始数组添加一些值，就是将 values 添加到 arr 中，axis 为可选参数，如果 axis 没有给出，那么 arr、values 都将先展成一维数组，如果 axis 被指定了，那么 arr 和 values 需要有相同的 shape，否则抛出 ValueError：arrays must have same number of dimensions 错误。对 axis 的理解：axis 的最大值为数组 arr 的维数减 1，若 arr 的维数等于 1，则 axis 的最大值为 0；若 arr 的维数等于 2，则 axis 的最大值为 1，以此类推。当 arr 的维数为 2 时(理解为单通道图)，axis=0 表示沿行方向添加 values；axis=1 表示沿列方向添加 values。当 arr 的维数为 3 时(理解为多通道图)，axis=0、axis=1 的含义同上，axis=2 表示沿深度方向添加 values。flatten( )的用法：返回一个一维数组。flatten( )只适用于 numpy 对象，即 array 或 mat，对于普通的 list 列表不适用。a.flatten( )：a 是一个数组，a.flatten( )就是把 a 降到一维，默认是按行的方向降。a.flatten( ).A：a 是一个矩阵，降维后还是一个矩阵，矩阵.A[等效于矩阵.getA( )]变成了数组。

▶ 习题 4-2

1. 编程实现：绘制函数 $z = \tan(\sin(x^2 + y^2))$ 的图形，其中定义域是 $-20 \leqslant x \leqslant 20$，$-20 \leqslant y \leqslant 20$。

2. 编程实现：绘制函数 $z = e^{-\sin(x^2+y^2)}$ 的图形，其中定义域是 $-2 \leqslant x \leqslant 2$，$-2 \leqslant y \leqslant 2$。

3. 编程实现：绘制函数 $z = \sin(e^{x^2+y^2})$ 的图形，其中定义域是 $-2\pi \leqslant x \leqslant 2\pi$，$-2\pi \leqslant y \leqslant 2\pi$。

4. 编程实现：绘制函数 $z = (x^2 + y^2)^8$ 的图形，其中定义域是 $-1 \leqslant x \leqslant 1$，$-1 \leqslant y \leqslant 1$。

5. 编程实现：绘制函数 $z = \cos(x^2 + y^2)$ 的图形，其中定义域是 $-2 \leqslant x \leqslant 2$，$-2 \leqslant y \leqslant 2$。

4.3 Python 数据绘图

数据绘图作为数据分析的一个重要组成部分，在数据分析中扮演着重要的角色，通过数据绘图，往往能够清晰展示出数据所蕴含的规律和性质，给数据分析提供直观的理论依据。

4.3.1 Python 二维数据绘图

1. matplotlib 数据绘图

二维数据绘图常用的绘图函数主要来自 matplotlib，matplotlib 是 Python 的基本绘图包。

在进行二维数据绘图之前，必须要做一些基本设置，如下所示。

```
1  import matplotlib.pyplot as plt              # 导入 matplotlib.pyplot, 记作 plt
2  plt.rcParams['font.sans-serif'] = ['SimHei'] # 指定默认字体为黑体, 换为 KaiTi 也可以
3  plt.rcParams['axes.unicode_minus'] = False   # 解决保存图像是负号"-"而显示为方块的问题
4  plt.figure(figsize=(5, 4))                   # 设置图形的大小
5  plt.bar()                                    # 绘制条形图
6  plt.pie()                                    # 绘制饼图
7  plt.plot()                                   # 绘制折线图
8  plt.hist()                                   # 绘制直方图
9  plt.scatter()                                # 绘制散点图
10 plt.xlim()                                   # 设置横轴范围
11 plt.ylim()                                   # 设置纵轴范围
12 plt.xlabel()                                 # 设置横轴名称
13 plt.ylabel()                                 # 设置纵轴名称
14 plt.xticks()                                 # 设置横轴刻度
15 plt.yticks()                                 # 设置纵轴刻度
16 plt.axvline(x=a)                             # 设置在 x=a 处画垂直直线
17 plt.axhline(y=b)                             # 设置在 y=b 处画水平直线
18 plt.text(x, y, 'labels')                     # 设置在点(x,y)处添加文本 labels
19 plt.legend()                                 # 设置给图形加图例
20 plt.subplot(numRows, numCols, plotNum)       # 设置绘制多个子图
```

【例 4.34】绘制统计数据条形图。在 Spyder 中输入代码 4.34。

代码 4.34　绘制统计数据条形图

```
1  import matplotlib.pyplot as plt              # 导入 matplotlib.pyplot, 记作 plt
2  x=['A', 'B', 'C', 'D', 'E', 'f', 'G', 'H']   # 输入 x 轴信息
3  y=[1, 4, 8, 3, 7, 2, 5, 3]                   # 输入 y 轴数据
4  plt.bar(x, y)                                # 绘制统计数据条形图
```

运行代码 4.34 生成所要的图形。

【例 4.35】绘制统计数据饼图。在 Spyder 中输入代码 4.35。

代码 4.35　绘制统计数据饼图

```
1  import matplotlib.pyplot as plt              # 导入 matplotlib.pyplot, 记作 plt
2  x=['A', 'B', 'C', 'D', 'E', 'f', 'G', 'H']   # 输入 x 轴信息
3  y=[1, 4, 8, 3, 7, 2, 5, 3]                   # 输入 y 轴数据
4  plt.pie(y, labels=x)                         # 绘制统计数据饼图, x 作为标签
```

运行代码 4.33 生成所要的图形。

【例 4.36】绘制统计数据折线图。在 Anaconda 内建的 Spyder 中输入代码 4.36。

代码 4.36　绘制统计数据折线图

```
1 import matplotlib.pyplot as plt              # 导入 matplotlib.pyplot, 记作 plt
2 x=['A', 'B', 'C', 'D', 'E', 'f', 'G', 'H']   # 输入 x 轴信息
3 y=[1, 4, 8, 3, 7, 2, 5, 3]                   # 输入 y 轴数据
4 plt.plot(x, y)                               # 绘制统计数据折线图
```

运行代码 4.36 生成所要的图形。

2. 利用 pandas 绘图

pandas 实现绘图的方法比 matplotlib 更加方便简单，在使用 pandas 进行数据分析的时候非常方便。在 pandas 中，Series 和 DataFrame 的 plot() 方法是包装自 matplotlib 的 plot() 方法。在 pandas 中，有许多能够利用 DataFrame 数据组织特点来创建标准图形的高级绘图方法，对于 DataFrame 数据框绘图，其基本格式如下。

```
DataFrame.plot(kind='line')
```

其中，kind 表示图的类型，通常有以下几个选项。

kind='line' 为默认选项，表示折线图；kind='bar' 表示垂直条形图；kind='barh' 表示水平条形图；kind='hist' 表示直方图；kind='box' 表示箱线图；kind='kde' 表示核密度估计图，对柱状图添加概率密度线，与'density'的作用相同；kind='area' 表示面积图；kind='pie' 表示饼图；kind='scatter' 表示散点图。

【例 4.37】利用 Series 绘图。在 Spyder 中输入代码 4.37。

代码 4.37　利用 Series 绘图

```
1 import pandas as pd                                                           # 导入 pandas 库, 记作 pd
2 import numpy as np                                                            # 导入 numpy 库, 记作 np
3 data = pd.Series(np.random.randn(365), index=pd.date_range('2022/7/22', periods=365))   # 产生数据
4 print(data)                                                                   # 打印数据列表
5 data = data.cumsum(axis=0)                                                    # cumsum()累加求和, 并保留累加的中间结果
6 data.plot()                                                                   # 数据绘图
```

运行代码 4.37 生成所要的图形。

pandas 模块的数据结构主要有 Series 和 DataFrame 两种。Series 是一个一维数组，是基于 numpy 的 ndarray 结构。pandas 会默认用 0~n-1 来作为 Series 的 index，但也可以自己指定 index（可以把 index 理解为 dict 里面的 key）。Series 的创建格式如下。

```
pd.Series([list], index=[list])
```

参数为 list。index 为可选参数，若不填写，则默认 index 从 0 开始；若填写，则 index 的长度应该与 value 的长度相等。例如：

```
import pandas as pd
s=pd.Series([1, 2, 3, 4, 5, 6], index=['a', 'b', 'c', 'd', 'e', 'f'])
print(s)
```

np.random.random()生成一个0~1的随机浮点数，例如，np.random.random((100, 50))生成100行50列的0~1的随机浮点数，注意，其与np.random.random([100, 50])的效果一样。

np.random.rand(d0, d1, …, dn)由给定维度生成[0, 1)的数据，dn 表示每个维度，返回值为指定维度的数组。np.random.randn(d0, d1, …, dn)返回一个或一组样本，具有标准正态分布。

DataFrame.plot()函数的格式如下。

```
DataFrame.plot(x=None, y=None, kind='line', ax=None, subplots=False,
               sharex=None, sharey=False, layout=None, figsize=None,
               use_index=True, title=None, grid=None, legend=True,
               style=None, logx=False, logy=False, loglog=False,
               xticks=None, yticks=None, xlim=None, ylim=None, rot=None,
               xerr=None, secondary_y=False, sort_columns=False, **kwds)
```

参数详解如下。

x 标签或位置，默认为无；y 标签或位置，默认为无；kind 赋值字符串，'line' 为线图(默认值)，'bar' 为垂直条形图，'barh' 为水平条形图，'hist' 为直方图，'box' 为箱线图，'kde' 为核密度估计图，主要对柱状图添加 Kernel 概率密度线，'density' 和 'kde' 一样，'area' 为面积图，'pie' 为饼图，'scatter' 为散点图，需要传入 columns 方向的索引，'hexbin' 为己糖图；ax 为 Matplotlib 轴对象，默认没有，即子图(axes，也可以理解成坐标轴)要在其上进行绘制的 matplotlib subplot 对象，如果没有设置，则使用当前 matplotlib subplot **，其中，变量和函数通过改变 figure 和 axes 中的元素(如 title、label、点和线等)一起描述 figure 和 axes，也就是在画布上绘图；subplots 为布尔型，默认为 False，用于判断图片中是否有子图，为每列制作单独的子图；sharex 如果有子图，则子图共 x 轴刻度，标签；sharey 如果有子图，则子图共 y 轴刻度，标签；layout 表示子图的行列布局；figsize 表示图片尺寸大小；use_index 默认用索引作为 x 轴；title 图片的标题用字符串；grid 表示图片是否有网格；legend 表示子图的图例，添加一个 subplot 图例(默认为 True)；style 对每列折线图设置线的类型；logx 设置 x 轴刻度是否取对数；logy 设置 y 轴刻度是否取对数；loglog 同时设置 x 轴、y 轴刻度是否取对数；xticks 设置 x 轴刻度值，序列形式(如列表)；yticks 设置 y 轴刻度，序列形式(如列表)；xlim 设置坐标轴的范围，列表或元组形式；rot 设置轴标签(轴刻度)的显示旋转度数；fontsize 设置轴刻度的字体大小；colormap 设置图的区域颜色；colorbar 为色棒；table 如果为正，则选择 DataFrame 类型的数据并且转换匹配 matplotlib 的布局；yerr 为数据框、序列、类数组、用错误条绘制的字符和字符串；xerr 表示数据框、序列、类数组、用错误条绘制的字符和字符串；stacked：布尔值，默认为线条和条形图为假，面积图为真，如果为真，则创建叠加图；sort_columns 以字母表顺序绘制各列，默认使用前列顺序；secondary_y 设置第 2 个 y 轴(右 y 轴)；mark_right：布尔值，当使用辅助 y 轴时默认为 true，自动在图例中用"(右)"标记列标签；kwds 为关键词。

【例 4.38】利用 DataFrame 调用 plot()函数绘图。在 Spyder 中输入代码 4.38

代码 4.38　利用 DataFrame 调用 plot( ) 函数绘图

```
1  import pandas as pd                    # 导入 pandas 库，记作 pd
2  import numpy as np                     # 导入 numpy 库，记作 np
3  data = pd.DataFrame(np.random.randn(4, 5), index = list('ABCD'), columns = list('EFGHI'))  # 产生数据
4  print(data)                            # 打印数据
5  data.plot()                            # 数据绘图
6  data.plot(x=0, y='G', kind='line')     # 传入 x、y 参数
```

运行代码 4.38 生成所要的图形。

注意：在画子图时，首先定义画布，即 fig = plt.figure( )，然后使用 ax = fig.add_subplot(行、列、位置标)定义子图 ax，当上述步骤完成后，可以用 ax.plot( )函数绘制子图，结尾注意加上 plt.show( )。

4.3.2　Python 三维数据绘图

最基本的三维图是由(x, y, z)三维坐标点构成的线图与散点图，可以用 ax.plot3D( )和 ax.scatter3D( )函数来创建，在默认情况下，散点会自动改变透明度，在平面上呈现出立体感。

【例 4.39】绘制只有一种点的散点图。在 Spyder 中输入代码 4.39。

代码 4.39　绘制只有一种点的散点图

```
1  import matplotlib.pyplot as plt        # 导入 matplotlib.pyplot，记作 plt
2  import numpy as np                     # 导入 numpy 库，记作 np
3  from mpl_toolkits.mplot3d import Axes3D   # 从 mpl_toolkits.mplot3d 导入 Axes3D
4  data = np.arange(48).reshape((16, 3))  # 产生 0~47 共 48 个数字，排成 16 行 3 列
5  print(data)                            # 打印数据
6  x = data[:, 0]                         # 第 1 列数据为 [ 0  3  6  9 12 15 18 21 24 27 30 33 36 39 42 45]
7  y = data[:, 1]                         # 第 2 列数据为 [ 1  4  7 10 13 16 19 22 25 28 31 34 37 40 43 46]
8  z = data[:, 2]                         # 第 3 列数据为 [ 2  5  8 11 14 17 20 23 26 29 32 35 38 41 44 47]
9  fig = plt.figure()                     # 设置画布
10 ax = Axes3D(fig, auto_add_to_figure=False)   # 设置三维绘图环境
11 fig.add_axes(ax)                       # 设置绘图环境
12 ax.scatter(x, y, z)                    # 在三维绘图环境 ax 下的点(x, y, z)处绘制散点图
13 ax.set_zlabel('Z', fontdict={'size': 24, 'color': 'red'})    # 添加坐标轴 Z 标记(顺序是 Z, Y, X)
14 ax.set_ylabel('Y', fontdict={'size': 24, 'color': 'green'})  # 添加坐标轴 Y 标记(顺序是 Z, Y, X)
15 ax.set_xlabel('X', fontdict={'size': 24, 'color': 'blue'})   # 添加坐标轴 X 标记(顺序是 Z, Y, X)
16 plt.show()                             # 显示图形
```

运行代码 4.39 生成所要的图形。

【例 4.40】绘制有多种点及图例的散点图。在 Spyder 中输入代码 4.40。

代码 4.40　绘制有多种点及图例的散点图

```
1  import matplotlib.pyplot as plt        # 导入 matplotlib.pyplot，记作 plt
2  import numpy as np                     # 导入 numpy 库，记作 np
```

```
3 from mpl_toolkits.mplot3d import Axes3D              # 从 mpl_toolkits.mplot3d 导入 Axes3D
4 data1 = np.arange(48).reshape((16, 3))               # 产生 0~47 共 48 个数字, 排成 16 行 3 列
5 print(data1)                                          # 打印数据
6 x1 = data1[:, 0]   # 第 1 列数据为 [ 0 3 6 9 12 15 18 21 24 27 30 33 36 39 42 45]
7 y1 = data1[:, 1]   # 第 2 列数据为 [ 1 4 7 10 13 16 19 22 25 28 31 34 37 40 43 46]
8 z1 = data1[:, 2]   # 第 3 列数据为 [ 2 5 8 11 14 17 20 23 26 29 32 35 38 41 44 47]
9 data2 = np.random.randint(0, 47, (16, 3))            # 产生 0~47 的随机整数, 排成 16 行 3 列
10 x2 = data2[:, 0]                                     # 第 1 列随机数据
11 y2 = data2[:, 1]                                     # 第 2 列随机数据
12 z2 = data2[:, 2]                                     # 第 3 列随机数据
13 fig = plt.figure()                                   # 设置画布
14 ax = Axes3D(fig, auto_add_to_figure=False)           # 设置三维绘图环境
15 fig.add_axes(ax)                                     # 设置绘图环境
16 ax.scatter(x1, y1, z1, c='b', label='顺序点')         # 在三维绘图环境 ax 下的点(x1, y1, z1)处绘制散点图
17 ax.scatter(x2, y2, z2, c='r', label='随机点')         # 在三维绘图环境 ax 下的点(x2, y2, z2)处绘制散点图
18 ax.legend(loc='best')                                # 在三维绘图环境 ax 下绘制图例
19 ax.set_zlabel('Z', fontdict={'size': 15, 'color': 'red'})   # 添加坐标轴 Z 标记(顺序是 Z, Y, X)
20 ax.set_ylabel('Y', fontdict={'size': 15, 'color': 'red'})   # 添加坐标轴 Y 标记(顺序是 Z, Y, X)
21 ax.set_xlabel('X', fontdict={'size': 15, 'color': 'red'})   # 添加坐标轴 X 标记(顺序是 Z, Y, X)
22 plt.rcParams['font.sans-serif']='SimHei'             # 设置显示字体为黑体
23 plt.show()                                            # 显示图形
```

运行代码 4.40 生成所要的图形。

4.3.3 Python 数据绘图步骤

Python 数据绘图通常包括以下主要步骤。
(1) 导入将会用到的第三方库。
(2) 建立绘图环境。
(3) 引入数据。
(4) 利用相关的函数命令绘制数据图。

【例 4.41】利用 plt.figure( ) 与 plt.subplot( ) 建立绘图环境。在 Spyder 中输入代码 4.41。

代码 4.41　利用 plt.figure( ) 与 plt.subplot( ) 建立绘图环境

```
1 import matplotlib.pyplot as plt            # 导入 matplotlib.pyplot, 记作 plt
2 import numpy as np                         # 导入 numpy 库, 记作 np
3 from mpl_toolkits.mplot3d import Axes3D    # 从 mpl_toolkits.mplot3d 导入 Axes3D
4 fig = plt.figure()                         # 建立绘图环境, 即建立画布
5 fig = plt.figure(figsize=(4, 2))           # 指定所建立画布的大小
6 plt.figure(figsize=(6, 4))                 # 也可以建立一个包含多个子图的画布
7 ax1=plt.subplot(231)                       # 在 2 行 3 列第 1 个位置画图, 与 plt.subplot(2, 3, 1)同义
```

8 ax2=plt. subplot(232)	# 在2行3列第2个位置画图
9 ax3=plt. subplot(233)	# 在2行3列第3个位置画图
10 ax4=plt. subplot(234)	# 在2行3列第4个位置画图
11 ax5=plt. subplot(235)	# 在2行3列第5个位置画图
12 ax6=plt. subplot(236)	# 在2行3列第6个位置画图
13 plt. show()	# 显示绘制的图形

运行代码4.41生成所要的图形。

代码4.41中的第7、8、9、10、11、12行也可以用如下方法编写。

ax1 = fig. add_subplot(231); ax2 = fig. add_subplot(232); ax3 = fig. add_subplot(233);
ax4 = fig. add_subplot(234); ax5 = fig. add_subplot(235); ax6 = fig. add_subplot(236)

【例4.42】利用 plt. scatter(x, y, color='r', marker='+')绘图。在Spyder中输入代码4.42。

代码4.42 利用 plt. scatter(x, y, color='r', marker='+')绘图

1 import matplotlib. pyplot as plt	# 导入 matplotlib. pyplot,记作 plt
2 fig = plt. figure()	# 建立绘图环境,即建立画布
3 fig = plt. figure(figsize=(4, 2))	# 指定所建立画布的大小
4 plt. axis([0, 6, 0, 9])	# 修改坐标轴的取值范围
5 x = range(1, 6)	# 即 x=[1, 2, 3, 4, 5]
6 y = [3.1, 4.5, 5.2, 7.1, 8.3]	# 给出y的数据,x与y的数据个数必须一样
7 plt. scatter(x, y, color='r', marker='+')	# 在点(x,y)处绘制散点图
8 plt. show()	# 显示绘制的图形

运行代码4.42生成所要的图形。

代码4.42中第7行中参数的意义：x为横坐标向量,y为纵坐标向量,x、y的长度必须一致；color为颜色,'b'表示蓝色,'c'表示青色,'g'表示绿色,'k'表示黑色,'m'表示洋红色,'r'表示红色,'w'表示白色,'y'表示黄色；marker为标记风格,散点的标记风格有多种,'.'表示点标记,','表示像素标记,'o'表示圆形标记,'∨'表示三角形向下标记,'^'表示三角形向上标记,'<'表示三角形向左标记,'>'表示三角形向右标记,'1'表示三脚架向下标记,'2'表示三脚架向上标记,'3'表示三脚架向左标记,'4'表示三脚架向右标记,'s'表示方形标记,'p'表示五角形标记,'*'表示星形标记,'h'表示六边形标记,'H'表示旋转六边形标记,'D'表示金刚石标记,'d'表示薄钻石标记,'|'表示垂直线(符号)标记,'_'表示水平线(线条符号)标记,'+'表示加号标记,'x'表示叉号标记。

【例4.43】利用 plt. plot(x, y, color='color', linestyle='linestyle')绘图。在Spyder中输入代码4.43。

代码4.43 利用 plt. plot(x, y, color='color', linestyle='linestyle')绘图

1 import matplotlib. pyplot as plt	# 导入 matplotlib. pyplot, 记作 plt
2 fig = plt. figure(figsize=(12, 6))	# 建立绘图环境,即建立画布
3 x = range(1, 6)	# 即 x=[1, 2, 3, 4, 5]
4 y = [3.1, 8.5, 5.2, 7.1, 8.3]	# 给定y的取值
5 plt. subplot(221)	# 在2行2列第1个位置绘制子图

```
6  plt. plot(x, y, color='r', linestyle='-')        # 在点(x, y)处绘制折线图, linestyle='-'表示实线
7  plt. subplot(222)                                 # 在 2 行 2 列第 2 个位置绘制子图
8  plt. plot(x, y, color='g', linestyle='--')        # 在点(x, y)处绘制折线图, linestyle='--'表示短横线
9  plt. subplot(223)                                 # 在 2 行 2 列第 3 个位置绘制子图
10 plt. plot(x, y, color='b', linestyle='-. ')       # 在点(x, y)处绘制折线图, linestyle='-.'表示点划线
11 plt. subplot(224)                                 # 在 2 行 2 列第 4 个位置绘制子图
12 plt. plot(x, y, color='b', linestyle=':')         # 在点(x, y)处绘制折线图, linestyle=':'表示虚线
13 plt. show()                                       # 显示图形
```

运行代码 4.43 生成所要的图形。

习题4-3

1. 编程实现：已知某周消费数据如下：

星期	星期一	星期二	星期三	星期四	星期五	星期六	星期日
消费	10	40	60	80	50	40	10

绘制某周消费数据条形图。

2. 编程实现：已知某周发货数据如下：

城市	北京	天津	上海	广州	沈阳	成都
发货量	10	40	80	30	70	20

绘制某周发货数据饼图。

3. 编程实现：已知数据如下：

编号	A	B	C	D	E	F	G	H
数据	1	4	5	7	8	5	4	1

绘制折线图。

4. 编程实现：请举例利用 pd. Series( ) 与 pd. DataFrame( ) 调用 plot( ) 绘图, 并进行风格样式设置, 包含透明度与颜色设置。

5. 编程实现：请举例利用 pd. DataFrame( ) 调用 plot( ) 绘图, 并进行风格样式设置。

4.4 本章小结

本章分 3 节介绍了 Python 数据可视化。第 1 节介绍了 Python 二维图形, 具体包含 Python 绘图基本操作、Python 常用绘图函数、Python 基本绘图步骤和 Python 绘图实例。第 2 节介绍了 Python 三维图形, 具体包含 Python 三维绘图命令与函数、Python 三维绘图常用命令、Python 三维绘图基本步骤和 Python 三维绘图实例。第 3 节介绍了 Python 数据绘图, 具体包含 Python 二维数据绘图、Python 三维数据绘图和 Python 数据绘图步骤。

总习题 4

1. 编程实现：画出函数 $y=\sin x$、$y=\sin 2x$、$y=\sin 3x$、$y=\sin 4x$、$x\in[-2\pi,2\pi]$ 的图形。

2. 编程实现：画出"心脏线" $r=1-\cos\theta$ 的图形。

3. 编程实现：某公司的月度销售额(以千元为单位)为：一月(13.2)，二月(15.7)，三月(17.4)，四月(12.6)，五月(19.7)，六月(22.6)，七月(20.2)，八月(18.3)，九月(16.2)，十月(15.0)，十一月(12.1)，十二月(8.6)，构造一个条形图演示这组数据。

4. 编程实现：某销售单位的月度销售额(以千元为单位)为：一月(13.2)，二月(15.7)，三月(17.4)，四月(12.6)，五月(19.7)，六月(22.6)，七月(20.2)，八月(18.3)，九月(16.2)，十月(15.0)，十一月(12.1)，十二月(8.6)，构造一个饼图演示这组数据。

5. 编程实现：绘制下列函数的图形，注意使用足够多的点，以得到光滑的曲面。

(1) $z=e^{-x^2-y^2}$，$-2\leqslant x\leqslant 2$，$-2\leqslant y\leqslant 2$；

(2) $z=\sin(x+\cos y)$，$-6\leqslant x\leqslant 6$，$-6\leqslant y\leqslant 6$；

(3) $z=\dfrac{x^2-y^2}{x^3+y^3}$，$1\leqslant x\leqslant 20$，$1\leqslant y\leqslant 20$；

(4) $z=|\sin x\sin y|$，$-2\pi\leqslant x\leqslant 2\pi$，$-2\pi\leqslant y\leqslant 2\pi$。

第4章习题答案

第 5 章　Python 机器学习库 scikit-learn

【本章概要】

- 机器学习
- scikit-learn 库
- 机器学习算法实例

5.1　机器学习

5.1.1　机器学习简介

　　机器学习(Maching Learning)是人工智能的一个分支,旨在使计算机能够通过数据和经验自动学习和改进性能,而无须明确编程。与传统的程序设计不同,机器学习算法通过分析和解释数据,从中获取知识和规律,并利用这些知识和规律来做出预测或决策。

　　机器学习的关键在于如何从数据中学习特定的模型以实现过程或任务的自动化,其中,模型(Model)、策略(Strategy)和算法(Algorithm)是机器学习的 3 个要素。模型是机器学习的核心,它定义了数据输入与输出之间的关系。通过训练数据,模型能够学习到输入与输出之间的映射关系,从而对未知数据进行预测或分类。

　　机器学习在各个领域都有广泛的应用,如自然语言处理、计算机视觉、推荐系统等。它已经在许多领域取得了重大的突破和进展,并且随着数据量的增加和计算能力的提高,机器学习的应用前景将更加广阔。

5.1.2 机器学习的分类

机器学习模型可以根据不同的分类标准进行分类。根据模型的学习方式，机器学习模型可以分为监督学习、无监督学习、半监督学习和强化学习。根据模型的输出类型，机器学习模型可以分为分类模型、回归模型、聚类模型和生成模型。下面是常见的机器学习模型的分类。

1. 监督学习

监督学习是指利用一组已知类别的样本调整分类器的参数，使其达到所要求性能的过程，也称为监督训练或有教师学习。监督学习是通过标记的训练数据来推断一个功能的机器学习任务。训练数据包括一套训练实例。在监督学习中，每个实例都是由一个输入对象（通常为矢量）和一个期望的输出值（也称为监督信号）组成的。

监督学习通常包括回归和分类。回归（Regression）是指模型的输出结果为连续值，例如支付宝里的芝麻信用分数。

分类（Classification）是指模型的输出结果为离散值。例如，判定一种红酒是由3种葡萄中的哪一种酿制的。输出结果为3种葡萄中的一种，要么为1，要么为2，要么为3。表5-1对监督学习中的回归和分类算法进行了比较。

表 5-1 监督学习中的回归与分类

比较项目	回归	分类
输出结果	连续值	离散值
常用算法	k 近邻算法、线性回归、岭回归、Lasso 回归、神经网络	k 近邻算法、朴素贝叶斯、决策树、逻辑回归、神经网络、支持向量机

2. 无监督学习

无监督学习和监督学习最大的不同是，监督学习中的数据带有一系列标签。在无监督学习中，我们需要用某种算法去训练无标签的训练集，从而找到这个训练集中数据的潜在结构。无监督学习大致可以分为聚类和降维两大类。学习以数据之间的某种关系（如欧氏距离、余弦相似性）为依据，实现数据的划分。这种划分数据的方式在机器学习领域被称作聚类（Clustering）。常用的聚类模型包括 k 均值聚类、层次聚类、高斯混合模型等。降维模型将高维数据映射到低维空间，如主成分分析、因子分析、独立成分分析等。

3. 半监督学习

顾名思义，半监督学习将监督学习和无监督学习相结合，在训练阶段使用的数据包含大量无标签数据和少量有标签数据。半监督学习在训练模型时只使用少量有标签数据，这样做不仅可以降低将数据集全部标注所产生的成本，还能提高训练模型的准确度。

4. 强化学习

强化学习旨在让智能系统通过与环境的交互学习如何做出决策，以最大化预期的长期累积奖励。在强化学习中,智能系统被称为智能体,它通过观察环境的状态并采取行动来与环境进行交互。智能体根据环境的反馈来调整自己的策略,以获得更高的奖励。

强化学习的核心概念包括以下几个。

状态(State):环境的特定瞬时情况,智能体通过观察状态来做出决策。

行动(Action):智能体在给定状态下采取的行为。

奖励(Reward):环境根据智能体的行动反馈的信号,用于评估行动的好坏。奖励可以是正值、负值或0。

策略(Policy):智能体在特定状态下采取行动的方式或规则。强化学习的目标是找到最优策略,以最大化长期累积奖励。

值函数(Value Function):用于估计在给定状态下采取特定行动的预期累积奖励。值函数可以帮助智能体选择最佳行动。

强化学习的方法包括基于价值的方法(如 Q-learning)、基于策略的方法(如 Policy Gradient),以及将两者结合的方法(如 Actor-Critic)。强化学习在许多领域被广泛应用,如机器人控制、游戏玩法、自动驾驶等。

5.1.3 机器学习的开发流程

完整的机器学习的开发流程通常包括以下几个步骤。

(1)定义问题:研究和提炼问题的特征,以帮助我们更好地理解项目的目标。

(2)数据收集和准备:收集与问题相关的数据,并进行数据清洗、预处理和特征工程,以便为模型提供合适的输入。

(3)模型选择和训练:选择适当的机器学习算法和模型架构,并使用训练数据对模型进行训练和优化。

(4)模型评估和调优:使用测试数据对训练好的模型进行评估,并根据评估结果进行模型的调优和改进。

(5)部署和上线:将训练好的模型部署到生产环境中,并确保模型可以实时处理新的数据。

(6)监控和维护:持续监控模型在生产环境中的性能,并进行必要的维护和更新,以确保模型的准确性和可用性。

值得注意的是,这个开发流程可能会根据具体的问题和需求而有所不同,但以上是一个常见的机器学习开发流程的一般步骤。

▶ 习题5-1

1. 常见的机器学习模型包括哪些?
2. 一个完整的机器学习的开发流程包括哪几个步骤?

5.2　scikit-learn 库

scikit-learn 是一个用于机器学习的 Python 库，它内置了许多常用的机器学习算法和工具，提供了一种简单而有效的方式来进行数据预处理、特征工程、模型选择和评估等任务。它具有各种分类、回归和聚类算法，包括支持向量机、随机森林、梯度提升、k 均值和 DBSCAN（Density-Based Spatial Clustering of Applications with Noise，具有噪声的基于密度的聚类算法），并且旨在与 Python 数值计算库 numpy 和 scipy 联合使用。

5.2.1　scikit-learn 库简介

scikit-learn 拥有完善的文档，上手容易，具有丰富的 API，在学界颇受欢迎。它封装了大量的机器学习算法，同时内置了大量数据集，节省了获取和整理数据集的时间。

scikit-learn 的主要特点包括以下几个。

（1）算法丰富：scikit-learn 提供了大量的机器学习算法，包括分类、回归、聚类、降维等。这些算法都经过了优化和测试，可以满足各种不同的需求。

（2）易于使用：scikit-learn 的 API 设计非常简单，易于上手，开发者可以很快地构建和训练模型，而不需要过多的编程经验。

（3）可扩展性：scikit-learn 支持自定义算法和数据预处理方法，可以满足各种不同的需求，同时支持与其他 Python 库的集成，如 numpy、pandas 等。

（4）开源免费：scikit-learn 是一个开源的机器学习库，可以免费使用和修改，这使它成为许多开发者的首选工具。

使用 scikit-learn 构建机器学习模型的步骤如下。

（1）数据准备：首先需要准备好数据集，包括训练集和测试集。训练集应经过清洗和预处理，以便于算法的训练和测试。

（2）特征工程：对数据集进行特征提取和转换，以便于算法的训练和测试。scikit-learn 提供了各种各样的特征工程方法，如标准化规划、特征选择等。

（3）模型选择：根据任务的需要选择合适的机器学习算法。scikit-learn 提供了大量的机器学习算法，可以根据需求进行选择。

（4）模型训练：使用训练集对模型进行训练。scikit-learn 提供了各种各样的训练方法，如交叉验证、网格搜索等。

（5）模型评估：使用测试集对模型进行评估。scikit-learn 提供了各种各样的评估方法，如准确率、召回率、F1 值等。

（6）利用模型部署：将训练好的模型部署到生产环境中，以便于实际应用。

scikit-learn 是一个非常强大和易于使用的机器学习库，可以帮助开发者快速构建和部署机器学习模型。

5.2.2　scikit-learn 库的安装

由于 scikit-learn 是在 numpy、scipy、matplotlib 的基础上开发而成的,所以在安装 scikit-learn 之前,需要先安装这些依赖库。安装的顺序是先安装 numpy、scipy,然后安装 matplotlib,最后安装 scikit-learn。下面我们以 Windows 操作系统为例介绍 scikit-learn 的安装方法。

安装 scikit-learn 的过程可以总结为以下几个步骤。

(1)检查 Python 和 pip 的版本:确保 Python 版本在 3.6 及以上,pip 版本至少为 9.0.1。如果需要,则可以升级 pip 到最新版本。

(2)安装 scikit-learn:使用 pip 命令安装最新版本的 scikit-learn。例如,pip install --user scikit-learn。如果下载速度慢,则可以使用镜像安装,例如 python -m pip install scikit-learn -i https://pypi.tuna.tsinghua.edu.cn/simple。

(3)测试安装:可以通过运行 pip list 命令来检查 scikit-learn 是否成功安装。

(4)卸载 scikit-learn:如果需要卸载,则可以使用 pip uninstall scikit-learn 命令。

(5)scikit-learn 的安装涉及一些依赖包的安装,如 numpy、pandas、matplotlib、scipy 等。

(6)在 Windows 操作系统下,可以使用 conda 或 pip 进行安装。对于 conda 用户,可以通过运行 conda install scikit-learn 命令来安装 scikit-learn。对于 Mac OS 用户,同样可以使用 pip 进行安装。

在安装 scikit-learn 的过程中,如果遇到问题,则可以尝试先卸载原有的 scikit-learn 和相关依赖包,然后清理 pip 的缓存,并重新尝试安装。如果问题依旧存在,则可以查看 scikit-learn 的官方文档或相关社区论坛寻求帮助。

至此,scikit-learn 安装完成。安装完成后,可以通过导入 scikit-learn 来验证安装是否成功。在 Python 交互式环境中,输入以下命令。如果没有报错,则说明 scikit-learn 已成功安装。

```
import sklearn
```

注意:如果使用的是 Anaconda 发行版,则 scikit-learn 通常已经预装了,无须再次安装。

习题5-2

1. 安装 scikit-learn 的命令是什么?
2. 如何安装 scikit-learn 库?

5.3　机器学习算法实例

本节主要以常用的机器学习算法为例,介绍如何通过 Python 应用这些算法来解决实际问题,并不对算法本身做过多的介绍,只着重介绍如何应用算法来解决问题。

5.3.1 k近邻算法

k近邻算法(K-Nearest Neighbor，KNN)是一种基本的分类与回归方法，是一种基于有标签训练数据的模型，是一种监督学习算法。该算法的思路是，找出一个样本在特征空间中的 k 个最相似(即特征空间中最邻近)的样本，如果这 k 个样本中的大多数属于某一个类别，则该样本也属于这个类别。

在分类算法中采用多数表决法，也就是选择 k 个样本中出现最多的类别标记作为预测结果。在回归算法中采用平均法，将 k 个样本实际输出类别标记的平均值(简称均值)或加权平均值作为预测结果。k近邻算法用距离来度量数据样本之间的关系。距离度量有多种方式，最常用的是欧氏距离。假如有两个 n 维向量，欧氏距离的定义为

$$D(x, y) = \sqrt{(x_1-y_1)^2 + (x_2-y_2)^2 + \cdots + (x_n-y_n)^2} = \sqrt{\sum_{i=1}^{n}(x_i-y_i)^2}$$

除了欧氏距离，还有其他的距离度量方式，如曼哈顿距离，其定义为

$$D(x, y) = |x_1-y_1| + |x_2-y_2| + \cdots + |x_n-y_n| = \sum_{i=1}^{n}|x_i-y_i|$$

k近邻算法是一种用于分类和回归的无参数方法。下面是一个简单的k近邻算法的Python实例，我们将使用scikit-learn库来演示。

【例5.1】鸢尾花的分类。

鸢尾花数据集是机器学习和统计学中一个简单而经典的数据集。这个数据集来自科学家在某个岛上找到的一种花的3种不同的亚类别，分别称为山鸢尾(setosa)、杂色鸢尾(versicolor)和维吉尼亚鸢尾(virginicsa)。为了分辨出这3个类别，分别从花萼长、花萼宽、花瓣长、花瓣宽4个角度来测量不同的种类，用于定量分析。基于这4个特征，形成了一个多重变量分析的数据集。依据监督学习的一般过程，本例将逐步构建出一个典型的机器学习实例。在Spyder中输入代码5.1。

代码5.1 鸢尾花的分类

```
1  from pandas import read_csv                                          # 导入read_csv()函数
2  from pandas.plotting import scatter_matrix                           # 导入scatter_matrix()函数
3  from matplotlib import pyplot                                        # 导入pyplot子库
4  from sklearn.model_selection import train_test_split                 # 导入train_test_split()函数
5  from sklearn.model_selection import KFold                            # 导入KFold()函数
6  from sklearn.model_selection import cross_val_score                  # 导入cross_val_score()函数
7  from sklearn.discriminant_analysis import LinearDiscriminantAnalysis # 导入LinearDiscriminantAnalysis()
                                                                        # 函数
8  from sklearn.neighbors import KNeighborsClassifier                   # 导入KNeighborsClassifier()函数
9  filename = 'iris.data.csv'                                           # 定义文件名
10 names = ['separ-length', 'separ-width', 'petal-length', 'petal-width', 'class']  # 定义序列names
11 dataset = read_csv(filename, names=names)                            # 读取csv文件并赋值给dataset
12 print(dataset.head(10))                                              # 查看数据的前10行
13 print(dataset.describe())                                            # 统计描述数据信息
```

```
14 print(dataset. groupby('class'). size())                            # 分类分布情况
15 dataset. plot(kind='box', subplots=True, layout=(2, 2), sharex=False, sharey=False)
16 pyplot. show()
17 dataset. hist()
18 pyplot. show()
19 scatter_matrix(dataset)
20 pyplot. show()
```

运行代码 5.1 生成所要的结果。

注意：在实际的机器学习任务中，还需要对数据进行更深入的预处理和特征选择，并可能需要进行交叉验证和超参数优化来提高模型的性能。

5.3.2 线性回归

线性回归（Linear Regression）是利用数理统计中的回归分析来确定两种或两种以上变量之间相互依赖的定量关系的一种统计分析方法。线性回归利用被称为线性回归方程的最小平方函数对一个或多个自变量和因变量之间的关系进行建模。这种函数是一个或多个被称为回归系数的模型参数的线性组合。

线性回归模型是机器学习中最简单、最基础的一类监督学习模型，虽然简单，却是很多复杂模型的基础，非常重要。线性回归要处理的一类问题为：给定一组输入样本和每个样本对应的目标值，需要在某一损失准则下，找到（学习到）目标值和输入值之间的函数关系，这样，当有一个新的样本到达时，就可以预测其对应的目标值。在回归分析中，如果只有一个因变量和一个自变量，且两者的关系近似线性，那么称这种回归为一元线性回归分析，也称简单回归分析。其预测函数为

$$h_w(x) = w_0 * x_0 + b$$

如果回归分析中包含两个或两个以上的自变量，且自变量和因变量之间存在线性关系，那么称这种回归为多元线性回归分析。其预测函数为

$$h_w(x) = w_0 * x_0 + w_1 * x_1 + w_2 * x_2 + \cdots + w_p * x_p + b$$

也可以统一用下面的函数表示

$$h_w(x) = \sum_{j=0}^{n} (w_j * x_j) + b$$

线性回归的目的是寻找参数 w 的最优解，使训练集的预测值 $h(x)$ 与真实值 $y(x)$ 之间的均方误差最小。均方误差是预测值与真实值之差的平方和的均值。

机器学习是一项经验技能，实践是掌握机器学习、提高利用机器学习解决问题的能力的有效方法之一。

习题5-3

1. 如何理解 k 近邻算法？
2. 如何理解线性回归模型？

5.4 本章小结

本章分 3 节介绍了 Python 机器学习库 scikit-learn。第 1 节介绍了机器学习，具体包含机器学习简介、机器学习的分类和机器学习的开发流程。第 2 节介绍了 scikit-learn 库，具体包含 scikit-learn 库简介及 scikit-learn 库的安装。第 3 节介绍了机器学习算法实例，具体包含 k 近邻算法和线性回归。

总习题 5

1. 编程实现：创建一个 0~100 的序列，求其最小值、中位数和最大值。
2. scikit-learn 功能按照监督和无监督学习如何分类？
3. scikit-learn 实现回归和分类问题的区别是什么？
4. 编程实现：利用 k 近邻算法对鸢尾花 (load_iris) 数据集进行分类。

第 5 章习题答案

第6章 Python 数据探索分析

【本章概要】

- Python 数据探索分析概述
- Python 数据探索分析示例
- Python 数学模型求解示例

6.1 Python 数据探索分析概述

数据分析是指用适当的统计分析方法，对收集到的大量数据进行处理，提取有用信息和形成结论的过程。数据分析基本过程为提出问题、理解数据、清洗数据、构建模型、数据可视化。其中，清洗数据包含选择子集、列名重命名、缺失数据处理、数据类型转换、数据排序和异常值处理等，而构建模型主要是对清洗后的数据进行分析。

6.1.1 数据探索分析的概念

数据探索分析通常又称探索性数据分析（Exploratory Data Analysis，EDA），是对数据进行分析并找出规律的一种数据分析方法。EDA 是一种利用各种工具和图形（如柱状图、直方图等）分析数据的方法。

6.1.2 数据探索分析常用工具

1. numpy

numpy 是 Python 中特别强大的科学计算工具包，它具有强大的多维数组对象 ndarray，可以对数组结构整体进行运算（如矩阵计算），不用循环遍历整个数组，同时可以进行产生随机数、线性代数运算、傅里叶变换等科学操作，十分方便。

（1）numpy 的基础数据结构：数组。创建数组的函数主要有以下几种。

array（）：可以将列表、元组、生成器等创建为数组。

arange（）：用法类似于 range（）函数。

linspace（）：返回含有［start，end］区间内 num 个均匀间隔元素的数组。linspace（）的用法格式：linspace（start，end，num，endpoint = True，retstep = False）。linspace（）的参数：endpoint 为是否包含最后一个值 end，默认为 True；retstep 为输出（结果，步长）的一个元组，默认为 False。

zeros（）：创建 n 个元素均为 0 的数组。zeros（）的用法：zeros（shape，dtype = 'float64'）。zeros（）的衍生：zeros_like（）用于生成一个与另外一个数组形状相同的用 0 填充的数组。

ones（）：与 zeros（）函数很相似，只不过是用 1 填充的。

eyes（）：生成一个 N×N 的单位矩阵（对角线元素为 1，其他位置元素为 0）。

（2）numpy 数组与数的运算：主要包括数组与数的加、减、乘、除运算，numpy 相同尺寸的加、减、乘、除运算。

2. pandas

pandas 是基于 numpy 的一种工具，该工具是为了解决数据分析任务而创建的。pandas 纳入了大量库和一些标准的数据模型，提供了高效操作大型数据集所需的工具。pandas 提供了大量快速处理数据的函数和方法，它是使 Python 成为强大而高效的数据分析环境的重要因素之一。

pandas 是 Python 的一个数据分析包，最初由 AQR Capital Management 于 2008 年 4 月开发，并于 2009 年年底开源出来，目前由专注于 Python 数据包开发的 PyData 开发组继续开发和维护，属于 PyData 项目的一部分。pandas 最初被作为金融数据分析工具而开发出来，因此，pandas 为时间序列分析提供了很好的支持。pandas 的名称来自面板数据（panel data）和 Python 数据分析（data analysis）。panel data 是经济学中关于多维数据集的一个术语，在 pandas 中也提供了 panel 的数据类型。

pandas 数据结构如下。

（1）Series：一维数组，与 numpy 中的一维 array 类似。两者与 Python 基本的数据结构 list 也很相近，其区别是 list 中的元素可以是不同的数据类型，而 array 和 Series 中只允许存储相同类型的数据，这样可以更有效地使用内存，提高运算效率。

（2）Time-Series：以时间为索引的 Series。

（3）DataFrame：二维的表格型数据结构。可以将 DataFrame 理解为 Series 的容器。下文内容主要以 DataFrame 为主。

（4）Panel：三维的数组，可以理解为 DataFrame 的容器。

pandas 独有的两种基本数据结构 Series 和 DataFrame，让数据操作更加简单。因为 pandas 依然是 Python 的一个库，所以 Python 中有的数据类型在这里依然适用，同样可以使用类自己定义数据类型。

3. matplotlib

matplotlib 是 Python 的一个绘图库。它包含了大量的工具，用户可以使用这些工具来创建各种图形，包括简单的散点图、正弦曲线甚至是三维图形。

▶ 习题6-1

1. 怎样理解数据探索分析？数据探索分析的目的是什么？
2. 数据探索分析有哪些常用的工具？
3. 编程实现：linspace( )函数的应用。
4. 编程实现：利用 pandas 导入电子表格数据。
5. 编程实现：利用 matplotlib 绘制一个函数的图像。

6.2 Python 数据探索分析示例

数据探索分析通常包含数据的描述分析、数据的分类分析等基本分析过程，在进行数据统计分析之前，一般都需要对数据进行探索分析。

6.2.1 数据的描述分析

【例 6.1】使用 describe( )对数据做一些基本描述示例。在 Spyder 中输入代码 6.1。

代码 6.1　使用 describe( )对数据做一些基本描述示例

```
1  import pandas as pd                                        # 导入 pandas 库, 记作 pd
2  bsdata = pd.read_excel('"数学实验"开课信息数据.xlsx', 'bsdata');  # 读取电子表格数据
3  print(bsdata[:5])                                          # 打印工作表 bsdata 前 5 行切片
4  print(bsdata[-5:])                                         # 打印工作表 bsdata 后 5 行切片
5  print(bsdata.head())                                       # 打印工作表 bsdata 前 5 行
6  print(bsdata.head(15))                                     # 打印工作表 bsdata 前 15 行
7  print(bsdata.tail())                                       # 打印工作表 bsdata 后 5 行
8  print(bsdata.tail(15))                                     # 打印工作表 bsdata 后 15 行
9  print(bsdata.info())                                       # 打印工作表 bsdata 的信息
10 print(bsdata.describe())                                   # 打印工作表 bsdata 的描述分析
11 print(bsdata[['性别', '开设', '课程', '软件']].describe())   # 对['性别', '开设', '课程', '软件']描述分析
```

代码 6.1 的部分运行结果如图 6.1 所示。

```
             学号              身高
count   1.390000e+02     139.000000
mean    2.202090e+09     175.978417
std     4.026992e+01       9.458121
min     2.202090e+09      99.000000
25%     2.202090e+09     172.000000
50%     2.202090e+09     178.000000
75%     2.202090e+09     181.000000
max     2.202090e+09     191.000000
           性别    开设   课程    软件
count      139    139    139    139
unique       2      3      5      5
top          男   有必要  都未学过  Excel
freq       132     90     65     61
```

图 6.1　代码 6.1 的部分运行结果

【例 6.2】使用 value_counts( ) 函数计算频数示例。在 Spyder 中输入代码 6.2。

代码 6.2　使用 **value_counts**( ) 函数计算频数示例

```
1 import pandas as pd                                            # 导入 pandas 库, 记作 pd
2 bsdata = pd.read_excel('"数学实验"开课信息数据.xlsx', 'bsdata')   # 读取电子表格数据
3 t1 = bsdata.性别.value_counts()                                 # 计算绝对频数
4 print(t1)                                                       # 打印绝对频数
5 print(t1/sum(t1)*100)                                           # 计算频率并打印出来
```

代码 6.2 的运行结果如图 6.2 所示。

```
男    132
女      7
Name: 性别, dtype: int64
男    94.964029
女     5.035971
Name: 性别, dtype: float64
```

图 6.2　代码 6.2 的运行结果

【例 6.3】计算平均值、中位数、方差和标准差。在 Spyder 中输入代码 6.3。

代码 6.3　计算平均值、中位数、方差和标准差

```
1  import pandas as pd                                                      # 导入 pandas 库, 记作 pd
2  bsdata = pd.read_excel('"数学实验"开课信息数据.xlsx', 'bsdata')             # 读取电子表格数据
3  print(bsdata.身高.mean())                                                 # 打印身高的平均值
4  print(bsdata.身高.median())                                               # 打印身高的中位数
5  print(bsdata.身高.max()-bsdata.身高.min())                                 # 打印身高的极差
6  print(bsdata.身高.var())                                                  # 打印身高的方差
7  print(bsdata.身高.std())                                                  # 打印身高的标准差
8  print(bsdata.身高.quantile(0.75)-bsdata.身高.quantile(0.25))               # 打印四分位数间距
9  print(bsdata.身高.skew())                                                 # 打印身高的偏度
10 print(bsdata.身高.kurt())                                                 # 打印身高的峰度
```

代码 6.3 的运行结果如图 6.3 所示。

```
175.97841726618705
178.0
92
89.45605254926494
9.458120984067868
9.0
-4.088078943559103
30.949404127757223
```

图 6.3　代码 6.3 的运行结果

【例 6.4】构建数据分析函数进行基本数据分析。在 Spyder 中输入代码 6.4。

代码 6.4　构建数据分析函数进行基本数据分析

```
1  import pandas as pd                                    # 导入 pandas 库，记作 pd
2  def analysises(x):                                     # 构建数据分析函数
3      analysis = [x.count, x.min(), x.quantile(0.25), x.mean(), x.median(),
            x.quantile(0.75), x.max(), x.max()-x.min(), x.var(), x.std(), x.skew(), x.kurt()]
4      analysis = pd.Series(analysis, index = ['Count', 'Min', 'Q1(25%)', 'Mean', 'Median',
            'Q3(75%)', 'Max', 'Range', 'Var', 'Std', 'Skew', 'Kurt'])
5      print(analysis)                                    # 打印数据分析结果
6      x.plot(kind = 'kde')                               # 拟合核密度 kde 曲线
7      return(analysis)                                   # 返回 analysis
8  bsdata = pd.read_excel('"数学实验"开课信息数据.xlsx', 'bsdata')  # 读取电子表格数据
9  analysises(bsdata.身高)                                 # 对"bsdata.身高"进行数值分析
```

代码 6.4 的运行结果如图 6.4 所示。

```
Count      <bound method Series.count of 0      186\n1      ...
Min                                                       99
Q1(25%)                                                172.0
Mean                                              175.978417
Median                                                 178.0
Q3(75%)                                                181.0
Max                                                      191
Range                                                     92
Var                                                89.456053
Std                                                 9.458121
Skew                                               -4.088079
Kurt                                               30.949404
dtype: object
```

图 6.4　代码 6.4 的运行结果

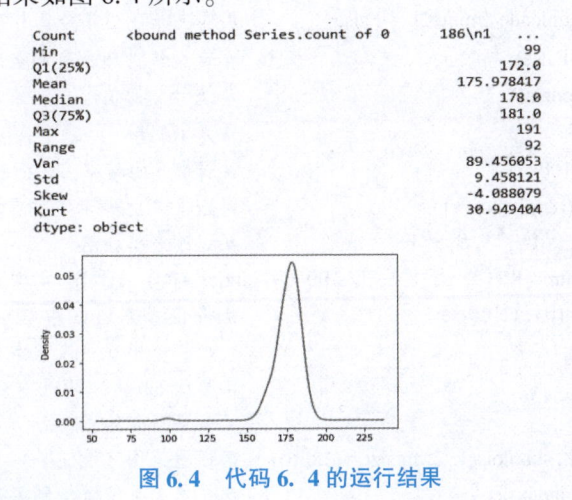

6.2.2　数据的分类分析

【例 6.5】利用 pivot_table( ) 统计数据频数分布，进行数据分析。在 Spyder 中输入代

码 6.5。

代码 6.5　利用 pivot_table( )统计数据频数分布

```
1  import pandas as pd                                              # 导入 pandas 库, 记作 pd
2  bsdata = pd.read_excel('"数学实验"开课信息数据.xlsx', 'bsdata')    # 读取数据
3  ks = bsdata['开设'].value_counts()                                # 提取"开设"值
4  print(ks)                                                         # 打印"开设"值
5  ps = bsdata.pivot_table(values='学号', index='开设', aggfunc=(len)) # 统计数据频数
6  print(ps)                                                         # 打印数据频数
```

代码 6.5 的运行结果如图 6.5 所示。

```
有必要    90
不清楚    44
不必要     5
Name: 开设, dtype: int64
         学号
开设
不必要      5
不清楚     44
有必要     90
```

图 6.5　代码 6.5 的运行结果

【例 6.6】自定义函数统计数据个数同时计算频率，进行数据分析。在 Spyder 中输入代码 6.6。

代码 6.6　自定义函数统计数据个数同时计算频率

```
1  import pandas as pd                                               # 导入 pandas 库, 记作 pd
2  import matplotlib.pyplot as plt                                   # 导入 matplotlib.pyplot, 记作 plt
3  bsdata = pd.read_excel('"数学实验"开课信息数据.xlsx', 'bsdata')    # 读取数据
4  plt.rcParams['font.sans-serif']=['SimHei']                        # 设置中文显示
5  plt.rcParams['axes.unicode_minus'] = False                        # 解决保存图像是负号"-"而显示为方块的问题
6  def pinshu(x, plot=False):                                        # 定义统计频数表函数
7      f = x.value_counts()                                          # 统计 x 的值
8      s = sum(f)                                                    # 对 f 求和
9      p = round(f/s*100, 2)                                         # 计算 f 的频率, 取 2 位小数
10     t1 = pd.concat([f, p], axis=1)                                # axis = 1, 表示在垂直方向(column)进行连接
11     t1.columns = ['例数', '构成比']                                 # 修改表格栏名
12     t2 = pd.DataFrame({'例数':s, '构成比':100.00}, index=['合　计']) # 构建数组
13     tab = pd.concat([t1, t2])                                     # 将 t2 补充到 t1 中, 若使用 tab = t1.append(t2),
                                                                        则将会出现将来版本弃用的报错
14     print(tab)                                                    # 打印 tab
15     if plot:                                                      # 条件语句绘图
16         fig, ax = plt.subplots(1, 2, figsize=(15, 6))             # 设置绘图环境
17         ax[0].bar(f.index, f)                                     # 在第 1 个位置绘制条形图
18         ax[1].pie(p, labels=p.index, autopct='%1.2f%%')           # 在第 2 个位置绘制饼图
19     return(round(tab, 3))                                         # 回到 round(tab, 3)
20 pinshu(bsdata.开设, True)                                          # 调用 pinshu()函数
```

代码 6.6 中第 10 行 t1 = pd.concat([f, p], axis=1)，默认 axis = 0，表示在水平方向（row）进行连接，axis = 1 则表示在垂直方向（column）进行连接。代码 6.6 的运行结果如图 6.6 所示。

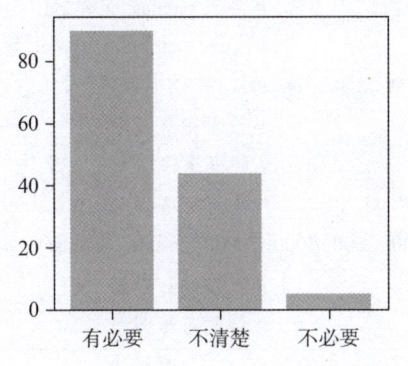

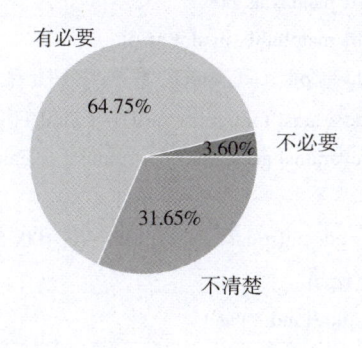

图 6.6　代码 6.6 的运行结果

【例 6.7】制作身高频数表与条形图，进行数据分析。在 Spyder 中输入代码 6.7。

代码 6.7　制作身高频数表与条形图

```
1  import pandas as pd                              # 导入 pandas 库，记作 pd
2  import matplotlib.pyplot as plt                  # 导入 matplotlib.pyplot, 记作 plt
3  bsdata = pd.read_excel('"数学实验"开课信息数据.xlsx', 'bsdata')  # 读取数据
4  plt.rcParams['font.sans-serif']=['SimHei']       # 设置中文显示
5  plt.rcParams['axes.unicode_minus'] = False       # 解决保存图像是负号"-"而显示为方块的问题
6  fzps = pd.cut(bsdata.身高, bins=10).value_counts()  # 先用 cut()分组，再统计数据
7  print(fzps)                                      # 打印统计数据
9  fzps.plot(kind='bar')                            # 绘制条形图
```

代码 6.7 的运行结果如图 6.7 所示。

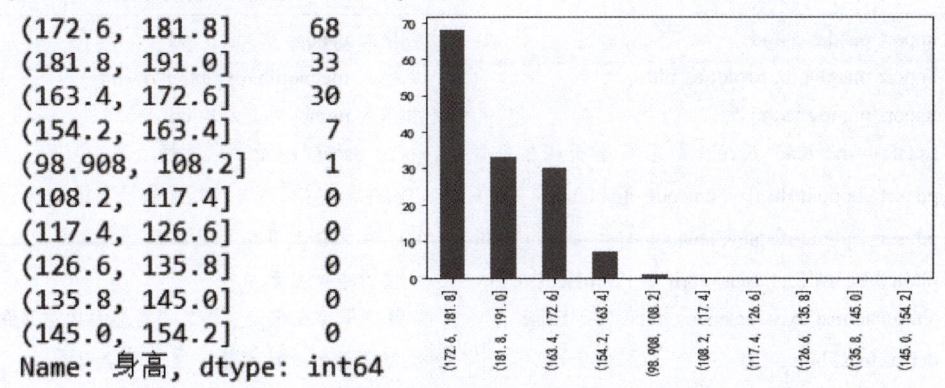

```
(172.6, 181.8]      68
(181.8, 191.0]      33
(163.4, 172.6]      30
(154.2, 163.4]       7
(98.908, 108.2]      1
(108.2, 117.4]       0
(117.4, 126.6]       0
(126.6, 135.8]       0
(135.8, 145.0]       0
(145.0, 154.2]       0
Name: 身高, dtype: int64
```

图 6.7　代码 6.7 的运行结果

代码 6.7 中的第 6 行也可以替换为如下语句。

```
fzps = pd.cut(bsdata.身高, bins=[150, 160, 170, 180, 190, 200]).value_counts()
```

【例 6.8】 制作支出频数表与条形图，进行数据分析。在 Spyder 中输入代码 6.8。

代码 6.8 制作支出频数表与条形图

```
1  import pandas as pd                                    # 导入 pandas, 记作 pd
2  import matplotlib.pyplot as plt                        # 导入 matplotlib.pyplot, 记作 plt
3  bsdata = pd.read_excel('"数学实验"开课信息数据.xlsx', 'bsdata')   # 读取数据
4  plt.rcParams['font.sans-serif']=['SimHei']             # 设置中文显示
5  plt.rcParams['axes.unicode_minus'] = False             # 解决保存图像是负号"-"而显示为方
                                                            块的问题
6  fzps=pd.cut(bsdata.支出, bins=[0, 100, 500, 1000, 2000, 5000, 50000]).value_counts()   # 分组统计
7  print(fzps)                                            # 打印统计数据
8  fzps.plot(kind='bar')                                  # 绘制条形图
```

代码 6.8 的运行结果如图 6.8 所示。

```
(1000, 2000]     45
(0, 100]         26
(100, 500]       15
(500, 1000]      15
(2000, 5000]      9
(5000, 50000]     1
Name: 支出, dtype: int64
```

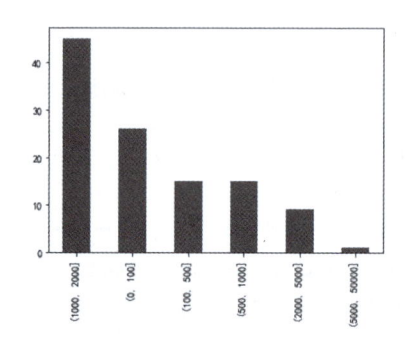

图 6.8 代码 6.8 的运行结果

【例 6.9】 自定义统计频率分析函数并绘制直方图，进行数据分析。在 Spyder 中输入代码 6.9。

代码 6.9 自定义统计频率分析函数并绘制直方图

```
1   import pandas as pd                                   # 导入 pandas 库, 记作 pd
2   import matplotlib.pyplot as plt                       # 导入 matplotlib.pyplot, 记作 plt
3   import numpy as np                                    # 导入 numpy 库, 记作 np
4   bsdata = pd.read_excel('"数学实验"开课信息数据.xlsx', 'bsdata')   # 读取数据
5   pd.set_option('display.unicode.ambiguous_as_wide', True)   # 列标题与数据无法对齐的情况
6   pd.set_option('display.unicode.east_asian_width', True)    # 无法对齐主要是因为列标题是中文
7   plt.rcParams['font.sans-serif']=['SimHei']            # 设置中文显示
8   plt.rcParams['axes.unicode_minus'] = False            # 解决保存图像是负号"-"而显示为方块的问题
9   def pshu(x, bins=10):                                 # 定义函数统计频数与直方图绘制
10      h = plt.hist(x, bins)                             # 10 个等间隔区间, 统计每个区间上样本出现的
                                                            频数, 绘制直方图
11      s = h[1][:-1]                                     # 对 h 索引 1 对应的数组进行切片[:-1], 从左向
                                                            右取第 1 个, 不含右第 1 个
12      t = h[1][1:]                                      # 对 h 索引 1 对应的数组进行切片[1:], 从左向右
                                                            取全部
```

```
13    u = h[0]                                    # 取 h 索引 0 对应的数组
14    p = u/sum(u)* 100                           # 求 u 中每个数的百分比
15    cp = np.cumsum(p)                           # 对 p 累加求和
16    freq = pd.DataFrame([s, t, u, p, cp])       # 设计数据框架
17    freq.index = ['[下限)', '上限)', '频数', '频率(%)', '累计频数(%)']  # 给数据框架添加索引
18    print(freq.T)                               # 打印数据框架转置
19    return(round(freq.T, 2))                    # 回到数据框架转置,取 2 位小数
20 pshu(bsdata.体重)                               # 调用 pshu()函数,处理数据"bsdata.体重"
```

代码 6.9 的运行结果如图 6.9 所示。

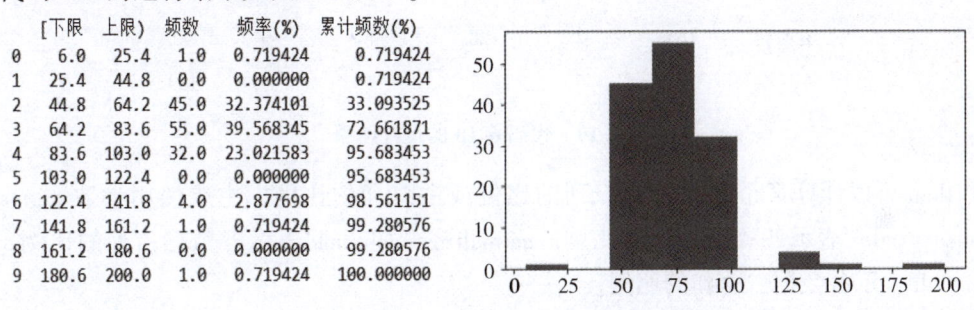

```
   [下限)  上限)   频数   频率(%)    累计频数(%)
0   6.0   25.4   1.0   0.719424    0.719424
1  25.4   44.8   0.0   0.000000    0.719424
2  44.8   64.2  45.0  32.374101   33.093525
3  64.2   83.6  55.0  39.568345   72.661871
4  83.6  103.0  32.0  23.021583   95.683453
5 103.0  122.4   0.0   0.000000   95.683453
6 122.4  141.8   4.0   2.877698   98.561151
7 141.8  161.2   1.0   0.719424   99.280576
8 161.2  180.6   0.0   0.000000   99.280576
9 180.6  200.0   1.0   0.719424  100.000000
```

图 6.9　代码 6.9 的运行结果

6.2.3　二维数表分析

【例 6.10】利用函数 pd.crosstab( ) 把双变量分类数据整理成二维数表,进行数据分析。在 Spyder 中输入代码 6.10。

代码 6.10　利用函数 pd.crosstab( ) 把双变量分类数据整理成二维数表

```
1 import pandas as pd                                          # 导入 pandas 库,记作 pd
2 bsdata = pd.read_excel('"数学实验"开课信息数据.xlsx', 'bsdata')  # 读取数据
3 pd.set_option('display.unicode.ambiguous_as_wide', True)      # 列标题与数据无法对齐的情况
4 pd.set_option('display.unicode.east_asian_width', True)       # 无法对齐主要是因为列标题是中文
5 a = pd.crosstab(bsdata.开设, bsdata.课程)                     # pd.crosstab()把双变量分类数据整理
                                                                 成二维数表
6 print(a)                                                      # 打印整理成的二维数表
7 b=pd.crosstab(bsdata.开设, bsdata.课程, margins=True)          # 使用参数 margins=True 合计行和列
8 print(b)                                                      # 打印行和列合计的数表
```

代码 6.10 的运行结果如图 6.10 所示。

课程开设	概率统计	统计方法	编程技术	都学习过	都未学过
不必要	0	0	0	0	5
不清楚	14	4	5	1	20
有必要	16	2	28	4	40

课程开设	概率统计	统计方法	编程技术	都学习过	都未学过	All
不必要	0	0	0	0	5	5
不清楚	14	4	5	1	20	44
有必要	16	2	28	4	40	90
All	30	6	33	5	65	139

图 6.10　代码 6.10 的运行结果

Python 可以计算某个数据占行、列的比例或占总和的比例，主要使用参数 normalize。normalize='index' 表示各数据占行的比例；normalize='columns' 表示各数据占列的比例；normalize='all' 表示各数据占总和的比例。

【例 6.11】用 normalize 计算某数据占行、列的比例或占总和的比例，进行数据分析。在 Spyder 中输入代码 6.11。

代码 6.11　用 normalize 计算某数据占行、列的比例或占总和的比例

```
1  import pandas as pd                                          # 导入 pandas 库，记作 pd
2  bsdata = pd.read_excel('"数学实验"开课信息数据.xlsx', 'bsdata')   # 读取数据
3  pd.set_option('display.unicode.ambiguous_as_wide', True)     # 列标题与数据无法对齐的情况
4  pd.set_option('display.unicode.east_asian_width', True)      # 无法对齐主要是因为列标题是中文
5  c = pd.crosstab(bsdata.开设, bsdata.课程, margins=True, normalize='index').round(3)
                                                                 # 把分类数据整理成二维数表
6  print(c)                                                      # 打印结果，取 3 位小数
7  d = pd.crosstab(bsdata.开设, bsdata.课程, margins=True, normalize='columns')
                                                                 # 把分类数据整理成二维数表
8  print(d)                                                      # 打印结果，默认取 6 位小数
9  e = pd.crosstab(bsdata.开设, bsdata.课程, margins=True, normalize='all').round(4)
                                                                 # 把分类数据整理成二维数表
10 print(e)                                                      # 打印结果，取 4 位小数
```

代码 6.11 的运行结果如图 6.11 所示。

```
课程      概率统计   统计方法   编程技术   都学习过   都未学过
开设
不必要     0.000     0.000     0.000     0.000     1.000
不清楚     0.318     0.091     0.114     0.023     0.455
有必要     0.178     0.022     0.311     0.044     0.444
All       0.216     0.043     0.237     0.036     0.468
课程      概率统计   统计方法   编程技术   都学习过   都未学过   All
开设
不必要    0.000000  0.000000  0.000000     0.0     0.076923  0.035971
不清楚    0.466667  0.666667  0.151515     0.2     0.307692  0.316547
有必要    0.533333  0.333333  0.848485     0.8     0.615385  0.647482
课程      概率统计   统计方法   编程技术   都学习过   都未学过   All
开设
不必要     0.0000    0.0000    0.0000    0.0000    0.0360    0.0360
不清楚     0.1007    0.0288    0.0360    0.0072    0.1439    0.3165
有必要     0.1151    0.0144    0.2014    0.0288    0.2878    0.6475
All        0.2158    0.0432    0.2374    0.0360    0.4676    1.0000
```

图 6.11　代码 6.11 的运行结果

【例 6.12】用 plot(kind = 'bar') 绘制复式条形图，进行数据分析。在 Spyder 中输入代码 6.12。

代码 6.12　用 plot(kind = 'bar') 绘制复式条形图

```
1 import pandas as pd                                    # 导入 pandas, 记作 pd
2 bsdata = pd.read_excel('"数学实验"开课信息数据.xlsx', 'bsdata')  # 读取数据
3 d = pd.crosstab(bsdata.开设, bsdata.课程)              # pd.crosstab()把双变量分类数据整理成二维数表
4 d.plot(kind = 'bar')                                    # 绘制复式条形图
```

代码 6.12 的运行结果如图 6.12 所示。

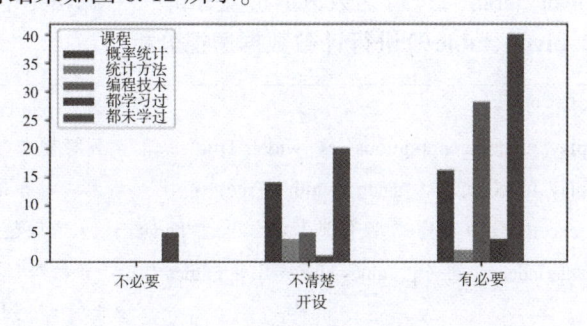

图 6.12　代码 6.12 的运行结果

【例 6.13】用 pd.groupby( ) 分组统计，进行数据分析。在 Spyder 中输入代码 6.13。

代码 6.13　用 pd.groupby( ) 分组统计

```
1 import pandas as pd                                         # 导入 pandas 库, 记作 pd
2 bsdata = pd.read_excel('"数学实验"开课信息数据.xlsx', 'bsdata')  # 读取数据
3 a = bsdata.groupby(['性别'])                                # 用 pd.groupby()分组统计
4 print(type(a))                                              # 打印 a 的类型
5 b = bsdata.groupby(['性别'])['身高'].mean()                  # 计算分组身高的平均值
6 print(b)                                                    # 打印分组身高的平均值
```

```
7 c = bsdata.groupby(['性别'])['身高'].size()          # 统计分组数量
8 print(c)                                              # 打印统计的分组数量
9 d = bsdata.groupby(['性别', '开设'])['身高'].mean()  # 按照"性别""开设"计算分组身高的平均值
10 print(d)                                             # 打印分组身高的平均值
```

代码 6.13 的运行结果如图 6.13 所示。

```
<class 'pandas.core.groupby.generic.DataFrameGroupBy'>
性别
女    162.000000
男    176.719697
Name: 身高, dtype: float64
性别
女      7
男    132
Name: 身高, dtype: int64
性别  开设
女   不清楚    160.000000
    有必要    163.500000
男   不清楚    178.000000
    不清楚    177.121951
    有必要    176.453488
Name: 身高, dtype: float64
```

图 6.13 代码 6.13 的运行结果

6.2.4 数据的多维透视分析

对于计数数据，可以使用 value_counts( ) 函数生成一维数表，使用 crosstab( ) 函数生成二维数表，使用 pd.pivot_table( ) 函数生成任意维统计表，实现对电子表格的透视功能。

【例 6.14】用 pd.pivot_table( ) 进行计数数据透视分析。在 Spyder 中输入代码 6.14。

代码 6.14 用 pd.pivot_table( ) 进行计数数据透视分析

```
1 import pandas as pd                                   # 导入 pandas 库，记作 pd
2 pd.set_option('display.unicode.ambiguous_as_wide', True)   # 列标题与数据无法对齐的情况
3 pd.set_option('display.unicode.east_asian_width', True)    # 无法对齐是因为列标题是中文
4 bsdata = pd.read_excel('"数学实验"开课信息数据.xlsx', 'bsdata')   # 读取数据
5 a = bsdata.pivot_table(index=['性别'], values=['学号'], aggfunc=(len))   # 按照"性别"索引分析
6 print(a)                                              # 打印"性别"索引分析
7 b = bsdata.pivot_table(values=['学号'], index=['性别', '开设'], aggfunc=(len))
                                                        # 按照索引分析
8 print(b)                                              # 打印索引分析结果
9 c = bsdata.pivot_table(values=['学号'], index=['开设'], columns=['性别'], aggfunc=(len))
                                                        # 按照索引分析
10 print(c)                                             # 打印索引分析结果
```

代码 6.14 的运行结果如图 6.14 所示。

```
              学号
性别
女            7
男          132
                 学号
性别  开设
女    不清楚     3
      有必要     4
男    不必要     5
      不清楚    41
      有必要    86
              学号
性别    女     男
开设
不必要  NaN   5.0
不清楚  3.0  41.0
有必要  4.0  86.0
```

图 6.14　代码 6.14 的运行结果

【例 6.15】用 pd. pivot_table( ) 进行计量数据透视分析。在 Spyder 中输入代码 6.15。

代码 6.15　用 pd. pivot_table( ) 进行计量数据透视分析

```
1  import pandas as pd                                    # 导入 pandas 库，记作 pd
2  import numpy as np                                     # 导入 numpy 库，记作 np
3  pd. set_option('display. unicode. ambiguous_as_wide', True)  # 列标题与数据无法对齐的情况
4  pd. set_option('display. unicode. east_asian_width', True)   # 无法对齐主要是因为列标题是中文
5  bsdata = pd. read_excel('"数学实验"开课信息数据. xlsx', 'bsdata')  # 读取数据
6  a=bsdata. pivot_table(index=['性别'], values=['身高'], aggfunc=(np. mean))  # 按照"性别"索引分析
7  print(a)                                               # 打印"性别"索引分析
8  b = bsdata. pivot_table(index=['性别'], values=['身高'], aggfunc=[np. mean, np. std])
                                                         # 按照"性别"索引分析
9  print(b)                                               # 打印"性别"索引分析
10 c = bsdata. pivot_table(index=['性别'], values=['身高', '体重'])  # 默认计算均值
11 print(c)                                               # 打印分析结果
```

代码 6.15 的运行结果如图 6.15 所示。

```
          身高
性别
女      162.000000
男      176.719697
              mean         std
              身高          身高
性别
女      162.000000    3.366502
男      176.719697    9.095183
              体重          身高
性别
女       53.857143   162.000000
男       75.610606   176.719697
```

图 6.15　代码 6.15 的运行结果

【例 6.16】用 pd. pivot_table( ) 进行复合数据透视分析。在 Spyder 中输入代码 6.16。

代码6.16　用 pd. pivot_table( ) 进行复合数据透视分析

```
1 import pandas as pd                                          # 导入pandas库，记作pd
2 import numpy as np                                            # 导入numpy库，记作np
3 pd. set_option('display. unicode. ambiguous_as_wide', True)   # 列标题与数据无法对齐的情况
4 pd. set_option('display. unicode. east_asian_width', True)    # 无法对齐主要是因为列标题是中文
5 bsdata = pd. read_excel('"数学实验"开课信息数据 . xlsx', 'bsdata')  # 读取数据
6 a = bsdata. pivot_table('学号', ['性别', '开设'], '课程', aggfunc=len, margins=True, margins_name='合
计')                                                            # 数据透视分析
7 print(a)                                                      # 打印数据透视分析结果
8 b = bsdata. pivot_table(['身高', '体重'], ['性别', '开设'], aggfunc=[len, np. mean, np. std])
                                                               # 进行复合数据透视分析
9 print(b)                                                     # 打印数据透视分析结果
```

代码6.16的运行结果如图6.16所示。

```
课程              概率统计   统计方法   编程技术   都学习过   都未学过   合计
性别  开设
女   不清楚         NaN     1.0    1.0    NaN    1.0     3
    有必要         NaN    NaN    NaN    1.0    3.0     4
男   不必要         NaN    NaN    NaN    NaN    5.0     5
    不清楚        14.0    3.0    4.0    1.0   19.0    41
    有必要        16.0    2.0   28.0    3.0   37.0    86
合计              30.0    6.0   33.0    5.0   65.0   139
                 len              mean                    std
             体重   身高      体重         身高         体重         身高
性别  开设
女   不清楚     3    3   53.333333  160.000000   7.571878    3.605551
    有必要     4    4   54.250000  163.500000   8.500000    2.645751
男   不必要     5    5   76.400000  178.000000  13.107250    4.743416
    不清楚    41   41   77.060976  177.121951  20.531742    6.682796
    有必要    86   86   74.873256  176.453488  22.477604   10.255165
```

图6.16　代码6.16的运行结果

习题6-2

1. 某单位对员工是否喝酒进行调查，结果如下：否，否，否，是，是，否，否，是，否，是，否，否，是，是，否，是，否，否，是，是。请用value_counts( )函数统计人数，并绘制条形图，按照颜色区分男女。

2. 某公司员工的月工资情况统计如下：

| 员工人数 | 3 | 4 | 9 | 20 | 9 | 5 |
| 月工资(元) | 5 000 | 4 000 | 3 000 | 1 500 | 1 000 | 700 |

（1）试用 mean( )、median( )、var( )、std( ) 函数求数据的均值、中位数、方差和标准差；

（2）绘制数据的散点图和直方图。

6.3 Python 数学模型求解示例

Python 对于数学建模来说,是非常好的选择。Python 中有 numpy、scipy 和 matplotlib 库,这三者基本代替了 MATLAB 的功能,完全能应对数学建模任务。下面以线性规划模型为例,介绍如何使用 Python 求解数学模型。

6.3.1 线性规划模型概述

线性规划模型是指一种特殊形式的数学规划模型,可以通过 3 个步骤建立数学模型:确定决策变量、建立目标函数、指定约束条件。由于目标函数和约束条件都是由决策变量组成的线性函数表达式,所以可以表示为如下形式。

min:$c^T x$

st:$Ax \leq b$;Aeq * x = Beq;$lb \leq x \leq ub$

x 为决策变量形成的列向量,c 是决策变量的系数列向量。首先给出目标函数 min 或 max,为了与函数 linprog() 默认求最小值的格式一致,我们将 max $f(x)$ 转换为 min($-f(x)$),求出 $-f(x)$ 的最小值后再取相反数得到最大值。st 后面的表达式为约束条件,分为等式和不等式的约束,以及对于决策变量的约束。由于线性规划模型的约束为线性函数,每个约束式都是决策变量一次式,所以每个约束式决策变量的系数可以表示为向量形式。假设不等式的约束有 m 个,决策向量维度为 n,则可将所有不等式的约束综合表示为系数矩阵 A 与决策向量的乘积形式,b 则是约束阈值的列向量。对于约束中大于或等于阈值的约束,可以与目标函数一样取负值转换成小于或等于的约束,同样可以得到等式约束的矩阵形式和决策变量定义域范围上、下限向量表示。

6.3.2 Python 线性规划模型编程思路

Python 线性规划模型编程思路如下。

(1)选择适当的决策变量。在解决实际问题时,选取适当的决策变量,是建立有效模型的关键之一。

(2)将求解目标简化为求一个目标函数的最大/最小值。把要求解的问题简化为一个最值问题是使用线性规划模型的关键,如果这一点不能达到,那么之后的工作都是没有意义的。

(3)根据实际要求写出约束条件。线性规划的约束条件针对不同的问题有不同的形式,主要有以下 3 种:等式的约束、不等式的约束、符号的约束。

6.3.3 Python 线性规划模型编程实现

【例 6.17】使用 Python 编程求解下列简单线性规划模型。

max：$z = 4x_1 + 3x_2$

st：$2x_1 + 3x_2 \geq 10$；$x_1 + x_2 \leq 8$；$x_2 \leq 7$；$x_1, x_2 > 0$

在 Spyder 中输入代码 6.17。

代码 6.17　使用 Python 编程求解简单线性规划模型

1 from scipy.optimize import linprog	# 从 scipy.optimize 导入 linprog
2 c = [-4, -3]	# 默认 linprog 求最小值，若求最大值，则 c 取相反数得最大值相反数，即得到最大值
3 A = [[-2, -3], [1, 1]]	# 不等式默认是小于或等于的形式，不等式系数取相反数转换成小于或等于
4 b = [-10, 8]	# 给出 b 的值
5 x1 = [0, None]	# 给出 x1 的范围，None 表示无穷大
6 x2 = [0, 7]	# 给出 x2 的范围
7 answer = linprog(c, A, b, bounds=(x1, x2))	# 求最值
8 print(answer)	# 打印结果

代码 6.17 的运行结果如图 6.17 所示，最大值为 32。

```
message: Optimization terminated successfully. (HiGHS Status 7: Optimal)
success: True
 status: 0
    fun: -32.0
      x: [ 8.000e+00  0.000e+00]
    nit: 0
  lower:  residual: [ 8.000e+00  0.000e+00]
         marginals: [ 0.000e+00  1.000e+00]
  upper:  residual: [      inf  7.000e+00]
         marginals: [ 0.000e+00  0.000e+00]
  eqlin:  residual: []
         marginals: []
ineqlin:  residual: [ 6.000e+00  0.000e+00]
         marginals: [-0.000e+00 -4.000e+00]
 mip_node_count: 0
 mip_dual_bound: 0.0
        mip_gap: 0.0
```

图 6.17　代码 6.17 的运行结果

【例 6.18】使用 linprog( ) 求解下列线性规划模型。

min：$z = 2x_1 + 3x_2 + x_3$

st：$x_1 + 4x_2 + 2x_3 \geq 8$；$3x_1 + 2x_2 \geq 6$；$x_1, x_2, x_3 \geq 0$

在 Spyder 中输入代码 6.18。

代码 6.18　使用 linprog( ) 求解线性规划模型

1 import numpy as np	# 导入 numpy 库，记作 np
2 from scipy import optimize as op	# 从 scipy 导入 optimize，记作 op
3 x1 = (0, None)	# 定义决策变量范围
4 x2 = (0, None)	# 定义决策变量范围
5 x3 = (0, None)	# 定义决策变量范围

```
6  c=np.array([2, 3, 1])                          # 定义目标函数系数
7  A=np.array([[-1, -4, -2], [-3, -2, 0]])        # 定义约束条件系数
8  B=np.array([-8, -6])                           # 定义约束条件右边向量
9  answer=op.linprog(c, A, B, bounds=(x1, x2, x3)) # 求解
10 print(answer)                                  # 打印结果
```

代码 6.18 的运行结果如图 6.18 所示。

```
       message: Optimization terminated successfully. (HiGHS Status 7: Optimal)
       success: True
        status: 0
           fun: 7.0
             x: [ 8.000e-01  1.800e+00  0.000e+00]
           nit: 3
         lower:  residual: [ 8.000e-01  1.800e+00  0.000e+00]
                marginals: [ 0.000e+00  0.000e+00  0.000e+00]
         upper:  residual: [      inf        inf        inf]
                marginals: [ 0.000e+00  0.000e+00  0.000e+00]
         eqlin:  residual: []
                marginals: []
       ineqlin:  residual: [ 0.000e+00  0.000e+00]
                marginals: [-5.000e-01 -5.000e-01]
mip_node_count: 0
mip_dual_bound: 0.0
       mip_gap: 0.0
```

图 6.18　代码 6.18 的运行结果

【例 6.19】使用 Python 进行多项式的最小二乘法曲线拟合示例。在 Spyder 中输入代码 6.19。

代码 6.19　使用 Python 进行多项式的最小二乘法曲线拟合示例

```
1  import numpy as np                              # 导入 numpy 库，记作 np
2  import matplotlib.pyplot as plt                 # 导入 matplotlib.pyplot，记作 plt
3  plt.rcParams['font.sans-serif']=['SimHei']      # 设置中文显示
4  plt.rcParams['axes.unicode_minus'] = False      # 解决保存图像是负号"-"而显示为方块的问题
5  x = np.arange(1, 6, 1)                          # 给出 x 的数据
6  y = np.array([2, 6, 12, 20, 30])                # 按照 y=x^2+x 给出 y 的数据
7  f = np.polyfit(x, y, 2)                         # 进行二次拟合，2 也可以改为 1、3、4 或其他正整数
8  print(np.polyfit(x, y, 2))                      # 打印拟合数据
9  p = np.poly1d(f)                                # 设置拟合函数
10 plt.figure(figsize=(10, 8))                     # 设置绘图环境
11 plt.plot(x, y, '.')                             # 绘制点图
12 plt.plot(x, p(x))                               # 绘制拟合曲线
13 plt.xlabel('x 轴')                              # 标注 x 轴
14 plt.ylabel('y 轴')                              # 标注 y 轴
15 plt.show()                                      # 显示图像
```

代码 6.19 的运行结果如图 6.19 所示。

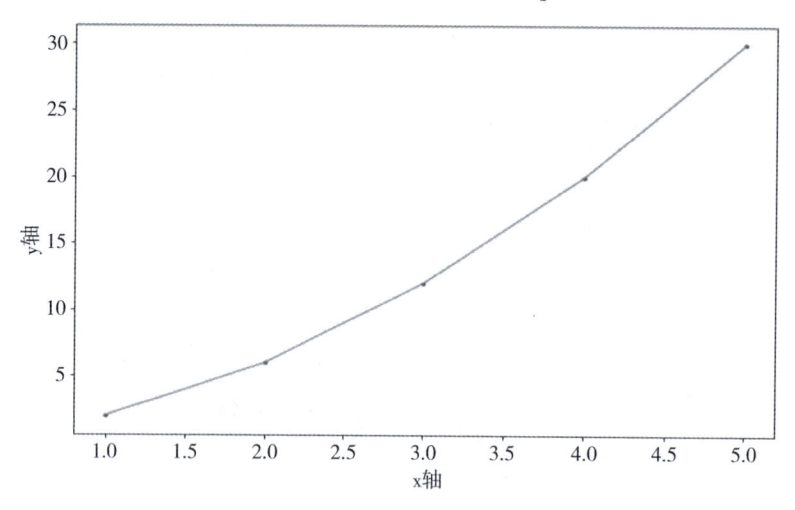

```
[1.00000000e+00 1.00000000e+00 4.01626425e-14]
```

图 6.19　代码 6.19 的运行结果

习题6-3

1. 编程实现：使用 linprog( ) 求解下列线性规划模型。

min：$z=-x_1+4x_2$

st：$-3x_1+x_2 \leqslant 6$；$x_1+2x_2 \leqslant 4$；$x_1 \geqslant -3$

2. 编程实现：使用 linprog( ) 求解下列线性规划模型。

max：$z=4x_1+7x_2-5x_3$

st：$x_1+x_2+x_3=7$；$2x_1-5x_2+x_3 \geqslant 10$；$x_1+3x_2+x_3 \leqslant 12$；$x_1, x_2, x_3 \geqslant 0$

3. 编程实现：使用 linprog( ) 求解下列线性规划模型。

min：$z=-5x_1-4x_2-6x_3$

st：$x_1-x_2+x_3 \leqslant 20$；$3x_1+2x_2+4x_3 \leqslant 42$；$3x_1+2x_2 \leqslant 30$；$x_1, x_2, x_3 \geqslant 0$

4. 编程实现：使用 linprog( ) 求解下列线性规划模型。

min：$z=-2x_1-2x_2-4x_3+x_4$

st：$x_1+2x_2+x_3-4x_4 \leqslant 8$；$-x_2+x_3+2x_4 \leqslant 10$；$3x_1+7x_2-5x_3-10x_4 \leqslant 20$；$x_1, x_2, x_3, x_4 \geqslant 0$

5. 编程实现：求解下列非线性规划模型。

min：$z=x_1^2+x_2^2+x_3^2+8$

st：$x_1^2-x_2+x_3^2 \geqslant 0$；$x_1+x_2+x_3^3 \leqslant 20$；$-x_1-x_2^2+2=0$；$x_2+2x_3^2=3$；$x_1, x_2, x_3 \geqslant 0$

6.4　本章小结

本章分 3 节介绍了 Python 数据探索分析。第 1 节介绍了 Python 数据探索分析概述，具体包含数据探索分析的概念、数据探索分析常用工具。第 2 节介绍了 Python 数据探索分析示例，具体包含数据的描述分析、数据的分类分析、二维数表分析、数据的多维透视分析。第 3 节介绍了 Python 数学模型求解示例，具体包含线性规划模型概述、Python 线性规划模型编程思路、Python 线性规划模型编程实现。

总习题 6

1. 编程实现：某射击运动队准备从 2 名队员中选取 1 名参加国际射击比赛，下面是他们平时训练 10 次的数据。请通过数据分析决定选哪一位参加国际比赛。

队员	成　绩
甲	7　8　7　9　6　4　9　10　7　5
乙	9　5　7　10　7　6　8　6　7　7

2. 编程实现：求解下列线性规划问题。

max：$z = 2x_1 + 3x_2 - 5x_3$

st：$x_1 + x_2 + x_3 = 7$；$2x_1 - 5x_2 + x_3 \geq 10$；$x_1 + 3x_2 + x_3 \leq 12$；$x_1, x_2, x_3 \geq 0$

3. 编程实现：求解下列线性规划问题。

max：$z = 72x_1 + 64x_2$

st：$x_1 + x_2 \leq 50$；$12x_1 + 8x_2 \leq 480$；$3x_1 \leq 100$；$x_1 \geq 0, x_2 \geq 0$

4. 编程实现：求解下列线性规划问题。

min：$z = 160x_{11} + 130x_{12} + 220x_{13} + 170x_{14} + 140x_{21} + 130x_{22} + 190x_{23} + 150x_{24} + 190x_{31} + 200x_{32} + 230x_{33}$

st：$x_{11} + x_{12} + x_{13} + x_{14} = 50$；$x_{21} + x_{22} + x_{23} + x_{24} = 60$；$x_{31} + x_{32} + x_{33} = 50$；$30 \leq x_{11} + x_{21} + x_{31} \leq 80$；$70 \leq x_{12} + x_{22} + x_{32} \leq 140$；$10 \leq x_{13} + x_{23} + x_{33} \leq 30$；$10 \leq x_{14} + x_{24} \leq 50$

5. 编程实现：求解下列整数线性规划问题。

min：$z = 40x_1 + 90x_2$

st：$9x_1 + 7x_2 \leq 56$；$7x_1 + 20x_2 \geq 70$；$x_1, x_2 \geq 0$ 且为整数

第 6 章习题答案

第 7 章　Python 数据统计分析

【本章概要】

- 随机变量及其分布
- 数据分析统计基础
- 基本统计推断方法

7.1　随机变量及其分布

随机变量是进行统计分析的基础，为了探寻随机现象的统计规律性，有必要利用 Python 实现对随机变量及其分布的简要介绍，从而为进一步的统计分析打下基础。

7.1.1　一维随机变量常见的概率分布

一维随机变量的常见分布有 0-1 分布、二项分布、几何分布、超几何分布、泊松分布、均匀分布、指数分布、正态分布，Python 可以绘制上述分布的概率分布图并实现随机变量的概率计算。

1. 0-1 分布

设随机变量 X 只可能取 0 与 1 两个值，它的分布律是 $P(X=k)=p^k(1-p)^{n-k}$，$k=0$，1，$0<p<1$，则称 X 服从以 p 为参数的 0-1 分布或两点分布。

【例 7.1】投篮一次，0 代表没投中，1 代表投中，绘制投中次数 X 的概率分布图。在 Spyder 中输入代码 7.1。

代码 7.1　0-1 分布问题

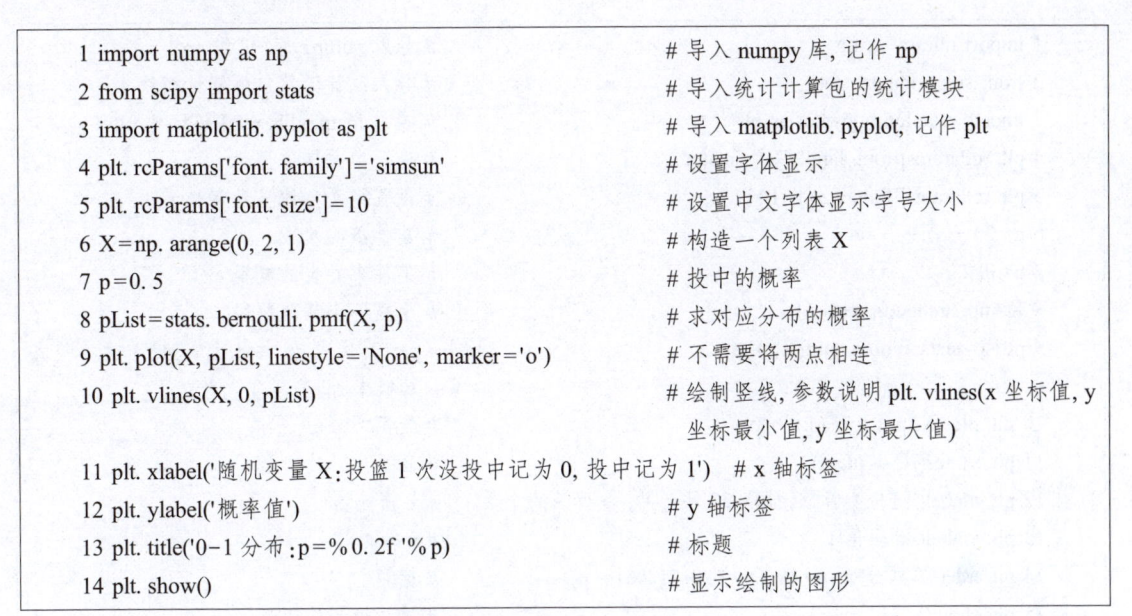

```
1  import numpy as np                                    # 导入 numpy 库，记作 np
2  from scipy import stats                               # 导入统计计算包的统计模块
3  import matplotlib.pyplot as plt                       # 导入 matplotlib.pyplot，记作 plt
4  plt.rcParams['font.family']='simsun'                  # 设置字体显示
5  plt.rcParams['font.size']=10                          # 设置中文字体显示字号大小
6  X=np.arange(0, 2, 1)                                  # 构造一个列表 X
7  p=0.5                                                 # 投中的概率
8  pList=stats.bernoulli.pmf(X, p)                       # 求对应分布的概率
9  plt.plot(X, pList, linestyle='None', marker='o')      # 不需要将两点相连
10 plt.vlines(X, 0, pList)                               # 绘制竖线，参数说明 plt.vlines(x 坐标值, y
                                                            坐标最小值, y 坐标最大值)
11 plt.xlabel('随机变量 X：投篮 1 次没投中记为 0，投中记为 1')   # x 轴标签
12 plt.ylabel('概率值')                                   # y 轴标签
13 plt.title('0-1 分布：p=%0.2f '%p)                      # 标题
14 plt.show()                                            # 显示绘制的图形
```

运行代码 7.1，0-1 分布的概率分布图如图 7.1 所示。

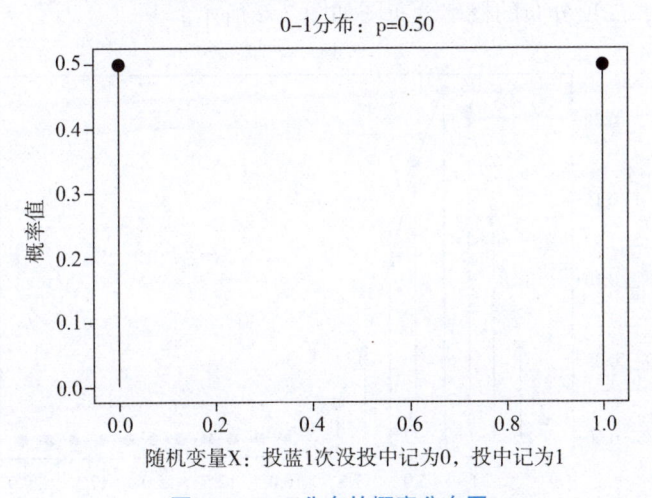

图 7.1　0-1 分布的概率分布图

2. 二项分布

假设每次试验只会有两种可能结果，定义为事件 A 和事件 A 的对立事件。事件 A 在每次试验中发生的概率相同，此时，在 n 次重复试验中，事件 A 发生的次数 X 服从二项分布，次数 X 等于 k 的概率如下：$P(X=k)=C_n^k p^k (1-p)^{n-k}$，$k=0$，1，…，$n$，记作 $X \sim b(n, p)$。其中，n 表示试验次数，p 表示事件发生的概率，k 表示 n 次试验中事件发生的次数。

【例 7.2】某种型号电子元件的使用寿命超过 1 500 小时的为一级品。已知某一大批产品的一级品率为 0.2，现从中抽查 20 件。绘制 20 件产品中一级品数 X 的概率分布图。在 Spyder 中输入代码 7.2。

代码 7.2　二项分布问题

```
1 import numpy as np                              # 导入 numpy 库，记作 np
2 from scipy import stats                         # 导入统计计算包的统计模块
3 import matplotlib.pyplot as plt                 # 导入 matplotlib.pyplot，记作 plt
4 plt.rcParams['font.family']='simsun'            # 设置中文字体显示
5 plt.rcParams['font.size']=10                    # 设置中文字体显示字号大小
6 n=20                                            # 某件事的次数
7 p=0.2                                           # 某件事发生的概率
8 X=np.arange(0, n+1, 1)                          # 生成一个等差数组
9 pList=stats.binom.pmf(X, n, p)                  # pmf(k 次成功，共 n 次实验，单次实验成
                                                    功概率为 p)
10 plt.plot(X, pList, marker='o')                 # 绘图
11 plt.vlines(X, 0, pList)                        # 画垂线
12 plt.xlabel('随机变量 X：抽取 20 件产品，一级品的个数')  # x 轴标签
13 plt.ylabel('概率值')                            # y 轴标签
14 plt.title('二项分布：n=%i, p=%0.2f '%(n, p))     # 标题
15 plt.show()                                     # 显示绘制的图形
```

运行代码 7.2，二项分布的概率分布图如图 7.2 所示。

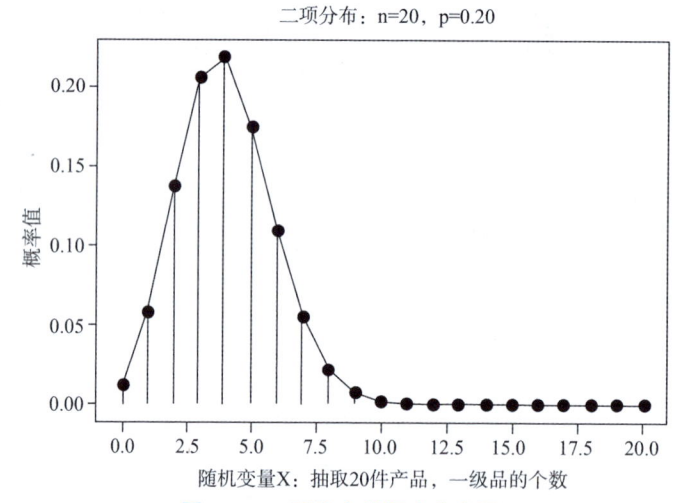

图 7.2　二项分布的概率分布图

3. 几何分布

设随机变量 X 可能取的值为 1，2，3，⋯，X 的分布律为 $P(X=k)=(1-p)^{n-1}p$，$k=1$，2，⋯，则称 X 服从参数为 p 的几何分布。

【例 7.3】进行重复独立试验，每次试验成功的概率为 0.75，绘制首次成功的试验次数 X 的概率分布图。在 Spyder 中输入代码 7.3。

代码 7.3　几何分布问题

```
1 import numpy as np                              # 导入 numpy 库，记作 np
2 from scipy import stats                         # 导入统计计算包的统计模块
```

```
3  import matplotlib.pyplot as plt              # 导入 matplotlib.pyplot,记作 plt
4  plt.rcParams['font.family']='simsun'         # 设置中文字体显示
5  plt.rcParams['font.size']=10                 # 设置中文字体显示字号大小
6  n=20                                         # 试验的次数
7  p=0.75                                       # 试验成功的概率
8  X=np.arange(1, n+1, 1)                       # 生成一个等差数组
9  pList=stats.geom.pmf(X, p)                   # pmf(第 k 次首次成功,单次试验成功概率为 p)
10 plt.plot(X, pList, linestyle='None', marker='o')  # 绘图
11 plt.vlines(X, 0, pList)                      # 画垂线
12 plt.xlabel('随机变量X:首次成功的试验次数')    # x 轴标签
13 plt.ylabel('概率值')                          # y 轴标签
14 plt.title('几何分布:n=%i, p=%0.2f'%(n, p))    # 标题
15 plt.show()                                   # 显示绘制的图形
```

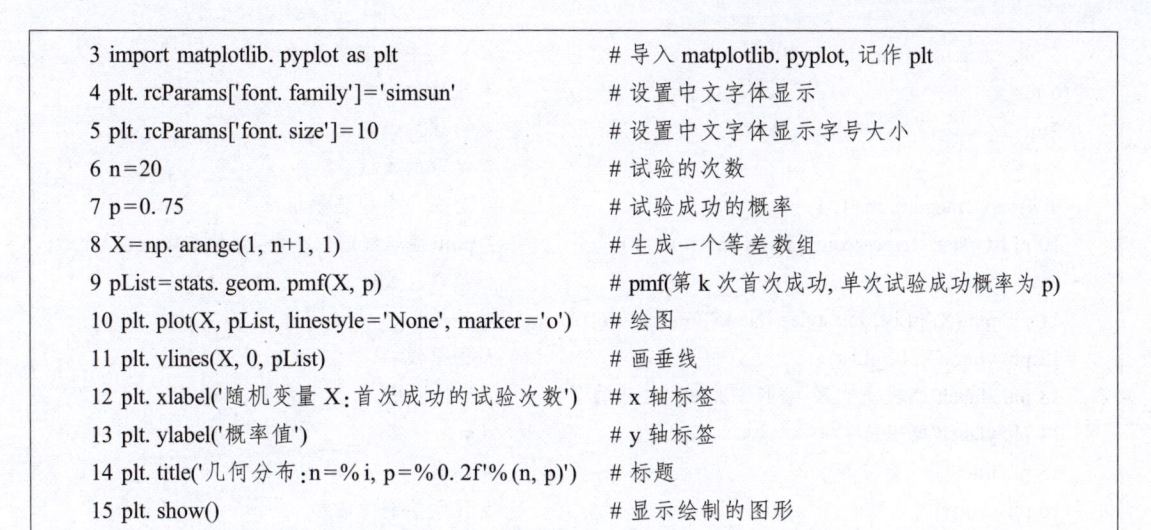

运行代码 7.3,几何分布的概率分布图如图 7.3 所示。

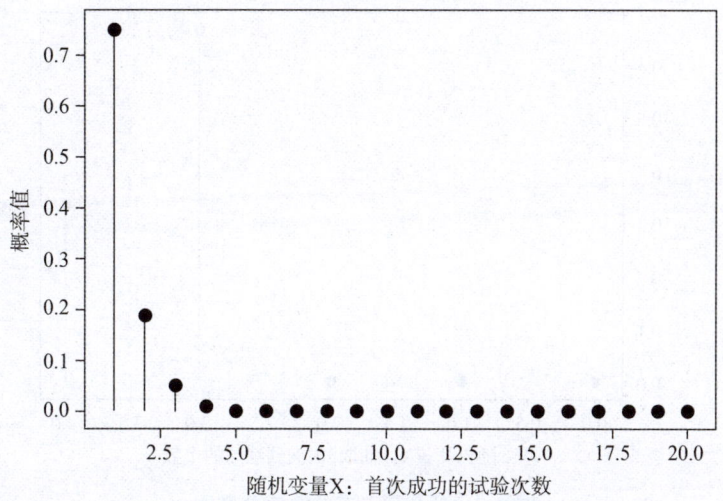

图 7.3　几何分布的概率分布图

4. 超几何分布

设随机变量 X 可能取的值为 $0,1,2,\cdots,j$(其中 $j=\min\{M,n\}$),X 的分布律为 $P(X=k)=C_M^k C_{N-M}^{n-k}/C_N^n$, $k=0,1,2,\cdots,j$,则称 X 服从超几何分布。

【例 7.4】袋中有 6 个大小相同的球,4 个为红色,2 个为白色。现从中连取 5 次,每次取一个球,每次取出球观察颜色后,不再放回袋中,然后取下一个球。绘制取得红球的个数 X 的概率分布图。在 Spyder 中输入代码 7.4。

代码 7.4　超几何分布问题

```
1  import numpy as np                           # 导入 numpy 库,记作 np
2  from scipy import stats                      # 导入统计计算包的统计模块
3  import matplotlib.pyplot as plt              # 导入 matplotlib.pyplot,记作 plt
4  plt.rcParams['font.family']='simsun'         # 设置中文字体显示
```

```
5 plt.rcParams['font.size']=10            # 设置中文字体显示字号大小
6 m=4                                     # 红球的个数
7 n=2                                     # 白球的个数
8 k=5                                     # 抽取的次数
9 X=np.arange(0, m+1, 1)                  # 生成一个等差数组
10 pList=stats.hypergeom.pmf(X, m+n, m, k) # pmf(抽取红球的个数, 球的总数, 红球个数,
                                            抽取次数)
11 plt.plot(X, pList, linestyle='None', marker='o')   # 绘图
12 plt.vlines(X, 0, pList)                # 画垂线
13 plt.xlabel('随机变量X：抽取5次抽到红球的个数')  # x轴标签
14 plt.ylabel('概率值')                    # y轴标签
15 plt.title('超几何分布')                  # 标题
16 plt.show()                              # 显示绘制的图形
```

运行代码 7.4，超几何分布的概率分布图如图 7.4 所示。

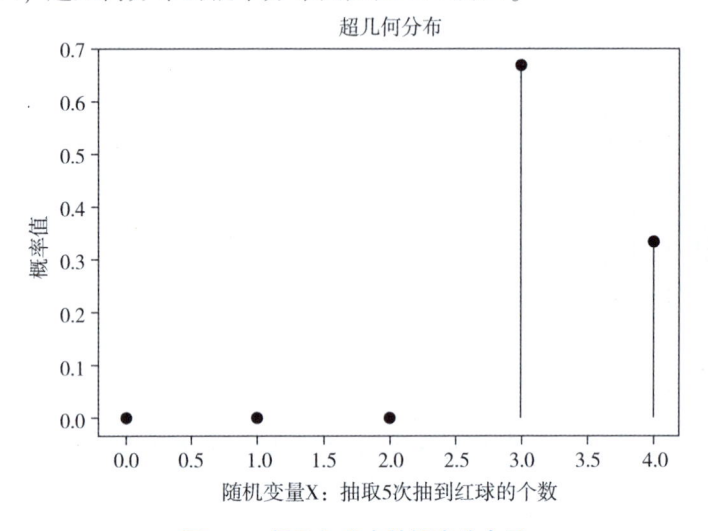

图 7.4　超几何分布的概率分布图

5. 泊松分布

设随机变量 X 可能取的值为 0，1，2，⋯，X 的分布律为 $P(X=k) = \dfrac{\lambda^k}{k!}e^{-\lambda}$，$k=0$，1，2，⋯，其中 $\lambda > 0$ 是常数，则称 X 服从参数为 λ 的泊松分布，记为 $X \sim \prod(\lambda)$。

【例 7.5】一电话总机每分钟收到呼唤的次数服从参数为 4 的泊松分布，绘制该总机一分钟内发生 k 次呼唤的概率分布图（k 取到 8）。在 Spyder 中输入代码 7.5。

代码 7.5　泊松分布问题

```
1 import numpy as np                       # 导入 numpy 库, 记作 np
2 from scipy import stats                  # 导入 stats
3 import matplotlib.pyplot as plt          # 导入 matplotlib.pyplot, 记作 plt
4 plt.rcParams['font.family']='simsun'     # 设置中文字体显示
```

```
5  plt. rcParams['font. size']=10              # 设置中文字体显示字号大小
6  lamda=4                                     # lamda：每分钟收到呼唤的次数的平均值
7  k=8                                         # 一分钟内发生 k 次呼唤
8  X=np. arange(0, k+1, 1)                     # 生成一个等差数组
9  pList=stats. poisson. pmf(X, lamda)         # 求对应分布的概率
10 plt. plot(X, pList, linestyle='None', marker='o')   # 绘图
11 plt. vlines(X, 0, pList)                    # 绘制竖直线 vlines(x 坐标值, y 坐标最小
                                                 值, y 坐标最大值)
12 plt. xlabel('随机变量 X：该总机一分钟发生呼唤的次数')   # x 轴标签
13 plt. ylabel('概率值')                        # y 轴标签
14 plt. title('泊松分布：参数 lamda=% i'% lamda)  # 标题
15 plt. show()                                 # 显示绘制图形
```

运行代码 7.5，泊松分布的概率分布图如图 7.5 所示。

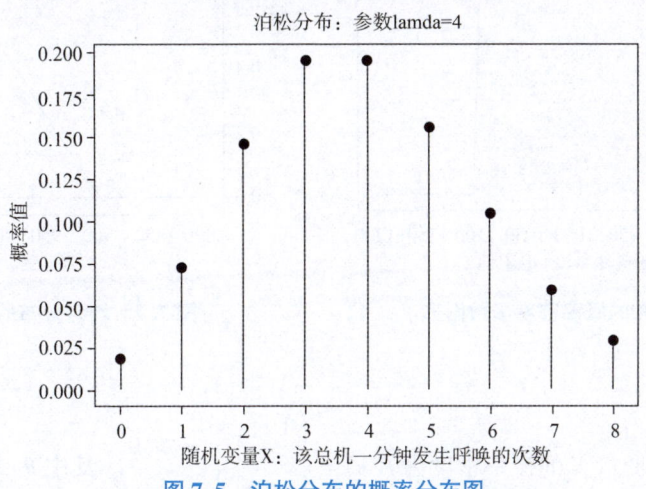

图 7.5 泊松分布的概率分布图

6. 均匀分布

设连续型随机变量 X 具有概率密度 $f(x)=\begin{cases}\dfrac{1}{b-a}, & a<x<b \\ 0, & 其他\end{cases}$，则称 X 在区间 (a, b) 上服从均匀分布，记为 $X \sim U(a, b)$。

【例 7.6】设电阻值 R 均匀分布在 900~1 100Ω，绘制 R 的概率密度函数图形和分布函数图形。在 Spyder 中输入代码 7.6。

代码 7.6 均匀分布问题

```
1 from scipy import stats as st             # 导入 stats 库，记作 st
2 import numpy as np                        # 导入 numpy 库，记作 np
3 import matplotlib. pyplot as plt          # 导入 matplotlib. pyplot，记作 plt
4 x=np. linspace(800, 1200)                 # 构造一个列表 x
5 plt. plot(x, st. uniform. pdf(x, loc=900, scale=200))  # 画均匀分布的概率密度函数图形(loc 表示
                                                           参数 a, scale=b-a)
```

```
6  plt.fill_between(x, st.uniform.pdf(x, loc=900, scale=200), alpha=0.15)   # 设置填充格式
7  plt.plot(x, st.uniform.cdf(x, loc=900, scale=200))    # 画均匀分布的分布函数图形(loc 表示参数 a,
                                                           scale=b-a)
8  plt.xlabel('随机变量R：电阻值')           # x 轴标签
9  plt.ylabel('概率值')                    # y 轴标签
10 plt.title('均匀分布')                   # 绘制图例上的文字
11 plt.show()                             # 显示绘制的图形
```

代码 7.6 的运行结果如图 7.6、图 7.7 所示。

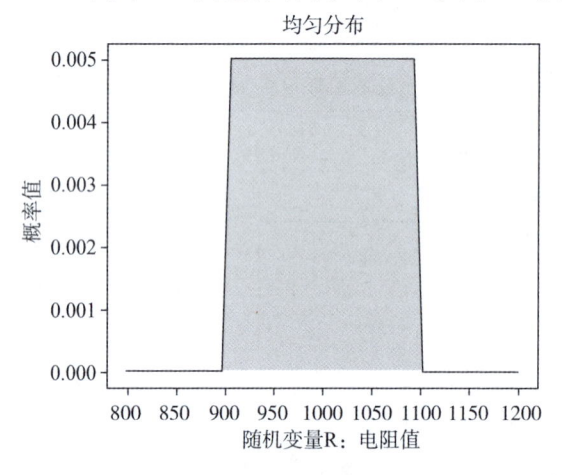

图 7.6　均匀分布的概率密度函数图形　　　　图 7.7　均匀分布的分布函数图形

7. 指数分布

设连续型随机变量 X 的概率密度为 $f(x) = \begin{cases} \dfrac{1}{\theta} e^{-\frac{x}{\theta}}, & x > 0 \\ 0, & \text{其他} \end{cases}$，其中 $\theta > 0$ 为常数，则称 X 服从参数为 θ 的指数分布。

【例 7.7】 绘制当参数 $\theta = \dfrac{1}{3}$，1，2 时的指数分布的概率密度图。在 Spyder 中输入代码 7.7。

代码 7.7　指数分布问题

```
1  import numpy as np                                        # 导入 numpy 库，记作 np
2  from scipy import stats                                   # 调用 stats
3  import matplotlib.pyplot as plt                           # 导入 matplotlib.pyplot，记作 plt
4  from pylab import mpl                                     # 调用 mpl
5  mpl.rcParams['font.sans-serif']=['SimHei']                # 设置字体
6  x=np.linspace(0, 2, 100)                                  # 构造一个列表 x
7  plt.plot(x, stats.expon.pdf(x, scale=1/3), "y^", label='参数为 1/3')   # 绘制参数为 1/3 的指数分布曲线
8  plt.plot(x, stats.expon.pdf(x, scale=2), "b-", label='参数为 2')       # 绘制参数为 2 的指数分布曲线
9  plt.plot(x, stats.expon.pdf(x, scale=1), "r--", label='参数为 1')      # 绘制参数为 1 的指数分布曲线
```

```
10 plt. legend()                                      # 显示图例
11 plt. title('不同参数的指数分布的概率密度')          # 绘图
12 plt. show()                                        # 显示绘制的图形
```

运行代码 7.7,指数分布的概率密度图如图 7.8 所示。

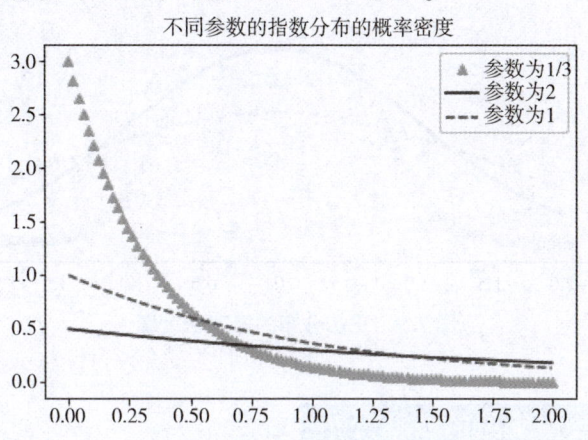

图 7.8　指数分布的概率密度图

8. 正态分布

服从正态分布的随机变量的概率密度函数为 $f(x)=\dfrac{1}{\sqrt{2\pi}\sigma}e^{-\frac{(x-\mu)^2}{2\sigma^2}}$,$-\infty<x<+\infty$,若是标准正态分布,则上式中 $\mu=0$,$\sigma=1$。

【例 7.8】绘制正态分布的概率密度图。在 Spyder 中输入代码 7.8。

代码 7.8　正态分布问题

```
1  import numpy as np                                         # 导入 numpy 库,记作 np
2  from scipy import stats                                    # 调用 stats
3  import matplotlib. pyplot as plt                           # 导入 matplotlib. pyplot,记作 plt
4  from pylab import mpl                                      # 调用 mpl
5  mpl. rcParams['font. sans-serif']=['SimHei']               # 设置字体
6  x=np. linspace(-2, 2, 100)                                 # 构造一个列表 x
7  plt. plot(x, stats. norm. pdf(x, 0, 0.5), "y^", label='sigma=0.5')    # 绘制 sigma=0.5 的正态分布曲线
8  plt. plot(x, stats. norm. pdf(x, 0, 1), "b-", label='sigma=1')        # 绘制 sigma=1 的正态分布曲线
9  plt. plot(x, stats. norm. pdf(x, 0, 1.5), "r--", label='sigma=1.5')   # 绘制 sigma=1.5 的正态分布曲线
10 plt. legend()                                              # 显示图例
11 plt. title('mu=0 不同 sigma 的正态分布的概率密度')         # 绘图
12 plt. show()                                                # 显示绘制的图形
13 plt. rcParams['axes. unicode_minus'] = False               # 显示符号
```

运行代码 7.8,正态分布的概率密度图如图 7.9 所示。

mu=0不同sigma的正态分布的概率密度

图7.9　正态分布的概率密度图

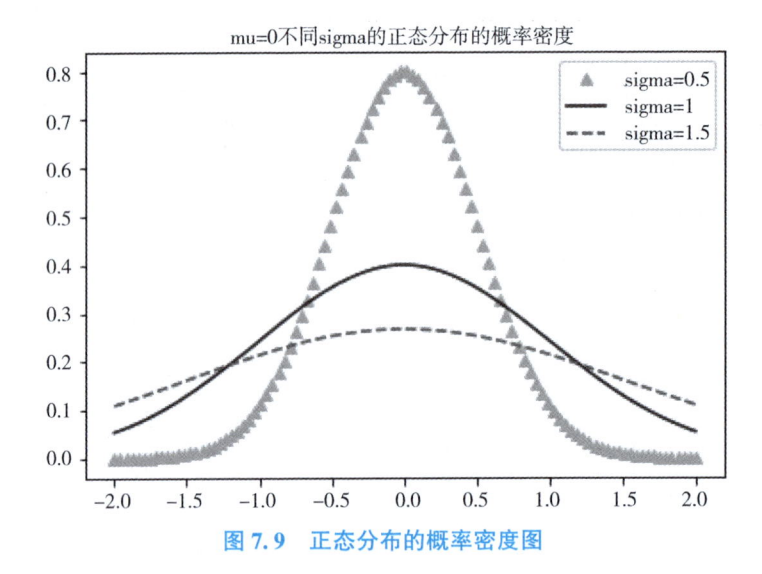

7.1.2　二维随机变量常见的概率分布

1. 二维离散型随机变量的分布律

设二维离散型随机变量 (X,Y) 的所有可能取值为 (x_i,y_j)，$i,j=1,2,\cdots$，并且 $P\{X=x_i,Y=y_j\}=p_{ij}$，$i,j=1,2,\cdots$，则称 $P\{X=x_i,Y=y_j\}=p_{ij}$，$i,j=1,2,\cdots$ 为二维离散型随机变量 (X,Y) 的分布律，或者随机变量 X 和 Y 的联合分布律。

【例7.9】设随机变量 X 和 Y 的联合概率分布如表7.1所示，绘制联合分布图。在 Spyder 中输入代码7.9。

表7.1　随机变量 X 和 Y 的联合概率分布

X	Y		
	0	1	2
−1	0.2	0	0
0	0.3	0	0.1
2	0	0.1	0.3

代码7.9　二维离散型随机变量的联合分布

```
1 import numpy as np                                    # 导入 numpy 库, 记作 np
2 import matplotlib.pyplot as plt                       # 导入 matplotlib.pyplot, 记作 plt
3 from mpl_toolkits.mplot3d import Axes3D               # 导入 Axes3D 绘图库
4 import matplotlib as mpl                              # 调用 mpl
5 mpl.rcParams['font.sans-serif']=['SimHei']            # 设置字体
6 plt.rcParams['axes.unicode_minus'] = False            # 显示符号
7 x=np.array([[-1,-1,-1],[0,0,0],[2,2,2]])              # 用数组给出变量 x 的取值
8 y=np.array([[0,1,2],[0,1,2],[0,1,2]])                 # 用数组给出变量 y 的取值
```

```
9  z=np.array([[0.2, 0, 0], [0.3, 0, 0.1], [0, 0.1, 0.3]])    # 用数组给出变量(x,y)的取值的概率
10 fig = plt.figure()                                          # 绘制画布
11 ax = Axes3D(fig)                                            # 绘制三维坐标
12 ax.scatter(x, y, z, marker='o', depthshade=True)            # 绘制散点图
13 ax.set_xlabel("x 轴")                                        # x 轴标签
14 ax.set_ylabel("y 轴")                                        # y 轴标签
15 ax.set_zlabel("z 轴")                                        # z 轴标签
16 plt.title("二维离散型随机变量的联合分布")                      # 标题
17 plt.show()                                                   # 显示绘制的图形
```

运行代码 7.9，二维离散型随机变量联合分布图如图 7.10 所示。

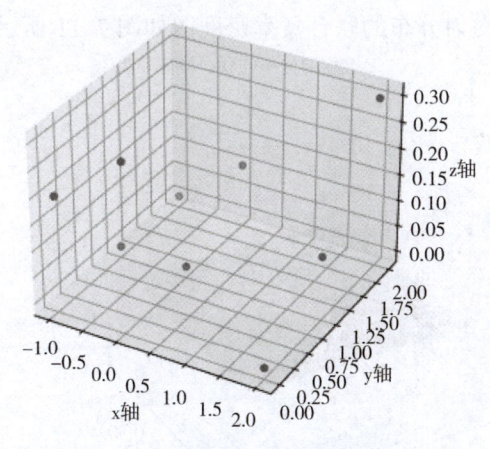

图 7.10　二维离散型随机变量的联合分布图

2. 二维均匀分布的联合概率密度

设 D 是平面上的有界区域，其面积为 S_D，若二维随机变量 (X, Y) 具有概率密度

$$f(x, y) = \begin{cases} \dfrac{1}{S_D}, & (x, y) \in D \\ 0, & \text{其他} \end{cases}$$

，则称 (X, Y) 在 D 上服从均匀分布，记为 $(X, Y) \sim U(D)$。

【例 7.10】二维随机变量 (X, Y) 在正方形区域 $|x| \leq 1$，$|y| \leq 1$ 上服从均匀分布，绘制联合概率密度图。在 Spyder 中输入代码 7.10。

代码 7.10　二维均匀分布的联合概率密度

```
1 import numpy as np                                           # 导入 numpy 库，记作 np
2 import matplotlib.pyplot as plt                              # 导入 matplotlib.pyplot，记作 plt
3 from mpl_toolkits.mplot3d import Axes3D                      # 导入 Axes3D 绘图库
4 import matplotlib as mpl                                     # 调用 mpl
5 mpl.rcParams['font.sans-serif']=['SimHei']                   # 设置字体
6 plt.rcParams['axes.unicode_minus'] = False                   # 显示符号
7 x = np.arange(-1, 1, 0.001)                                  # 用数组给出变量 x 的取值
```

```
8  y = np.arange(-1, 1, 0.001)                    # 用数组给出变量 y 的取值
9  x, y = np.meshgrid(x, y)                        # 生成网格点坐标矩阵
10 z = 1/4+x*0+y*0                                 # 输入函数 z
11 fig = plt.figure()                              # 绘制画布
12 ax = Axes3D(fig)                                # 绘制三维坐标
13 ax.plot_surface(x, y, z, color='b', alpha=0.6)  # 绘制联合概率密度图
14 ax.set_xlabel("x 轴")                           # x 轴标签
15 ax.set_ylabel("y 轴")                           # y 轴标签
16 ax.set_zlabel("z 轴")                           # z 轴标签
17 plt.title("二维均匀分布的联合概率密度")          # 标题
18 plt.show()                                      # 显示绘制的图形
```

运行代码 7.10，二维均匀分布的联合概率密度图如图 7.11 所示。

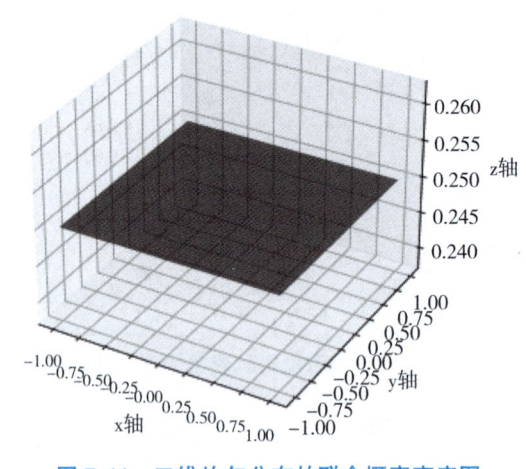

图 7.11　二维均匀分布的联合概率密度图

3. 二维正态分布

设二维随机变量 (X, Y) 具有概率密度 $f(x, y) = \dfrac{1}{2\pi\sigma_1\sigma_2\sqrt{1-\rho^2}} \cdot e^{-\frac{1}{2(1-\rho^2)}\left[\frac{(x-\mu_1)^2}{\sigma_1^2} - 2\rho\frac{(x-\mu_1)(y-\mu_2)}{\sigma_1\sigma_2} + \frac{(y-\mu_2)^2}{\sigma_2^2}\right]}$，$-\infty < x < \infty$，$-\infty < y < \infty$，其中 μ_1，μ_2，σ_1，σ_2，ρ 均为常数，且 $\sigma_1 > 0$，$\sigma_2 > 0$，$|\rho| < 1$，则称 (X, Y) 服从参数为 μ_1，μ_2，σ_1，σ_2，ρ 的二维正态分布，记为 $(X, Y) \sim N(\mu_1, \mu_2, \sigma_1^2, \sigma_2^2, \rho)$，简称 (X, Y) 为二维正态随机变量。

【例 7.11】绘制二维正态分布 $N(1, 2, 4, 9, 0)$ 的联合概率密度图。在 Spyder 中输入代码 7.11。

代码 7.11　绘制二维正态分布的联合概率密度图

```
1 import numpy as np                          # 导入 numpy 库，记作 np
2 import matplotlib.pyplot as plt             # 导入 matplotlib.pyplot，记作 plt
3 from mpl_toolkits.mplot3d import Axes3D     # 导入 Axes3D 绘图库
```

```
4 import matplotlib as mpl                              # 调用 mpl
5 mpl.rcParams['font.sans-serif']=['SimHei']            # 设置字体
6 plt.rcParams['axes.unicode_minus'] = False            # 显示符号
7 x = np.arange(-5, 7, 0.001)                           # 用数组给出变量 x 的取值
8 y = np.arange(-10, 10, 0.001)                         # 用数组给出变量 y 的取值
9 x, y = np.meshgrid(x, y)                              # 生成网格点坐标矩阵
10 z =(1/(2*np.pi*2*3))*np.exp(-(pow(x-1, 2)/(2*4)+pow(y-1, 2)/(2*9)))
                                                       # 输入联合概率密度函数 z
11 fig = plt.figure()                                   # 绘制画布
12 ax = Axes3D(fig)                                     # 绘制三维坐标
13 ax.plot_surface(x, y, z, color='b', alpha=0.6)       # 绘制联合概率密度图
14 ax.set_xlabel("x 轴")                                # x 轴标签
15 ax.set_ylabel("y 轴")                                # y 轴标签
16 ax.set_zlabel("z 轴")                                # z 轴标签
17 plt.title("二维正态分布的联合概率密度")                 # 标题
18 plt.show()                                           # 显示绘制的图形
```

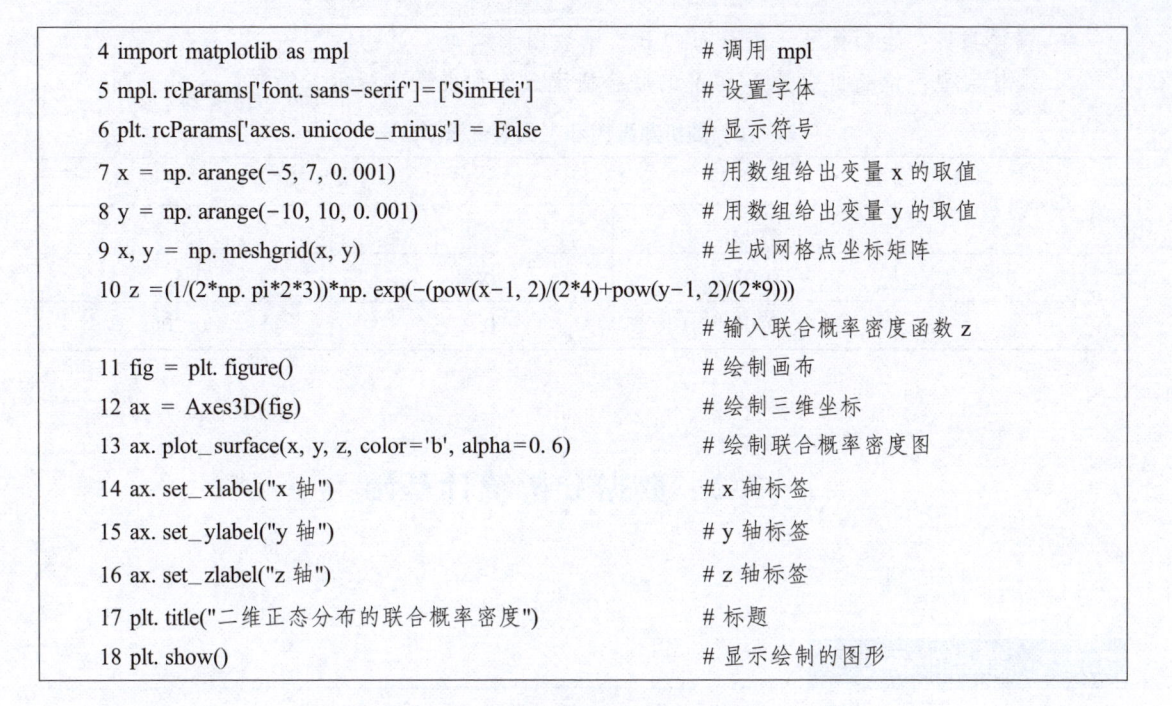

运行代码 7.11，二维正态分布的联合概率密度图如图 7.12 所示。

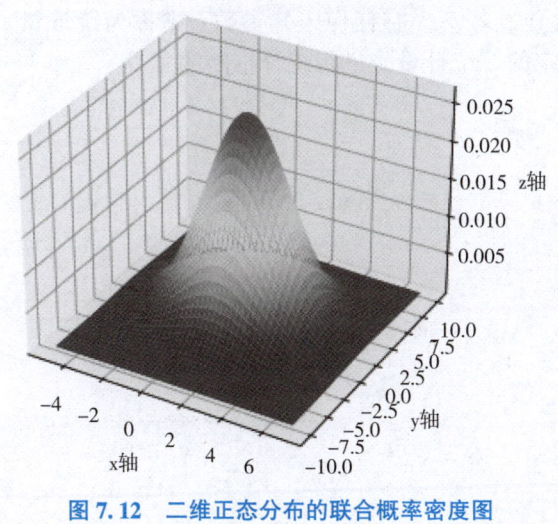

图 7.12　二维正态分布的联合概率密度图

习题 7-1

1. 编程实现：投篮 6 次，求投中的次数 X 的概率分布图。

2. 编程实现：进行重复独立试验，每次试验成功的概率为 0.6，求首次成功的试验次数 X 的概率分布图（n 取到 8）。

3. 编程实现：绘制参数 $\theta = 1$ 的指数分布的分布函数图形。

4. 编程实现：绘制标准正态分布的分布函数图形。
5. 编程实现：设随机变量 X 和 Y 的联合概率分布如表7.2所示，绘制联合分布图。

表 7.2 随机变量 X 和 Y 的联合概率分布

X	Y		
	−1	0	1
0	0.07	0.18	0.15
1	0.08	0.32	0.20

7.2 数据分析统计基础

7.2.1 常见的统计量

在数理统计中，针对不同的问题构造出了不含未知参数的样本的函数，再利用这些函数对总体的特征进行分析和推断，这些样本的函数就是统计量。样本 X_1，X_2，$\cdots$，X_n 的函数为 $g(X_1, X_2, \cdots, X_n)$，若不含任何未知参数，则称为统计量。统计量是一个随机变量，它是完全由样本确定的。统计量是进行统计推断的工具。

常见的统计量如下。

样本均值：
$$\overline{X} = \frac{1}{n}\sum_{i=1}^{n} X_i$$

样本方差：
$$S^2 = \frac{1}{n-1}\sum_{i=1}^{n}(X_i - \overline{X})^2$$

样本标准差：
$$S = \sqrt{S^2} = \sqrt{\frac{1}{n-1}\sum_{i=1}^{n}(X_i - \overline{X})^2}$$

样本 k 阶(原点)矩：
$$A_k = \frac{1}{n}\sum_{i=1}^{n} X_i^k \quad (k = 1, 2, \cdots)$$

样本 k 阶中心矩：
$$B_k = \frac{1}{n}\sum_{i=1}^{n}(X_i - \overline{X})^k \quad (k = 1, 2, \cdots)$$

偏度：
$$\gamma_1 = \frac{E\{[X - E(X)]^3\}}{[E\{[X - E(X)]^2\}]^{3/2}} = \frac{\mu_3}{\sigma^3} \quad (\mu_3 \text{ 为随机变量的3阶中心矩，} \sigma \text{ 为标准差})$$

峰度：

$$\gamma_2 = \frac{E\{[X-E(X)]^4\}}{[E\{[X-E(X)]^2\}]^2} - 3 = \frac{\mu_4}{\sigma^4} - 3 \quad (\mu_4 \text{为随机变量的} 4 \text{阶中心矩}, \sigma \text{为标准差})$$

【例 7.12】现有 8 个病人的血压数据（收缩压，单位为 mmHg）：102、110、117、118、122、123、132、150，计算其均值、标准差、方差、偏度、峰度。在 Spyder 中输入代码 7.12。

代码 7.12　计算均值、标准差、方差、偏度、峰度

```
1  import numpy as np                          # 导入 numpy 库，记作 np
2  from scipy import stats                     # 从 scipy 中调用 stats
3  x=[102,110,117,118,122,123,132,150]         # 输入 x
4  mu=np.mean(x,axis=0)                        # 计算均值
5  sigma=np.std(x,axis=0)                      # 计算标准差
6  sigma2=np.var(x,axis=0)                     # 计算方差
7  skew=stats.skew(x)                          # 计算偏度
8  kurtosis=stats.kurtosis(x)                  # 计算峰度
9  print('均值',mu)                             # 打印均值
10 print('标准差',sigma)                        # 打印标准差
11 print('方差',sigma2)                         # 打印方差
12 print('偏度',skew)                           # 打印偏度
13 print('峰度',kurtosis)                       # 打印峰度
```

代码 7.12 的运行结果如下。

```
均值 121.75
标准差 13.5531361684298
方差 183.6875
偏度 0.7098821642729238
峰度 0.03732396543023331
```

7.2.2　常用统计量的分布

统计量的分布称为抽样分布。当取得总体 X 的样本 X_1，X_2，…，X_n 后，在运用样本函数所构成的统计量进行统计推断时，常常需要明确统计量所服从的分布。3 个来自正态分布的抽样分布，即 χ^2 分布、t 分布、F 分布，称为统计学的三大分布，它们在数理统计中有着广泛的应用。

1. χ^2 分布

设 X_1，X_2，…，X_n 是来自总体 $N(0,1)$ 的样本，则称统计量 $\chi^2 = X_1^2 + X_2^2 + \cdots + X_n^2$ 服从自由度为 n 的 χ^2 分布（也称卡方分布），记为 $\chi^2 \sim \chi^2(n)$。

【例 7.13】绘制 χ^2 分布的概率密度图。在 Spyder 中输入代码 7.13。

代码 7.13　绘制 χ^2 分布的概率密度图

```
1  import numpy as np                              # 导入 numpy 库,记作 np
2  from scipy import stats                         # 调用 stats
3  import matplotlib.pyplot as plt                 # 导入 matplotlib.pyplot,记作 plt
4  from pylab import mpl                           # 调用 mpl
5  mpl.rcParams['font.sans-serif']=['SimHei']      # 设置字体
6  x=np.linspace(0, 20, 100)                       # 生成 x
7  plt.plot(x, stats.chi2.pdf(x, df=1), "g-", label='自由度为1')    # 绘制自由度为 1 的卡方分布概率密度曲线
8  plt.plot(x, stats.chi2.pdf(x, df=2), "b-", label='自由度为2')    # 绘制自由度为 2 的卡方分布概率密度曲线
9  plt.plot(x, stats.chi2.pdf(x, df=4), "k-", label='自由度为4')    # 绘制自由度为 4 的卡方分布概率密度曲线
10 plt.plot(x, stats.chi2.pdf(x, df=6), "r-", label='自由度为6')    # 绘制自由度为 6 的卡方分布概率密度曲线
11 plt.plot(x, stats.chi2.pdf(x, df=11), "y-", label='自由度为11')  # 绘制自由度为 11 的卡方分布概率密度曲线
12 plt.legend()                                    # 显示绘制的图例
13 plt.title('不同自由度卡方分布的概率密度')         # 标题
14 plt.show()                                      # 显示图形
```

代码 7.13 的运行结果如图 7.13 所示。

图 7.13　代码 7.13 的运行结果

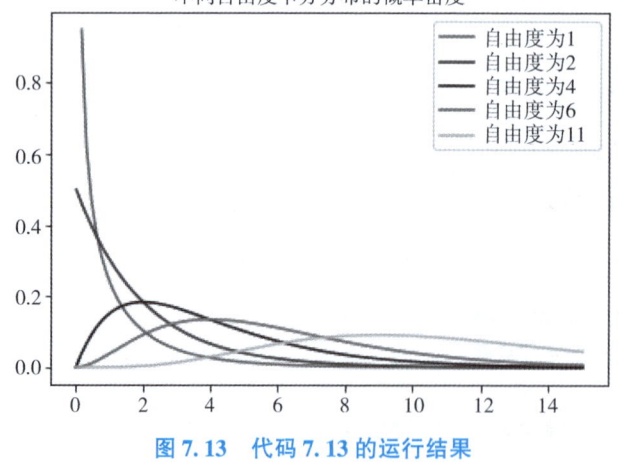

图 7.13 彩图

2. t 分布

设 $X \sim N(0, 1)$，$Y \sim \chi^2(n)$，且 X、Y 独立,则称随机变量 $t = \dfrac{X}{\sqrt{Y/n}}$ 服从自由度为 n 的 t 分布(又称学生氏分布),记为 $t \sim t(n)$。

【例 7.14】绘制 t 分布的概率密度图。在 Spyder 中输入代码 7.14。

代码 7.14　绘制 t 分布的概率密度图

```
1  import numpy as np                              # 导入 numpy 库, 记作 np
2  from scipy.stats import norm                    # 从 scipy.stats 调用 norm
3  from scipy.stats import t                       # 从 scipy.stats 调用 t
4  import matplotlib.pyplot as plt                 # 导入 matplotlib.pyplot, 记作 plt
5  from pylab import mpl                           # 从 pylab 调入 mpl
6  mpl.rcParams['font.sans-serif']=['SimHei']      # 显示中文字体
7  plt.rcParams['axes.unicode_minus']=False        # 显示符号
8  x=np.linspace(-4, 4, 100)                       # 生成 x
9  plt.plot(x, t.pdf(x, 2), label='自由度为 2')     # 绘制自由度为 2 的 t 分布概率密度曲线
10 plt.plot(x, t.pdf(x, 9), label='自由度为 9')     # 绘制自由度为 9 的 t 分布概率密度曲线
11 plt.plot(x, t.pdf(x, 25), label='自由度为 25')   # 绘制自由度为 25 的 t 分布概率密度曲线
12 plt.plot(x, norm.pdf(x), '-', label='正态分布')  # 绘制标准正态分布概率密度曲线
13 plt.legend()                                    # 显示图例
14 plt.title('不同自由度 t 分布的概率密度函数')     # 添加标题
15 plt.show()                                      # 显示图形
```

代码 7.14 的运行结果如图 7.14 所示。

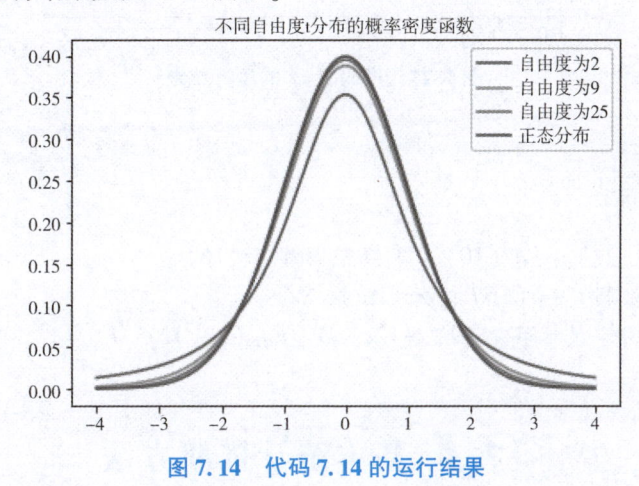

图 7.14　代码 7.14 的运行结果

3. F 分布

设 $U \sim \chi^2(n_1)$, $V \sim \chi^2(n_2)$, 且 U、V 独立, 则称随机变量 $F = \dfrac{U/n_1}{V/n_2}$ 服从自由度为 (n_1, n_2) 的 F 分布, 记为 $F \sim F(n_1, n_2)$。

【例 7.15】绘制 F 分布的概率密度图。在 Spyder 中输入代码 7.15。

代码 7.15　绘制 F 分布的概率密度图

```
1  from scipy import stats                          # 调用 stats
2  import numpy as np                               # 导入 numpy 库, 记作 np
3  import matplotlib.pyplot as plt                  # 导入 matplotlib.pyplot, 记作 plt
4  from pylab import mpl                            # 从 pylab 调入 mpl
5  mpl.rcParams['font.sans-serif']=['SimHei']       # 显示中文字体
```

```
 6 x=np.linspace(0, 4, 100)                        # 生成 x
 7 plt.plot(x,stats.f.pdf(x,10,40),label='自由度为(10,40)')   # 绘制自由度为(10, 40)的 F 分布概率密度曲线
 8 plt.plot(x,stats.f.pdf(x,11,3),label='自由度为(11,3)')     # 绘制自由度为(11, 3)的 F 分布概率密度曲线
 9 plt.legend()                                     # 显示图例
10 plt.title('不同自由度 F 分布的概率密度函数')        # 添加标题
11 plt.show()                                       # 显示绘制的图形
```

代码 7.15 的运行结果如图 7.15 所示。

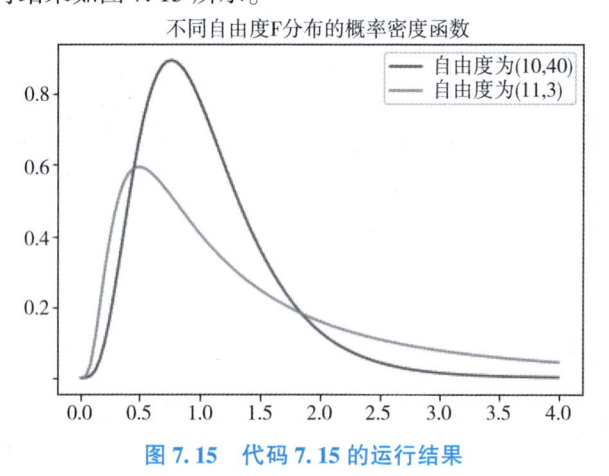

图 7.15　代码 7.15 的运行结果

习题 7-2

1. 编程实现：已知 $X^2 \sim \chi^2(10)$，求概率 $P(X^2 > 16)$。
2. 编程实现：绘制 $t \sim t(16)$ 的分布函数图形。
3. 编程实现：已知 F 分布，求 $F_{0.95}(12, 9)$、$F_{0.05}(9, 12)$、$F_{0.95}(12, 9) \times F_{0.05}(9, 12)$。

7.3　基本统计推断方法

7.3.1　参数估计

参数估计有点估计和区间估计两种方法。前者是用一个适当的统计量作为参数的近似值，称为参数的估计量；后者则用两个统计量所界定的区间来指出真实参数值的大致范围，称为置信区间。

1. 点估计

设总体 X 的分布函数 $F(x; \theta)$ 形式已知，θ 是待估参数。X_1，X_2，…，X_n 是 X 的一个样本，x_1，x_2，…，x_n 是相应的样本值。点估计问题就是要构造一个适当的统计量 $\hat{\theta}(X_1,$

X_2,…,X_n),用它的观察值 $\hat{\theta}(x_1, x_2, …, x_n)$ 作为未知参数 θ 的近似值。常用的构造估计量的方法:矩估计法和最大似然估计法。

【例 7.16】随机取 8 只活塞环,测得它们的直径(以 mm 计)如下。

74.001,74.005,74.003,74.001,74.000,73.998,74.006,74.002

求总体均值 μ 及方差 σ^2 的矩估计值。在 Spyder 中输入代码 7.16。

代码 7.16　计算总体均值 μ 和方差 σ^2 的矩估计值

```
1 import numpy as np                                              # 导入numpy库,记作np
2 x=[74.001, 74.005, 74.003, 74.001, 74.000, 73.998, 74.006, 74.002]  # 数据
3 mean = np.mean(x)                                                # 求样本均值
4 var = np.var(x)                                                  # 求样本2阶中心矩
5 print("总体均值的矩估计值为:%f" % mean)                           # 打印
6 print("总体方差的矩估计值为:%f" % var)                            # 打印
```

代码 7.16 的运行结果如下。

```
总体均值的矩估计值为:74.002000
总体方差的矩估计值为:0.000006
```

2. 区间估计

区间估计是指由两个取值于 Θ 的统计量 $\hat{\theta}_1$、$\hat{\theta}_2$ 组成一个区间,对于一个具体问题得到样本值之后,构造一个恰当的包含待估参数 θ 的枢轴量,得出一个具体的区间 ($\hat{\theta}_1$, $\hat{\theta}_2$),该区间尽可能包含参数 θ 的真值。

【例 7.17】有一大批糖果,现从中随机取 16 袋,称得重量(以 g 计)如下。

506,508,499,503,504,510,497,512

514,505,493,496,506,502,509,496

设袋装糖果的重量近似地服从正态分布,μ、σ 未知。

(1)求总体均值 μ 的置信水平为 0.95 的置信区间。

(2)求总体标准差 σ 的置信水平为 0.95 的置信区间。

在 Spyder 中输入代码 7.17。

代码 7.17　计算总体均值 μ 和标准差 σ 的置信水平为 0.95 的置信区间

```
1  from scipy import stats                                                          # 调用stats
2  import numpy as np                                                               # 导入numpy库,记作np
3  sample=(506,508,499,503,504,510,497,512,514,505,493,496,506,502,509,496)         # 输入样本
4  n=16                                                                             # 样本容量
5  df=n-1                                                                           # 自由度
6  mean = np.mean(sample)                                                           # 计算样本均值
7  svar = np.var(sample)* n/(n-1)                                                   # 计算样本方差
8  s =np.sqrt(svar)                                                                 # 计算样本标准差
9  print("样本的均值:", mean)                                                        # 打印样本的均值
10 print("样本的标准差:", s)                                                         # 打印样本的标准差
11 a=0.05                                                                           # a值
```

```
12  t=s/np.sqrt(n)                                              # 计算 t
13  y1 = stats.t.isf(a/2, df)                                   # 计算 t 分布的分位点
14  print("t 分布的分位点:", y1)                                  # 打印分位点值
15  min1=mean-y1*t                                              # 计算下限
16  max1=mean+y1*t                                              # 计算上限
17  print("总体均值 mu 置信水平为 95% 的置信区间:", (min1, max1))    # 打印 mu 的置信区间
18  y2 = stats.chi2.isf(a/2, df)                                # 计算卡方分布的分位点
19  y3 = stats.chi2.isf(1-a/2, df)                              # 计算卡方分布的分位点
20  print("卡方分布的分位点:", y2, y3)                             # 打印分位点值
21  min2=np.sqrt(n-1)*s/np.sqrt(y2)                             # 计算下限
22  max2=np.sqrt(n-1)*s/np.sqrt(y3)                             # 计算上限
23  print("总体标准差 sigma 置信水平为 95% 的置信区间:", (min2, max2))  # 打印 sigma 的置信区间
```

代码 7.17 的运行结果如下。

```
样本的均值: 503.75
样本的标准差: 6.202150164795002
t 分布的分位点: 2.131449545559323
总体均值 mu 置信水平为 95% 的置信区间:(500.44510746243924, 507.05489253756076)
卡方分布的分位点: 27.488392863442982 6.262137795043253
总体标准差 sigma 置信水平为 95% 的置信区间:(4.581558455232386, 9.59901337202004)
```

7.3.2 参数假设检验

假设检验是在已知总体分布某个参数的先验值后，通过抽样来对这个先验值进行验证是否接受的问题。

判断是否接受假设的方法大致分为两类：临界值法和 p 值法。

1. 临界值法

为检验提出的假设，通常需构造一个已知其分布的统计量，把它称为检验统计量，并构造一个在原假设 H_0 为真条件下的小概率事件，取总体的一个样本，根据该样本提供的信息来判断假设是否成立，当检验统计量取某个区域 W 中的值时，我们拒绝原假设 H_0，则称区域 W 为拒绝域，W 的补集 $\overline{W}$ 为接受域，拒绝域与接受域的边界点称为临界点。这种利用临界点确定是否拒绝 H_0 的方法，称为临界值法。

【例 7.18】某车间生产钢丝，用 X 表示钢丝的折断力，由经验判断 $X \sim N(\mu, \sigma^2)$，其中，$\mu = 570$，$\sigma^2 = 8^2$。现换了一批材料，从性能上看估计钢丝折断力的方差 σ^2 不会有什么变化(即仍有 $\sigma^2 = 8^2$)，但不知钢丝折断力的均值 μ 和原先有无差别。现抽得样本，测得其折断力如下。

578, 572, 570, 568, 572, 570, 570, 572, 596, 584

取 $\alpha = 0.05$，试检验钢丝折断力的均值有无变化。在 Spyder 中输入代码 7.18。

代码 7.18 方差已知的正态总体均值 μ 的双侧检验问题

```
1  import numpy as np                                    # 导入 numpy 库,记作 np
2  from scipy import stats                               # 调用统计模块
3  sample=(578, 572, 570, 568, 572, 570, 570, 572, 596, 584)   # 输入样本
4  mean=np.mean(sample)                                  # 计算样本均值
5  mu0=570                                               # 为 mu0 赋值
6  sigma=8                                               # 为 sigma 赋值
7  n=len(sample)                                         # 样本容量
8  z=(mean-mu0)/(sigma/np.sqrt(n))                       # 计算统计量
9  z0=np.abs(z)                                          # 取绝对值
10 a=0.05                                                # 为 a 赋值
11 y=stats.norm.isf(a/2)                                 # 计算正态分布的分位点
12 print("正态分布的分位点:", y)                          # 打印正态分布的分位点
13 print("统计量的绝对值:", z0)                           # 打印绝对值
14 if z0>y:                                              # if 语句
15     print('拒绝原假设,即认为折断力的均值发生了变化')   # 打印
16 else:                                                 # 否则
17     print('接受原假设,即认为折断力的均值没有发生变化') # 打印
```

代码 7.18 的运行结果如下。

```
正态分布的分位点:1.9599639845400545
统计量的绝对值:2.0554804791094643
拒绝原假设,即认为折断力的均值发生了变化
```

2. p 值法

假设检验问题的 p 值是由检验统计量的样本值得出的原假设可被拒绝的最小显著性水平。按 p 值的定义,对于任意指定的显著性水平 α,有:

(1)若 p 值 $\leq \alpha$,则在显著性水平 α 之下拒绝 H_0;

(2)若 p 值 $> \alpha$,则在显著性水平 α 之下接受 H_0。

这种利用 p 值确定是否拒绝 H_0 的方法,称为 p 值法。

【例 7.19】 有两台光谱仪 I_x、I_y,用来测量材料中某种金属的含量,为鉴定它们的测量结果有无显著差异,制备了 9 件试块(它们的成分、金属含量、均匀性等各不相同),现在分别用这两台机器对每一件试块测量一次,得到 9 对某种金属含量的观察值 $x(\%)$、$y(\%)$,如表 7.3 所示。

表 7.3 两台机器测得的某种金属的含量

$x(\%)$	0.20	0.30	0.40	0.50	0.60	0.70	0.80	0.90	1.00
$y(\%)$	0.10	0.21	0.52	0.32	0.78	0.59	0.68	0.77	0.89
$d = x - y(\%)$	0.10	0.09	−0.12	0.18	−0.18	0.11	0.12	0.13	0.11

问能否认为这两台机器的测量结果有显著差异（$\alpha = 0.01$）？在 Spyder 中输入代码 7.19。

代码 7.19　利用单样本 t 检验求两个正态总体均值差的假设检验

```
1  import numpy as np                                          # 导入 numpy 库，记作 np
2  from scipy import stats                                     # 调用统计模块
3  a= np. array([0. 2, 0. 3, 0. 4, 0. 5, 0. 6, 0. 7, 0. 8, 0. 9, 1. 0])    # 输入样本 a
4  b=np. array([0. 1, 0. 21, 0. 52, 0. 32, 0. 78, 0. 59, 0. 68, 0. 77, 0. 89])  # 输入样本 b
5  c=a-b                                                       # 计算 c
6  tstat1, pval1 = stats. ttest_ 1samp(c, 0)                   # 计算统计量 t 值和概率值 p
7  print('t=', np. abs(tstat1), 'p=', pval1)                   # 打印统计量 t 的绝对值和概率值 p
8  alpha = 0. 01                                               # 为 alpha 赋值
9  if(pval1> alpha):                                           # if 语句
10     print('接受原假设，即两台仪器的测量结果无显著差异')         # 打印
11 else:                                                       # 否则
12     print('拒绝原假设，即两台仪器的测量结果有显著差异')         # 打印
```

代码 7.19 的运行结果如下。

```
t= 1.4672504626906    p= 0.18048760679910408
接受原假设，即两台仪器的测量结果无显著差异
```

或者在 Spyder 中输入代码 7.20。

代码 7.20　利用双样本 t 检验求两个正态总体均值差的假设检验程序

```
1  import numpy as np                                          # 导入 numpy 库，记作 np
2  from scipy import stats                                     # 调用统计模块
3  a= np. array([0. 2, 0. 3, 0. 4, 0. 5, 0. 6, 0. 7, 0. 8, 0. 9, 1. 0])    # 输入样本 a
4  b=np. array([0. 1, 0. 21, 0. 52, 0. 32, 0. 78, 0. 59, 0. 68, 0. 77, 0. 89])  # 输入样本 b
5  tstat2, pval2=stats. ttest_rel(a, b)                        # 计算统计量 t 值和概率值 p
6  print('t=', tstat2, 'p=', pval2)                            # 打印统计量 t 值和概率值 p
7  alpha = 0. 01                                               # 为 alpha 赋值
8  if(pval2> alpha):                                           # if 语句
9      print('接受原假设，即两台仪器的测量结果无显著差异')         # 打印
10 else:                                                       # 否则
11     print('拒绝原假设，即两台仪器的测量结果有显著差异')         # 打印
```

代码 7.20 的运行结果如下

```
t= 1.4672504626906    p= 0.18048760679910408
接受原假设，即两台仪器的测量结果无显著差异
```

> 习题7-3

1. 编程实现：设有某种油漆的 9 个样品，测得其干燥时间（以小时计）分别如下。

$$6.0, \ 5.7, \ 5.8, \ 6.5, \ 7.0, \ 6.3, \ 5.6, \ 6.1, \ 5.0$$

设干燥时间服从正态分布，求 $\sigma = 0.6$ 时 μ 的置信水平为 0.95 的置信区间。

2. 编程实现：某工地使用两个厂家的水泥，分别从这两个厂家生产的水泥中抽取样本，即 X_1，X_2，$\cdots$，X_{13} 及 Y_1，Y_2，$\cdots$，Y_{16}，计算出 $s_1^2 = 2.4$，$s_2^2 = 4.7$，假设这两个厂家生产的水泥的重量都服从正态分布，且相互独立，其均值分别为 μ_1、μ_2，均未知，求 σ_1^2 / σ_2^2 的置信水平为 0.95 的置信区间。

3. 编程实现：一公司声称某种类型的电池的平均寿命至少为 21.5 小时。有一实验室检验了该公司制造的 6 套电池，得到如下的寿命数（以小时计）：19，18，22，20，16，25。试用 p 值法求这些结果是否表明这种电池的寿命小于该公司所声称的寿命？（假设这种电池的寿命服从正态分布，$\alpha = 0.05$。）

7.4 本章小结

本章分 3 节介绍了 Python 数据统计分析。第 1 节介绍了随机变量及其分布，具体包含一维随机变量常见的概率分布、二维随机变量常见的概率分布。第 2 节介绍了数据分析统计基础，具体包含常见的统计量、常用统计量的分布。第 3 节介绍了基本统计推断方法，具体包含参数估计、参数假设检验。

总习题 7

1. 编程实现：绘制二维正态分布 $N(1, \ 1, \ 1, \ 1, \ 0)$ 的联合概率密度函数图形。

2. 编程实现：有甲、乙两种型号的步枪子弹，随机取甲型子弹 10 发，得到枪口速度的平均值 $\bar{x}_1 = 500 \text{ m/s}$，标准差 $s_1 = 1.10 \text{ m/s}$；随机取乙型子弹 20 发，得到枪口速度的平均值 $\bar{x}_2 = 496 \text{ m/s}$，标准差 $s_2 = 1.20 \text{ m/s}$。假设两个总体都可认为近似服从正态分布，且总体方差相等。求两个总体均值差 $\mu_1 - \mu_2$ 的置信水平为 95% 的置信区间。

3. 编程实现：两台车床加工同种零件，分别从两台车床加工的零件中抽取 6 个和 9 个零件测量其直径，并计算得 $s_1^2 = 0.345$，$s_2^2 = 0.375$。假定零件直径服从正态分布，试用临界值法比较两台车床加工精度有无显著差异，设 $\alpha = 0.10$。

4. 编程实现：某地某年高考后随机抽取 15 名男生、12 名女生的物理考试成绩如下。

男生：49, 48, 47, 53, 51, 43, 39, 57, 56, 46, 42, 44, 55, 44, 40

女生：46，40，47，51，43，36，43，38，48，54，48，34

这27名学生的成绩能说明这个地区男、女生的物理考试成绩不相上下吗？设 $\alpha = 0.05$。

第 8 章　Python 数据模型分析

【本章概要】

- 线性回归模型
- 非线性回归模型

由于客观事物内部规律的复杂性及人们认识程度的限制，无法分析实际对象内在的因果关系，建立合乎机理规律的数学模型，那么通常的办法是搜集大量的数据，通过对数据的统计分析，找出与数据拟合最好的模型。

回归模型是用统计分析方法建立的最常用的一类模型。回归分析是用来确定两种或两种以上变量相互依赖的定量关系的一种统计分析方法，运用十分广泛。按照自变量和因变量的关系类型，回归模型可分为线性回归模型和非线性回归模型。

8.1　线性回归模型

8.1.1　相关性的判定

多组数据之间往往相互制约，相互影响，相关性分析就是要通过对大量数字资料的观察，消除偶然因素的影响，探求现象之间的相关关系的密切程度和表现形式。

相关性分析常用于判断两组数据集（可以使用不同的度量单位）之间的关系。一般用相关系数（R）来判断两组数据之间的相关性。

相关系数用来确定两个区域中数据的变化是否相关，以及相关的程度，是两个数据集的协方差除以它们标准偏差的乘积。相关系数所表达的相关性含义如表 8.1 所示。

表 8.1　相关系数所表达的相关性含义

相关系数值	含义
$R>0$	一个集合的较大数据与另一个集合的较大数据相对应（正相关）
$R<0$	一个集合的较大数据与另一个集合的较小数据相对应（负相关）
$R=0$	两个集合中的数据互不相关
$|R|<0.4$	低度相关
$0.4\leqslant|R|<0.6$	中度相关
$0.6\leqslant|R|<0.8$	高度相关
$|R|\geqslant 0.8$	非常高度相关

1. 两组数据的相关性分析

【例 8.1】已知某公司 1~12 月份的广告费用与销售额如表 8.2 所示，利用统计数据计算广告费用与销售额之间的相关系数。

表 8.2　某公司 1~12 月份的广告费用与销售额

月份	1	2	3	4	5	6	7	8	9	10	11	12
广告费用（万元）	250	300	200	180	150	200	240	300	190	150	120	220
销售额（万元）	2 600	2 950	1 850	1 650	1 500	2 400	2 800	2 960	2 400	1 600	1 500	2 350

在 Spyder 中输入代码 8.1。

代码 8.1　两组数据的相关性分析

```
1  import numpy as np                                           # 导入 numpy 库，记作 np
2  import matplotlib.pyplot as plt                              # 导入 matplotlib.pyplot，记作 plt
3  from scipy import stats                                      # 调用统计模块
4  xi=[250, 300, 200, 180, 150, 200, 240, 300, 190, 150, 120, 220]   # 给定原始 xi 数据
5  yi=[2600, 2950, 1850, 1650, 1500, 2400, 2800, 2960, 2400, 1600, 1500, 2350]  # 给定原始 yi 数据
6  y1=np.cov(xi, yi)                                            # 计算协方差矩阵
7  y2=np.corrcoef(xi, yi)                                       # 计算相关系数矩阵
8  Plt.scatter(xi, yi, color="blue", label=u"真实数据")          # 绘制观察数据散点图
9  plt.legend()                                                 # 绘制图例
10 plt.show()                                                   # 显示绘制的图形
11 print('协方差矩阵', y1)                                       # 打印协方差矩阵
12 print('相关系数矩阵', y2)                                     # 打印相关系数矩阵
13 y=stats.pearsonr(xi, yi)                                     # 相关系数的概率
14 print('xi、yi 的相关系数为：', y[0])                           # 打印 xi、yi 的相关系数
15 print('相关系数的概率为：', y[1])                              # 打印相关系数的概率
```

代码 8.1 的运行结果如下。

```
协方差矩阵 [[ 3233.33333333   29696.96969697]
 [ 29696.96969697 320496.96969697]]
```

```
相关系数矩阵 [[1.          0.92251818]
 [0.92251818  1.        ]]
xi、yi 的相关系数为：0.9225181772563427
相关系数的概率为：1.928965453944659e-05
```

结果分析：xi、yi 的相关系数 0.922 518 177 256 342 7>0.8，说明 xi、yi 具有非常高的相关性。

因为相关系数的概率 1.928 965 453 944 659e-05<0.05，所以可以理解为在 0.05 的显著性水平下变量 xi 与 yi 存在相关关系，具有显著性。

生成的数据散点图如图 8.1 所示。

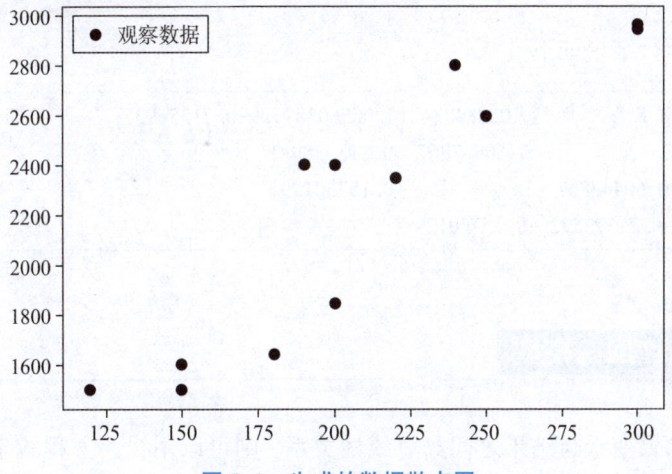

图 8.1　生成的数据散点图

2. 多组数据的相关性分析

【例 8.2】已知学生总平均成绩、出勤率、选修学分与每周打工小时数如表 8.3 所示，求相关矩阵。

表 8.3　学生总平均成绩、出勤率、选修学分与每周打工小时数统计

总平均成绩	出勤率	选修学分	每周打工小时数
82	96%	14	4
75	80%	16	8
68	70%	10	10
88	82%	12	0
84	90%	14	6
71	75%	10	0
66	80%	12	15
90	85%	16	0
83	90%	18	4
80	100%	15	4
75	95%	14	6

在 Spyder 中输入代码 8.2。

代码 8.2 多组数据的相关性分析

```
1 import numpy as np                                          # 导入 numpy 库,记作 np
2 x1=[82, 75, 68, 88, 84, 71, 66, 90, 83, 80, 75]             # 给定原始 x1 数据
3 x2=[0.96, 0.80, 0.70, 0.82, 0.90, 0.75, 0.80, 0.85, 0.90, 1, 0.95]   # 给定原始 x2 数据
4 x3=[14, 16, 10, 12, 14, 10, 12, 16, 18, 15, 14]             # 给定原始 x3 数据
5 x4=[4, 8, 10, 0, 6, 0, 15, 0, 4, 4, 6]                      # 给定原始 x4 数据
6 x=[x1, x2, x3, x4]                                          # 给定数据矩阵
7 y=np.corrcoef(x)                                            # 计算相关系数矩阵
8 print('相关系数矩阵', y)                                     # 打印相关系数矩阵
```

代码 8.2 的运行结果如下。

```
相关系数矩阵 [[ 1.          0.48482421   0.56038992 -0.71356937]
 [ 0.48482421  1.          0.60447867 -0.21393892]
 [ 0.56038992  0.60447867  1.         -0.15760129]
 [-0.71356937 -0.21393892 -0.15760129  1.        ]]
```

8.1.2 一元线性回归模型

线性回归：如果变量与结果之间具有线性关系，则可以用线性方程式来描述它们之间的关系，这种回归方法称为线性回归。

$Y = a + bx + \varepsilon$，$\varepsilon \sim N(0, \sigma^2)$，其中未知参数 a、b、σ^2 都不依赖 x，称为一元线性回归模型。在得到 a、b 的估计值 $\hat{a}$、$\hat{b}$ 后，对于给定的 x，方程 $\hat{y} = \hat{a} + \hat{b}x$ 称为 Y 关于 x 的回归方程。

【例 8.3】已知某种食品的价格与日销售量如表 8.4 所示。

表 8.4 某种食品的价格与日销售量

价格(元)	1.0	2.0	2.0	2.3	2.5	2.6	2.8	3.0	3.3	3.5
日销售量(千克)	5.0	3.5	3.0	2.7	2.4	2.5	2.0	1.5	1.2	1.2

试构造一个合适的一元线性回归模型描述价格与日销售量的关系。在 Spyder 中输入代码 8.3。

代码 8.3 一元线性回归

```
1 import numpy as np                                          # 导入 numpy 库,记作 np
2 import statsmodels.api as sm                                # 导入 statsmodels.api,记作 sm
3 import matplotlib.pyplot as plt                             # 导入 matplotlib.pyplot,记作 plt
4 plt.rcParams['font.sans-serif']=['SimHei']                  # 设置中文显示
5 xi=[1.0, 2.0, 2.0, 2.3, 2.5, 2.6, 2.8, 3.0, 3.3, 3.5]       # 给定原始 xi 数据
6 yi=[5.0, 3.5, 3.0, 2.7, 2.4, 2.5, 2.0, 1.5, 1.2, 1.2]       # 给定原始 yi 数据
```

```
 7  x1=sm. add_constant(xi)                              # 加常数项
 8  f=sm. OLS(yi, x1). fit()                             # 最小二乘拟合
 9  y1=f. params                                         # 参数估计
10  a=y1[0]                                              # 常数项 a 的参数估计值
11  b=y1[1]                                              # 一次项系数 b 的参数估计值
12  print('一元线性回归方程为:%s'%'y=', a, b, '*x')      # 打印一元线性回归方程
13  y2=f. fittedvalues                                   # 拟合值
14  x = np. linspace(0, 4, 100)                          # 输入 x 数据
15  y = a+b*x                                            # 输入回归方程
16  plt. scatter(xi, yi, color="blue", label=u"真实数据") # 绘制真实数据散点图
17  plt. scatter(xi, y2, color="red", label=u"回归数据")  # 绘制回归数据散点图
18  plt. plot(x, y, color="black", label=u"回归曲线")    # 绘制回归曲线
19  plt. legend()                                        # 绘制图例
20  plt. show()                                          # 显示绘制的图形
21  print(f. summary())                                  # 打印全部摘要
```

代码 8.3 的运行结果如下。

一元线性回归方程:y= 6.438284518828446 −1.5753138075313795*x

OLS Regression Results

Dep.Variable：	y	R-squared：	0.974
Model：	OLS	Adj.R-squared：	0.971
Method：	Least Squares	F-statistic：	298.5
Date：	Sat, 19 Aug 2023	Prob(F-statistic)：	1.28e-07
Time：	21:07:37	Log-Likelihood：	3.0538
No.Observations：	10	AIC：	−2.108
Df Residuals：	8	BIC：	−1.503
Df Model：	1		
Covariance Type：	nonrobust		

	coef	std err	t	p>|t|	[0.025	0.975]
const	6.4383	0.236	27.224	0.000	5.893	6.984
x1	−1.5753	0.091	−17.278	0.000	−1.786	−1.365

Omnibus：	0.996	Durbin-Watson：	1.728
Prob(Omnibus)：	0.608	Jarque-Bera(JB)：	0.629
Skew：	0.017	Prob(JB)：	0.730
Kurtosis：	1.772	Cond.No.	11.1

现对上述回归分析报告的主要内容作如下说明。

Dep. Variable:y	因变量:y。
Model:OLS	用来拟合的回归模型:OLS。
Method:Least Squares	参数的计算方法:最小二乘法。
No. Observations:10	观察值的个数(样本容量):10。
Df Residuals:8	Error(残差)的自由度为8。
Df Model:1	一元线性回归模型的自由度为1。
R-squared: 0.974	相关系数R的平方 $R^2 = 0.974$,相关系数R用来确定回归方程式的可解释性,即吻合程度。其范围为0~1,越接近1,解释性越强,即吻合程度越高。
Adj.R-squared:0.971	表示修正后的相关系数的平方 $\widetilde{R}^2 = 0.971$。
F-statistic:298.5	统计量F的观察值:298.5。
Prob(F-statistic): 1.28e-07	统计量F的p值为1.28e-07,非常接近0,因此在作模型参数的假设检验 "$H_0:b = 0, H_1:b \neq 0$" 时,强烈拒绝 $H_0:b = 0$,回归效果非常显著。
Log-Likelihood: 3.0538	似然函数值对数:3.0538。
AIC: -2.108	最小化信息准则(Akaike information Criterion, AIC),是衡量统计模型拟合优良性的一种标准,它建立在熵的概念上,提供了权衡估计模型复杂度和拟合数据优良性的标准。
BIC: -1.503	贝叶斯信息准则(Bayesian Information Criterion, BIC), BIC的惩罚项比AIC的大,考虑了样本数量,当样本数量过多时,可有效防止模型精度过高造成的模型复杂度过高。

coef这一列表示回归函数中参数常数项(const) a和一次项(x1)系数b的点估计值为 $\hat{a} = 6.4383$, $\hat{b} = -1.5753$。

std err这一列的第1行表示估计量 $\hat{a}$ 的标准差为0.236,第2行表示估计量 $\hat{b}$ 的标准差为0.091。标准差用来衡量拟合程度的大小,也用于计算与回归相关的其他统计量,此值越小,说明拟合程度越好。

t、p>|t|这两列的第1行表示当作假设检验(t检验) "$H_0:a = 0, H_1:a \neq 0$" 时,t统计量的观察值为27.224,检验统计量的p值为0,这个p值非常小,检验结果强烈拒绝 $H_0:a = 0$,接受 $H_1:a \neq 0$。第2行表示当作假设检验(t检验) "$H_0:b = 0, H_1:b \neq 0$" 时,t统计量的观察值为-17.278,检验统计量的p值为0,这个p值也非常小,检验结果强烈拒绝 $H_0:b = 0$,接受 $H_1:b \neq 0$。

如果p<0.05,则可以理解为在0.05的显著性水平下变量x与y存在回归关系,具有显著性。

[0.025 0.975]这一列分别表示估计量 $\hat{a}$ 的置信水平为0.95的置信区间是(5.893, 6.984),估计量 $\hat{b}$ 的置信水平为0.95的置信区间是(-1.786, -1.365)。

Omnibus: 0.996	一种用于检验模型的整体拟合程度的方法。它基于模型中所有系数的联合显著性,从而确定模型是否适合用于预测或解释数据。
Prob(Omnibus):0.608	Omnibus的概率值为0.608。
Skew:0.017	偏度为0.017>0意味着概率密度右侧的尾部比左侧长,绝大多数的值(包括中位数在内)位于均值的左侧;偏度为负意味着概率密度左侧的尾部比右侧长,绝大多数的值(包括中位数在内)位于均值的右侧;偏度为0就表示数值相对均匀地分布在均值两侧。
Kurtosis:1.772	峰度可以刻画分布的尖峭程度,其值为1.772 > 0,说明标准化后的分布情况比标准正态分布更尖峭;峰度为负意味着标准化后的分布情况比标准正态分布更平坦;峰度为0说明标准化后的分布情况与标准正态分布相当。

Durbin-Watson:1.728	用来检验回归分析中残差的自相关性。该统计量越接近2越好,一般为1~3说明没有问题,小于1说明残差存在自相关性。
Jarque-Bera(JB): 0.629	一种拟合优度检验,它用来确定样本数据是否具有与正态分布相匹配的偏度和峰度。其值为0.629,说明样本数据具有正态分布特征;如果值远大于0,则说明样本数据不具有正态分布特征。
Prob(JB): 0.730	Jarque-Bera 的概率值。
Cond.No.=11.1	多重共线性的检验,Cond.No. =11.1>10,说明具有多重共线性。

生成的一元线性回归图形如图 8.2 所示。

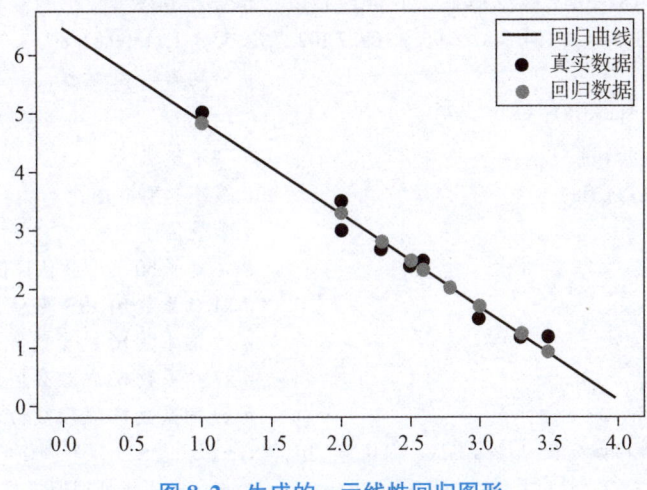

图 8.2　生成的一元线性回归图形

8.1.3　多元线性回归模型

$Y = b_0 + b_1 x_1 + \cdots + b_n x_n + \varepsilon$,$\varepsilon \sim N(0, \sigma^2)$,其中 b_0,b_1,$\cdots$,b_n,σ^2 都是与 x_1,x_2,$\cdots$,x_n 无关的未知参数,称为 n 元线性回归模型。$\hat{b}_0$,$\hat{b}_1$,$\cdots$,$\hat{b}_n$ 是未知参数 b_0,b_1,$\cdots$,b_n 的估计值,方程 $\hat{y} = \hat{b}_0 + \hat{b}_1 x_1 + \cdots + \hat{b}_n x_n$ 称为 Y 对 x_1,x_2,$\cdots$,x_n 的 n 元线性回归方程。

【例 8.4】水泥凝固时放出的热量 y 与水泥中的 4 种化学成分 x_1、x_2、x_3、x_4 有关,现测得一组数据如表 8.5 所示。

表 8.5　数据

序号	1	2	3	4	5	6	7	8	9	10	11	12	13
x_1	7	1	11	11	7	11	3	1	2	21	1	11	10
x_2	26	29	56	31	52	55	71	31	54	47	40	66	68
x_3	6	15	8	8	6	9	17	22	18	4	23	9	8
x_4	60	52	20	47	33	22	6	44	22	26	34	12	12
y	78.5	74.3	104.3	87.6	95.9	109.2	102.7	72.5	93.1	115.9	83.8	113.3	109.4

求多元线性回归模型。在 Spyder 中输入代码 8.4。

代码 8.4　多元线性回归

```
1  import numpy as np                                    # 导入 numpy 库,记作 np
2  import statsmodels.api as sm                          # 导入 statsmodels.api,记作 sm
3  import matplotlib.pyplot as plt                        导入 matplotlib.pyplot,记作 plt
4  plt.rcParams['font.sans-serif']=['SimHei']             # 设置中文显示
5  x1=np.array([7,1,11,11,7,11,3,1,2,21,1,11,10])        # 给定 x1 数据
6  x2=np.array([26,29,56,31,52,55,71,31,54,47,40,66,68]) # 给定 x2 数据
7  x3=np.array([6,15,8,8,6,9,17,22,18,4,23,9,8])         # 给定 x3 数据
8  x4=np.array([60,52,20,47,33,22,6,44,22,26,34,12,12])  # 给定 x4 数据
9  y1=np.array([78.5,74.3,104.3,87.6,95.9,109.2,102.7,72.5,93.1,115.9,83.8,113.3,109.4])
                                                         # 给定原始 y1 数据
10 x=np.column_stack((x1,x2,x3,x4))
11 x5=sm.add_constant(x)                                 # 加常数项
12 f=sm.OLS(yi,x1).fit()                                 # 最小二乘拟合
13 y2=f.params                                           # 参数估计
14 b0=y2[0]                                              # 常数项 b0 的参数估计值
15 b1=y2[1]                                              # x1 的系数 b1 的参数估计值
16 b2=y2[2]                                              # x2 的系数 b2 的参数估计值
17 b3=y2[3]                                              # x3 的系数 b3 的参数估计值
18 b4=y2[4]                                              # x4 的系数 b4 的参数估计值
19 print('多元线性回归方程为:%s'%'y=', b0, '+', b1, '*x1+', b2, '*x2+', b3, '*x3+', b4, '*x4')
                                                         # 打印多元线性回归方程
20 y3=f.fittedvalues                                     # 拟合值
21 plt.subplot(221)                                      # 绘制子图
22 plt.scatter(x1,y1,color="blue")                       # 绘制 x1,y1 散点图
23 plt.title('x1,y1 散点图')                              # 添加标题
24 plt.subplot(222)                                      # 绘制子图
25 plt.scatter(x2,y1,color="red")                        # 绘制 x2,y1 散点图
26 plt.title('x2,y1 散点图')                              # 添加标题
27 plt.subplot(223)                                      # 绘制子图
28 plt.scatter(x3,y1,color="yellow")                     # 绘制 x3,y1 散点图
29 plt.title('x3,y1 散点图')                              # 添加标题
30 plt.subplot(224)                                      # 绘制子图
31 plt.scatter(x4,y1,color="black")                      # 绘制 x4,y1 散点图
32 plt.title('x4,y1 散点图')                              # 添加标题
33 plt.tight_layout()                                    # 自动调整子图参数,使之填充整个图像区域
34 plt.legend()                                          # 绘制图例
35 plt.show()                                            # 显示绘制的图形
36 print(f.summary())                                    # 打印全部摘要
```

代码 8.4 的运行结果如下。

多元线性回归方程为:y= 62.40536929991913 + 1.5511026475084329*x1+ 0.5101675796849019*x2+ 0.10190940357964529*x3+ −0.14406102907102802*x4

OLS Regression Results

Dep.Variable：	y	R-squared：	0.982
Model：	OLS	Adj.R-squared：	0.974
Method：	Least Squares	F-statistic：	111.5
Date：	Sat, 02 Aug 2023	Prob(F-statistic)：	4.76e-07
Time：	23:18:01	Log-Likelihood：	-26.918
No.Observations：	13	AIC：	-63.84
Df Residuals：	8	BIC：	-66.66
Df Model：	4		
Covariance Type：	nonrobust		

	coef	std err	t	p>|t|	[0.025	0.975]
const	62.4054	70.071	0.891	0.399	-99.179	223.989
x1	1.5511	0.745	2.083	0.071	-0.166	3.269
x2	0.5102	0.724	0.705	0.501	-1.159	2.179
x3	0.1019	0.755	0.135	0.896	-1.638	1.842
x4	-0.1441	0.709	-0.203	0.844	-1.779	1.491

Omnibus：	0.165	Durbin-Watson：	2.053
Prob(Omnibus)：	0.921	Jarque-Bera(JB)：	0.320
Skew：	0.201	Prob(JB)：	0.852
Kurtosis：	2.345	Cond.No.	6.06e+03

注释：

[1] 标准差说明协方差矩阵是正确指定的。

[2] 条件数较大，为6.06e+03。这表明存在很强的多重共线性或其他数值问题。

生成的各化学成分与热量关系的散点图如图8.3所示。

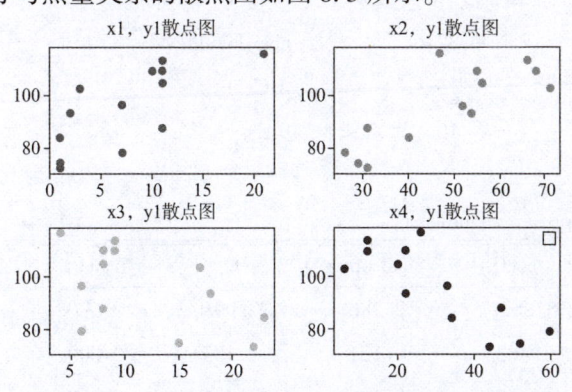

图8.3　生成的各化学成分与热量关系的散点图

x3、x4 的概率均大于 0.8，说明 x3、x4 与 y 的线性关系不显著。因此，移去 x3、x4，再进行线性回归。在 Spyder 中输入代码 8.5。

代码 8.5　多元线性回归

```
1  import numpy as np                                          # 导入 numpy 库，记作 np
2  import statsmodels.api as sm                                # 导入 statsmodels.api，记作 sm
3  import matplotlib.pyplot as plt                             # 导入 matplotlib.pyplot，记作 plt
4  plt.rcParams['font.sans-serif']=['SimHei']                  # 设置中文显示
5  x1=np.array([7,1,11,11,7,11,3,1,2,21,1,11,10])              # 给定 x1 数据
6  x2=np.array([26,29,56,31,52,55,71,31,54,47,40,66,68])       # 给定 x2 数据
7  y1=np.array([78.5,74.3,104.3,87.6,95.9,109.2,102.7,72.5,93.1,115.9,83.8,113.3,109.4])
                                                               # 给定原始 y1 数据
8  x=np.column_stack((x1,x2))
9  x3=sm.add_constant(x)                                       # 加常数项
10 f=sm.OLS(y1,x3).fit()                                       # 最小二乘拟合
11 y2=f.params                                                  # 参数估计
12 b0=y2[0]                                                     # 常数项 b0 的参数估计值
13 b1=y2[1]                                                     # x1 的系数 b1 的参数估计值
14 b2=y2[2]                                                     # x2 的系数 b2 的参数估计值
15 print('多元线性回归方程为:%s'%'y=',b0,'+',b1,'*x1',b2,'*x2+',b3,'*x1** 2+',b4,'*x2**2')
                                                               # 打印多元线性回归方程
16 y3=f.fittedvalues                                           # 拟合值
17 print(f.summary().tables[0], f.summary().tables[1])         # 打印结果
```

代码 8.5 的运行结果如下。

多元线性回归方程为:y= 52.57734888208958 + 1.4683057422155568*x1+ 0.6622504912746434*x2

OLS Regression Results

Dep.Variable:	y	R-squared:	0.979
Model:	OLS	Adj.R-squared:	0.974
Method:	Least Squares	F-statistic:	229.5
Date:	Sat, 19 Aug 2023	Prob(F-statistic):	4.41e-09
Time:	00:32:08	Log-Likelihood:	-28.156
No.Observations:	13	AIC:	62.31
Df Residuals:	10	BIC:	64.01
Df Model:	2		
Covariance Type:	nonrobust		

	coef	std err	t	p>|t|	[0.025	0.975]
const	52.5773	2.286	22.998	0.000	47.483	57.671
x1	1.4683	0.121	12.105	0.000	1.198	1.739
x2	0.6623	0.046	14.442	0.000	0.560	0.764

统计量 F-statistic 的值由 111.5 增加到 229.5，且 x1、x2 系数的概率小于 0.05，说明移去变量 x3、x4 后，回归模型具有显著性。

习题8-1

1. 编程实现：有 11 对数据如表 8.6 所示，求 y 与 x 的相关系数。

表 8.6　11 对数据

x	0	2	4	6	8	10	12	14	16	18	20
y	0.6	2.0	4.4	7.5	11.8	17.1	23.3	31.2	39.6	49.7	61.7

2. 编程实现：考察温度 x 对产量 y 的影响，测得数据如表 8.7 所示，求 y 关于 x 的一元线性回归方程。

表 8.7　测得数据

温度(℃)	20	25	30	35	40	45	50	55	60	65
产量(kg)	13.2	15.1	16.4	17.1	17.9	18.7	19.6	21.2	22.5	24.3

3. 编程实现：某种化工产品的得率 Y 与反应温度 x_1、反应时间 x_2 及反应物的浓度 x_3 有关，试验结果如表 8.8 所示，其中 x_1、x_2、x_3 均为二水平且均以编码形式表达，求 Y 的多元回归方程。

表 8.8　试验结果

x_1	−1	−1	−1	−1	1	1	1	1
x_2	−1	−1	1	1	−1	−1	1	1
x_3	−1	1	−1	1	−1	1	−1	1
$Y(\%)$	7.6	10.3	9.2	10.2	8.4	11.1	9.8	12.6

8.2　非线性回归模型

非线性回归：如果变量与结果之间不具有线性关系，我们必须用非线性方程式来描述它们之间的关系(如指数关系、对数关系等)，这种回归方法称为非线性回归。

8.2.1　多项式回归模型

1. 一元多项式回归模型

$Y = b_0 + b_1 x + \cdots + b_n x^n + \varepsilon$，$\varepsilon \sim N(0, \sigma^2)$，其中 b_0，b_1，$\cdots$，b_n，σ^2 都是与 x 无关

的未知参数，称为 n 次多项式回归模型。$\hat{b}_0$，$\hat{b}_1$，$\cdots$，$\hat{b}_n$ 是未知参数 b_0，b_1，$\cdots$，b_n 的估计值，方程 $\hat{y} = \hat{b}_0 + \hat{b}_1 x + \cdots + \hat{b}_n x^n$ 称为 Y 对 x 的 n 次回归方程。

【例8.5】收集了年龄与月收入关系的数据，如表8.9所示。

表8.9 年龄与月收入关系的数据

年龄	15	20	25	30	35	40	45	50	55	60	65	70
月收入(元)	6 000	10 000	15 000	26 000	35 000	42 000	50 500	40 500	37 650	30 500	25 000	15 800

请绘制该数据的散点图，并求年龄对月收入的回归模型。在Spyder中输入代码8.6。

代码8.6 多项式回归

```
1 import numpy as np                                    # 导入 numpy 库，记作 np
2 import statsmodels.api as sm                          # 导入 statsmodels.api，记作 sm
3 import matplotlib.pyplot as plt                       # 导入 matplotlib.pyplot，记作 plt
4 plt.rcParams['font.sans-serif']=['SimHei']            # 设置中文显示
5 x1=np.array([15, 20, 25, 30, 35, 40, 45, 50, 55, 60, 65, 70])  # 给定 x1 数据
6 y1=np.array([6000, 10000, 15000, 26000, 35000, 42000, 50500, 40500, 37650, 30500, 25000, 15800])
                                                        # 给定 y1 数据
7 x2=np.square(x1)                                      # 计算 x1 平方
8 x=np.column_stack((x1, x2))
9 x3=sm.add_constant(x)                                 # 加常数项
10 f=sm.OLS(y1, x3).fit()                               # 最小二乘拟合
11 y2=f.params                                          # 参数估计
12 b0=y2[0]                                             # 常数项 b0 的参数估计值
13 b1=y2[1]                                             # x1 的系数 b1 的参数估计值
14 b2=y2[2]                                             # x2 的系数 b2 的参数估计值
15 print('多项式回归方程为:%s'%'y=', b0, '+', b1, '*x', b2, '*x**2')
                                                        # 打印多元线性回归方程
16 y3=f.fittedvalues                                    # 拟合值
17 x = np.linspace(0, 80, 100)                          # 输入 x 数据
18 y=b0+b1*x+b2*x**2                                    # 打印多项式回归方程
19 plt.scatter(x1, y1, color="blue", label=u"真实数据")  # 绘制真实数据散点图
20 plt.scatter(x1, y3, color="red", label=u"回归数据")   # 绘制回归数据散点图
21 plt.plot(x, y, "g-", label=u"回归曲线")               # 绘制回归曲线
22 plt.legend()                                         # 绘制图例
23 plt.show()                                           # 显示绘制的图形
24 print(f.summary())                                   # 打印全部摘要
```

代码8.6的运行结果如下。

多项式回归方程为:y= -51228.683816183 + 4031.271228771247*x -43.85164835164905*x**2

OLS Regression Results

Dep.Variable：	y	R-squared：	0.902
Model：	OLS	Adj.R-squared：	0.880
Method：	Least Squares	F-statistic：	41.22
Date：	Sun, 03 Sep 2023	Prob(F-statistic)：	2.94e-05
Time：	00:09:14	Log-Likelihood：	-117.13
No.Observations：	12	AIC：	240.3
Df Residuals：	9	BIC：	241.7
Df Model：	2		
Covariance Type：	nonrobust		

	coef	std err	t	p>|t|	[0.025	0.975]
const	-5.123e+04	8820.351	-5.808	0.000	-7.12e+04	-3.13e+04
x1	4031.2712	458.013	8.802	0.000	2995.175	5067.368
x2	-43.8516	5.303	-8.269	0.000	-55.849	-31.854

Omnibus：	2.500	Durbin-Watson：	1.288
Prob(Omnibus)：	0.286	Jarque-Bera(JB)：	0.930
Skew：	0.675	Prob(JB)：	0.628
Kurtosis：	3.187	Cond.No.：	1.63e+04

注释：

[1] 标准差说明协方差矩阵是正确指定的。

[2] 条件数较大，为 6.06e+03。这表明存在很强的多重共线性或其他数值问题。

生成的一元多项式回归图形如图 8.4 所示。

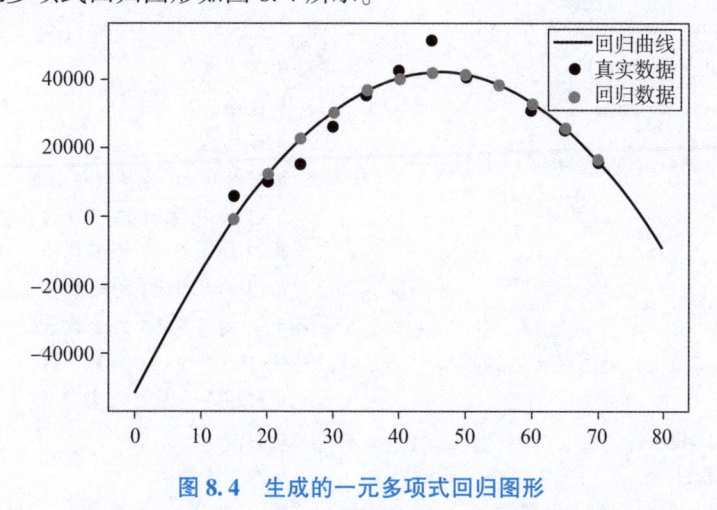

图 8.4　生成的一元多项式回归图形

R-squared=0.902，且 x(x1)和 x^2(x2)系数的概率小于 0.05，说明回归模型具有显著性。

2. 多元二项式回归模型

常见的多元二项式回归模型包括以下几种。

(1) 纯二次：$y = b_0 + b_1 x_1 + \cdots + b_n x_n + \sum_{j=1}^{n} b_{jj} x_j^2$。

(2) 交叉：$y = b_0 + b_1 x_1 + \cdots + b_n x_n + \sum_{1 \le j \ne k \le n} b_{jk} x_{jk}$。

(3) 完全二次：$y = b_0 + b_1 x_1 + \cdots + b_n x_n + \sum_{1 \le j, k \le n} b_{jk} x_{jk}$。

【例 8.6】某种商品的需求量与消费者的平均收入、商品价格的统计数据如表 8.10 所示，试建立二元二项式回归模型。

表 8.10 统计数据

需求量	100	75	80	70	50	65	90	100	110	60
平均收入(元)	1 000	600	1 200	500	300	400	1 300	1 100	1 300	300
价格(元)	5	7	6	6	8	7	5	4	3	9

在 Spyder 中输入代码 8.7。

代码 8.7　二元二项式回归

```
1 import numpy as np                                          # 导入 numpy 库，记作 np
2 import statsmodels.api as sm                                # 导入 statsmodels.api，记作 sm
3 import matplotlib.pyplot as plt                             # 导入 matplotlib.pyplot，记作 plt
4 plt.rcParams['font.sans-serif']=['SimHei']                  # 设置中文显示
5 x1=np.array([1000,600,1200,500,300,400,1300,1100,1300,300,])# 给定 x1 数据
6 x2=np.array([5,7,6,6,8,7,5,4,3,9])                          # 给定 x2 数据
7 x3=np.square(x1)                                            # 给定 x3 数据
8 x4=np.square(x2)                                            # 给定 x4 数据
9 y1=np.array([100, 75, 80, 70, 50, 65, 90, 100, 110, 60])    # 给定原始 y1 数据
10 x=np.column_stack((x1, x2, x3, x4))
11 x5=sm.add_constant(x)                                      # 加常数项
12 f=sm.OLS(yi, x1).fit()                                     # 最小二乘拟合
13 y2=f.params                                                # 参数估计
14 b0=y2[0]                                                   # 常数项 b0 的参数估计值
15 b1=y2[1]                                                   # x1 的系数 b1 的参数估计值
16 b2=y2[2]                                                   # x2 的系数 b2 的参数估计值
17 b3=y2[3]                                                   # x3 的系数 b3 的参数估计值
18 b4=y2[4]                                                   # x4 的系数 b4 的参数估计值
19 print('多元二项式回归方程为:%s'%'y=', b0, '+', b1, '*x1', b2, '*x2+', b3, '*x1**2+', b4, '*x2**2')
                                                              # 打印多元线性回归方程
20 y3=f.fittedvalues                                          # 拟合值
21 plt.subplot(221)                                           # 绘制子图
22 plt.scatter(x1, y1, color="blue")                          # 绘制 x1, y1 散点图
```

```
23  plt.title('x1, y1 散点图')                        # 添加标题
24  plt.subplot(222)                                  # 绘制子图
25  plt.scatter(x2, y1, color="red")                  # 绘制 x2, y1 散点图
26  plt.title('x2, y1 散点图')                        # 添加标题
27  plt.subplot(223)                                  # 绘制子图
28  plt.scatter(x3, y1, color="yellow")               # 绘制 x3, y1 散点图
29  plt.title('x3, y1 散点图')                        # 添加标题
30  plt.subplot(224)                                  # 绘制子图
31  plt.scatter(x4, y1, color="black")                # 绘制 x4, y1 散点图
32  plt.title('x4, y1 散点图')                        # 添加标题
33  plt.tight_layout()                                # 自动调整子图参数,使之填充整个图像区域
34  plt.legend()                                      # 绘制图例
35  plt.show()                                        # 显示绘制的图形
36  print(f.summary())                                # 打印全部摘要
```

代码 8.7 的运行结果如下。

多元二项式回归方程为:y= 110.53127389825639 + 0.14643065712138592*x1 −26.570936510965353*x2+ −7.556693259101104e−05*x1**2+ 1.8474931199498332*x2**2

OLS Regression Results

Dep.Variable:	y	R-squared:	0.970
Model:	OLS	Adj.R-squared:	0.946
Method:	Least Squares	F-statistic:	40.67
Date:	Sun, 03 Sep 2023	Prob(F-statistic):	0.000526
Time:	11:21:50	Log-Likelihood:	−25.845
No.Observations:	10	AIC:	61.69
Df Residuals:	5	BIC:	63.20
Df Model:	4		
Covariance Type:	nonrobust		

	coef	std err	t	p>|t|	[0.025	0.975]
const	110.5313	20.723	5.334	0.003	57.260	163.802
x1	0.1464	0.041	3.562	0.016	0.041	0.252
x2	−26.5709	6.479	−4.101	0.009	−43.225	−9.917
x3	−7.557e−05	2.34e−05	−3.236	0.023	−0.000	−1.55e−05
x4	1.8475	0.573	3.224	0.023	0.374	3.320

Omnibus:	1.613	Durbin-Watson:	1.632
Prob(Omnibus):	0.446	Jarque-Bera(JB):	0.789
Skew:	0.178	Prob(JB):	0.674
Kurtosis:	1.671	Cond.No.	1.50e+07

生成的平均收入、价格、平均收入平方、价格平方与需求量关系的散点图如图 8.5 所示。

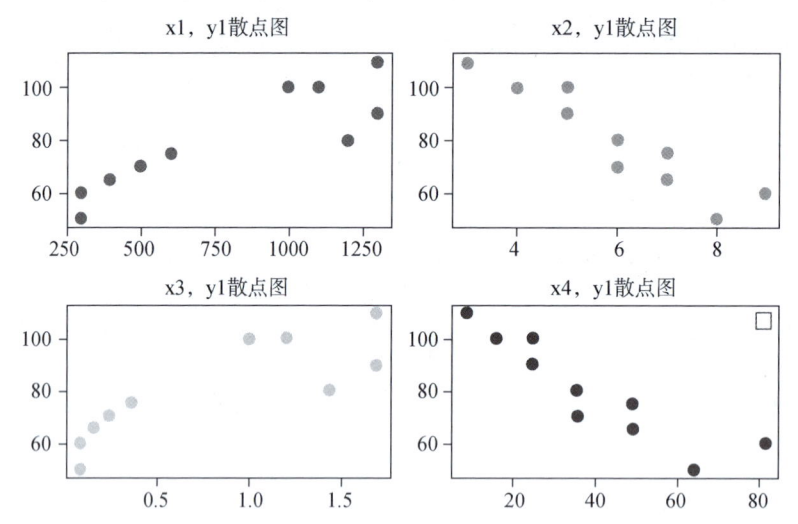

图 8.5 平均收入、价格、平均收入平方、价格平方与需求量关系的散点图

R-squared=0.970，接近 1，且各系数的概率小于 0.05，说明回归模型显著性很好。

8.2.2 可线性化的非线性回归模型

在某些情形下，可以通过一定的变换将非线性模型作为线性模型处理。这类模型称为可线性化的非线性模型。这种需要配曲线的情形就是非线性回归或曲线回归，通常可供选择的 6 类曲线如下。

(1) 双曲线 $y = a + \dfrac{b}{x}$，做变量代换，令 $u = \dfrac{1}{x}$，得 $y = a + bu$。

(2) 幂函数曲线 $y = ax^b$，其中 $x > 0$，$a > 0$。对其做两遍取对数有 $\ln y = \ln a + b \ln x$；做变量代换，令 $v = \ln y$，$u = \ln x$，$b_0 = \ln a$，得 $v = b_0 + bu$，$a = e^{b_0}$。

(3) 指数曲线 $y = ae^{bx}$，其中 $a > 0$。对其做两遍取对数有 $\ln y = \ln a + bx$；做变量代换，令 $v = \ln y$，$b_0 = \ln a$，得 $v = b_0 + bx$，$a = e^{b_0}$。

(4) 倒指数曲线 $y = ae^{b/x}$，其中 $a > 0$。对其做两遍取对数有 $\ln y = \ln a + \dfrac{b}{x}$；做变量代换，令 $v = \ln y$，$b_0 = \ln a$，$u = \dfrac{1}{x}$，得 $v = b_0 + bu$，$a = e^{b_0}$。

(5) 对数曲线 $y = a + b\log x$，其中 $x > 0$。对其做变量代换，令 $u = \log x$，得 $y = a + bu$。

(6) S 形曲线 $y = \dfrac{1}{a + be^{-x}}$，做变量代换，令 $v = \dfrac{1}{y}$，$u = e^{-x}$，得 $v = a + bu$。

【例 8.7】某企业 16 个月的某产品产量和单位成本的数据如表 8.11 所示，求两者关系的回归模型。

表 8.11　某企业 16 个月的某产品产量和单位成本的数据

产量	4 300	4 004	4 300	5 016	5 511	5 648	5 876	6 651
（台）	6 024	6 194	7 588	7 381	6 950	6 471	6 354	8 000
单位成本	346.23	343.34	327.46	313.27	310.75	307.61	314.56	305.72
（元/台）	310.82	306.83	305.11	300.71	306.84	303.44	298.03	296.21

在 Spyder 中输入代码 8.8。

代码 8.8　双曲线型回归模型

```
1  import numpy as np                                      # 导入 numpy 库，记作 np
2  import statsmodels.api as sm                            # 导入 statsmodels.api，记作 sm
3  import matplotlib.pyplot as plt                         # 导入 matplotlib.pyplot，记作 plt
4  plt.rcParams['font.sans-serif']=['SimHei']              # 设置中文显示
5  x1=np.array([4300,4004,4300,5016,5511,5648,5876,6651,6024,6194,7588,7381,6950,6471,6354,8000])
                                                           # 给定 x 数据
6  y=[346.23,343.34,327.46,313.27,310.75,307.61,314.56,305.72,310.82,306.83,305.11,300.71,
306.84,303.44,298.03,296.21]                               # 给定 y 数据
7  x2=1/x1                                                 # 计算 x1 倒数
8  x3=sm.add_constant(x2)                                  # 加常数项
9  f=sm.OLS(y1,x3).fit()                                   # 最小二乘拟合
10 y1=f.params                                             # 参数估计
11 a=y1[0]                                                 # 常数项 a 的参数估计值
12 b=y1[1]                                                 # 1/x1 的系数 b 的参数估计值
13 print('双曲线回归方程为:%s'%'y=', a, '+', b, '/x')       # 打印双曲线回归方程
14 y2=f.fittedvalues                                       # 拟合值
15 x = np.linspace(3000, 9000, 100)                        # 输入 x 数据
16 y3= a+b/x                                               # 打印回归方程
17 plt.scatter(x1, y, color="blue", label=u"真实数据")      # 绘制真实数据散点图
18 plt.scatter(x1, y2, color="red", label=u"回归数据")      # 绘制回归数据散点图
19 plt.plot(x, y3, "g-", label=u"回归曲线")                 # 绘制回归曲线图
20 plt.legend()                                            # 绘制图例
21 plt.show()                                              # 显示绘制的图形
22 print(f.summary())                                      # 打印全部摘要
```

代码 8.8 的运行结果如下。

双曲线回归方程为:y= 250.88966210153268 + 354917.98670810694/x

OLS Regression Results

Dep.Variable:	y	R-squared:	0.837
Model:	OLS	Adj.R-squared:	0.825
Method:	Least Squares	F-statistic:	71.94
Date:	Sun, 03 Sep 2023	Prob(F-statistic):	6.89e-07
Time:	11:44:22	Log-Likelihood:	-50.591
No.Observations:	16	AIC:	105.2
Df Residuals:	14	BIC:	106.7
Df Model:	1		
Covariance Type:	nonrobust		

	coef	std err	t	p>|t|	[0.025	0.975]
const	250.8897	7.400	33.902	0.000	235.018	266.762
x1	3.549e+05	4.18e+04	8.482	0.000	2.65e+05	4.45e+05

Omnibus:	0.445	Durbin-Watson:	1.154
Prob(Omnibus):	0.800	Jarque-Bera(JB):	0.355
Skew:	0.311	Prob(JB):	0.838
Kurtosis:	2.618	Cond.No.	2.74e+04

R-squared=0.837>0.8，且参数 a=250.8897，b=3.549e+05，说明回归的效果显著。生成的双曲线型回归图形如图 8.6 所示。

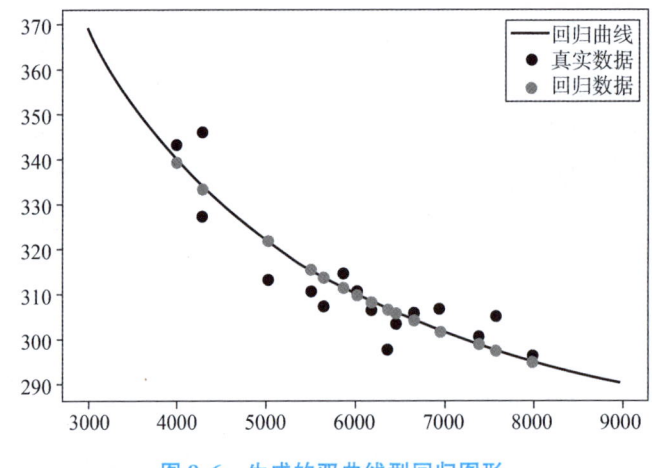

图 8.6　生成的双曲线型回归图形

习题8-2

1. 编程实现：混凝土的抗压强度随养护时间的延长而增加，现将一批混凝土分别做3次试验，得到养护时间及抗压强度的数据如表8.12所示，求其一元二次回归模型。

表8.12　养护时间及抗压强度的数据

养护时间（日）	10.0	10.0	10.0	15.0	15.0	15.0	20.0	20.0	20.0	25.0	25.0	25.0	30.0	30.0	30.0
抗压强度（kg/cm^2）	25.2	27.3	28.7	29.8	31.1	27.8	31.2	32.6	29.7	31.7	30.1	32.3	29.4	30.8	32.8

2. 编程实现：出钢时所用的盛钢水的钢包，由于钢水对耐火材料的侵蚀，容积不断增大。对一钢包做试验，测得的数据如表8.13所示。

表8.13　测得的数据

使用次数（次）	2	3	4	5	6	7	8	9	10	11	12	13	14	15	16
增大的容积（m^3）	6.42	8.20	9.58	9.50	9.70	10.0	9.93	9.99	10.49	10.59	10.6	10.8	10.6	10.9	10.76

求使用次数与增大的容积之间的倒指数型非线性回归方程。

3. 编程实现：对例8.7求幂函数型非线性回归方程。

8.3　本章小结

本章分2节介绍了Python数据模型分析。第1节介绍了线性回归模型，具体包含相关性的判定、一元线性回归模型及多元线性回归模型。第2节介绍了非线性回归模型，具体包含多项式回归模型、可线性化的非线性回归模型。

总习题8

1. 编程实现：已知某厂家同一车型中旧车的车龄及其售价数据，如表8.14所示。

表8.14　旧车的车龄及其售价数据

车龄	1	2	3	4	5	6	7	8	9	10
售价(万元)	56	48.5	42	37.6	32.5	28.7	22.2	18.5	15.0	12.5

求车龄对售价的一元线性回归方程。

2. 编程实现：对例 8.2 做多元线性回归分析。

3. 编程实现：某零件上有一段呈曲线形，为了在程序控制机床上加工这一零件，需要这段曲线的解析表达式，在曲线横坐标 x 处测得纵坐标 y，如表 8.15 所示。

表 8.15　数据

x	0	2	4	6	8	10	12	14	16	18	20
y	0.6	2.0	4.4	7.5	11.8	17.1	23.3	31.2	39.6	49.7	61.7

求这段曲线的纵坐标关于横坐标的二次多项式回归方程。

4. 编程实现：混凝土的抗压强度随养护时间的延长而增加的试验数据如表 8.16 所示。

表 8.16　混凝土的抗压强度随养护时间的延长而增加的试验数据

养护时间（日）	2	3	4	5	7	9	12	14	17	21	28	56
抗压强度（kg/cm^2）	35	42	47	53	59	65	68	73	76	82	86	99

求对数型非线性回归方程。

第 8 章习题答案

第 9 章　Python 数据预测分析

【本章概要】

- Python 数据预测分析概述
- Python 数据预测分析示例

9.1　Python 数据预测分析概述

　　预测是根据反映客观事物的资料信息，运用科学方法来预计和推断客观事物发展的必然趋势和可能性。数据预测主要是根据已有的数据的分类来判断新数据的分类。这其中的关键就是找到对已有数据分类的方法，方法找到了，直接应用到新数据就可以知道新数据的分类情况，如语音识别、用户分类、新闻和商品推送等。

9.1.1　数据预测分析的概念

　　数据预测分析是数据分析的一个分支，用于预测未来可能出现的事件、行为和结果。这种方法主要是利用统计学技术分析当前数据和历史数据，评估某件事情在未来发生的可能性。统计学技术包括机器学习算法和复杂的预测建模等。

9.1.2　数据预测分析工具

　　数据预测分析工具除包括常用的 numpy、scipy、pandas 和 matplotlib，还有与时间序列相关的 datetime、statsmodels 和 ARIMA、scikit-learn 等。

1. datetime 时间处理

datetime 是一个 Python 模块，用于处理日期和时间。该模块包含处理场景所需的方法和功能，如日期和时间的表示、日期和时间的算术、日期和时间的比较，使用它处理时间序列很简单。它允许用户将日期和时间转换为对象并对其进行操作，只需要几行代码，就可以从一种 datetime 格式转换为另一种格式。datetime 模块中包含了 3 个类，分别是 date、time、datetime。datetime.date 表示日期类，属性有 year、month、day。datetime.time 表示时间类，属性有 hour、minute、second、microsecond。datetime.datetime 表示日期时间类。

【例 9.1】Python datetime 模块使用示例。在 Spyder 中输入代码 9.1。

代码 9.1　Python datetime 模块使用示例

```
1  import time                                           # 导入 time
2  import datetime                                       # 导入 datetime
3  date = datetime.date(2023, 6, 14)                     # 使用 datetime.date()创建时间对象
4  print(date)                                           # 打印结果：2023-06-14
5  print("{0}-{1}-{2}".format(date.year, date.month, date.day))  # 打印格式化的时间,打印结果:2023-6-14
6  print("%d-%d-%d"%(date.year, date.month, date.day))   # 打印格式化的时间,打印结果:2023-6-14
7  today = datetime.date.today()                         # 用 date.today()返回当天的日期
8  print(today)                                          # 打印结果：2023-08-07
9  time = time.time()                                    # 使用 time.time()创建时间对象
10 today = datetime.date.fromtimestamp(time)             # 传入一个时间戳，返回一个 date 对象
11 print(today)                                          # 打印结果：2023-08-07
12 today = datetime.date.today().strftime('%Y%m%d')      # 使用 strftime()格式化时间
13 print(today)                                          # 打印结果：20230807
14 day = datetime.date.today()+datetime.timedelta(3)     # timedelta()对天数进行操作：在当天的天
                                                         #   数上加上 3 天
15 print(day)                                            # 打印结果：2023-08-10
16 formatTime = datetime.time(20, 20, 30).strftime("%H-%M-%S")  # strftime()方法主要用于时间的
                                                                #   格式化操作
17 print(formatTime)                                     # 打印结果：20-20-30, 20 时 20 分 30 秒
18 formatTime = datetime.datetime.today().strftime('%Y-%m-%d %H:%M:%S')
19 print(formatTime)                                     # 打印结果：2023-08-07 13:16:51
```

代码 9.1 的运行结果如图 9.1 所示。

```
2023-06-14
2023-6-14
2023-6-14
2023-08-07
2023-08-07
20230807
2023-08-10
20-20-30
2023-08-07 13:16:51
```

图 9.1　代码 9.1 的运行结果

2. 时间序列

时间序列是指将某种现象的某一个统计指标在不同时间上的各个数值,按时间先后顺序排列而形成的序列。时间序列法是一种定量预测方法,也称简单外延方法,在统计学中作为一种常用的预测手段被广泛应用。时间序列分析是一种动态数据处理的统计方法。该方法基于随机过程理论和数理统计学方法,研究随机数据序列所遵从的统计规律,以用于解决实际问题。

(1) pandas 生成时间序列。

【例 9.2】pandas 生成时间序列。在 Spyder 中输入代码 9.2。

代码 9.2　pandas 生成时间序列

```
1 import pandas as pd                                    # 导入 pandas 库,记作 pd
2 import numpy as np                                     # 导入 numpy 库,记作 np
3 rng = pd.date_range('2023-07-01', periods = 10, freq = '3D')   # 创建时间序列,若不传 freq,则默
                                                                  认是 D(1 日)
4 print(rng)                                             # 打印
5 time=pd.Series(np.random.randn(20), index=pd.date_range('2023-01-01', periods=20))
                                                        # 创建时间序列
6 print(time)                                            # 打印
```

代码 9.2 的运行结果如图 9.2 所示。

```
DatetimeIndex(['2023-07-01', '2023-07-04', '2023-07-07', '2023-07-10',
               '2023-07-13', '2023-07-16', '2023-07-19', '2023-07-22',
               '2023-07-25', '2023-07-28'],
              dtype='datetime64[ns]', freq='3D')
2023-01-01   -0.437658
2023-01-02    0.032840
2023-01-03   -1.073772
2023-01-04   -0.691712
2023-01-05    0.425648
2023-01-06   -0.795297
2023-01-07    0.309512
2023-01-08    0.240613
2023-01-09   -0.180580
2023-01-10   -0.305611
2023-01-11    1.910424
2023-01-12   -0.128136
2023-01-13   -1.445039
2023-01-14   -0.778695
2023-01-15    0.303551
2023-01-16    1.765007
2023-01-17    0.556015
2023-01-18   -1.351138
2023-01-19    1.357808
2023-01-20    1.889275
Freq: D, dtype: float64
```

图 9.2　代码 9.2 的运行结果

(2) truncate 数据过滤。

【例 9.3】truncate 数据过滤。在 Spyder 中输入代码 9.3。

代码 9.3　truncate 数据过滤

```
1 import pandas as pd                                    # 导入 pandas 库,记作 pd
2 import numpy as np                                     # 导入 numpy 库,记作 np
3 time = pd.Series(np.random.randn(20), index=pd.date_range('2023-01-01', periods=20))
                                                        # 创建时间序列
```

4 timebf = time.truncate(before='2023-1-10')	# 过滤掉 1 月 10 日之前的数据
5 timeaf = time.truncate(after='2023-1-10')	# 过滤掉 1 月 10 日之后的数据
6 print(timebf)	# 打印
7 print(timeaf)	# 打印

代码 9.3 的运行结果如图 9.3 所示。

```
2023-01-10     0.312900
2023-01-11    -0.749566
2023-01-12     1.153543
2023-01-13     0.780342
2023-01-14     0.899639
2023-01-15     0.703358
2023-01-16    -0.135702
2023-01-17     2.438866
2023-01-18    -1.043792
2023-01-19    -0.488660
2023-01-20    -0.639644
Freq: D, dtype: float64
2023-01-01    -0.135232
2023-01-02    -0.542993
2023-01-03     0.777905
2023-01-04     0.147970
2023-01-05     1.057819
2023-01-06    -0.334700
2023-01-07    -1.930236
2023-01-08     0.348293
2023-01-09    -0.329608
2023-01-10     0.312900
Freq: D, dtype: float64
```

图 9.3　代码 9.3 的运行结果

(3) 时间序列数据重采样。

时间序列数据重采样通常包含时间数据由一个频率转换到另一个频率、降采样和升采样几种方式。

【例 9.4】时间序列数据重采样。在 Spyder 中输入代码 9.4。

代码 9.4　时间序列数据重采样

1 import pandas as pd	# 导入 pandas 库, 记作 pd
2 import numpy as np	# 导入 numpy 库, 记作 np
3 rng = pd.date_range('1/1/2023', periods=90, freq='D')	# 按天创建时间序列数据, 长度为 90
4 ts = pd.Series(np.random.randn(len(rng)), index=rng)	# 用 rng 作为索引创建时间序列数据
5 rng1 = ts.resample('M').sum()	# 数据重采样, 降采样, 降为月, 指标是求和
6 rng2 = ts.resample('3D').sum()	# 数据重采样, 降采样, 降为 3 天, 指标是求和
7 day3Ts = ts.resample('3D').mean()	# 数据重采样, 降采样, 降为 3 天, 指标是求均值
8 print(day3Ts.resample('D').asfreq())	# 数据重采样, 升采样, 要进行插值

代码 9.4 的运行结果如图 9.4 所示。

```
2023-01-01    -0.293496
2023-01-02         NaN
2023-01-03         NaN
2023-01-04    -1.161887
2023-01-05         NaN
                ...
2023-03-25         NaN
2023-03-26    -0.909879
2023-03-27         NaN
2023-03-28         NaN
2023-03-29     0.255791
Freq: D, Length: 88, dtype: float64
```

图 9.4　代码 9.4 的运行结果

（4）插值方法。

插值方法包含 ffill 空值取前面的值、bfill 空值取后面的值和 interpolate 线性取值。

【例 9.5】插值方法。在 Spyder 中输入代码 9.5。

代码 9.5　插值方法

```
1  import pandas as pd                                # 导入 pandas 库, 记作 pd
2  import numpy as np                                 # 导入 numpy 库, 记作 np
3  rng = pd.date_range('1/1/2023', periods=90, freq='D')  # 按天创建时间序列数据
4  ts = pd.Series(np.random.randn(len(rng)), index=rng)   # 用 rng 作为索引创建时间序列数据
5  day3Ts = ts.resample('3D').mean()                  # 数据重采样, 降采样, 降为 3 天, 指标是求
                                                       #   均值
6  kqq = day3Ts.resample('D').ffill(1)                # 数据按天重采样, 指标是空值取前面的值
7  kqh = day3Ts.resample('D').bfill(1)                # 数据按天重采样, 指标是空值取后面的值
8  nht = day3Ts.resample('D').interpolate('linear')   # 线性拟合填充
9  print(nht)                                         # 打印
```

代码 9.5 的运行结果如图 9.5 所示。

```
2023-01-01     0.372518
2023-01-02    -0.017857
2023-01-03    -0.408231
2023-01-04    -0.798606
2023-01-05    -0.567396
                ...
2023-03-25    -0.047188
2023-03-26    -0.534296
2023-03-27    -0.663502
2023-03-28    -0.792709
2023-03-29    -0.921915
Freq: D, Length: 88, dtype: float64
```

图 9.5　代码 9.5 的运行结果

（5）pandas 滑动窗口。

滑动窗口就是能够根据指定的单位长度来框住时间序列, 从而计算框内的统计指标。其相当于一个指定长度的滑块在刻度尺上面滑动, 每滑动一个单位即可反馈滑块内的数据。滑动窗口可以使数据更加平稳, 浮动范围会比较小, 具有代表性。单独拿出一个数据可能或多或少会离群, 有差异或错误, 使用滑动窗口会更规范。

【例 9.6】pandas 滑动窗口方法。在 Spyder 中输入代码 9.6。

代码 9.6　pandas 滑动窗口方法

```
1 import pandas as pd                                  # 导入 pandas 库，记作 pd
2 import numpy as np                                   # 导入 numpy 库，记作 np
3 import matplotlib.pyplot as plt                      # 导入 matplotlib.pyplot，记作 plt
4 df = pd.Series(np.random.randn(600), index = pd.date_range('7/1/2023', freq = 'D', periods = 600))
                                                      # 创建时间序列
5 print(df.head())                                    # 打印前 5 行数据
6 r = df.rolling(window = 10)                         # 数据在窗口中滑动
7 print(r.mean())                                     # 打印均值
8 plt.figure(figsize=(15, 5))                         # 建立绘图环境
9 df[:].plot(style='g--')                             # 对数据 df 绘图，颜色为绿色
10 df[:].rolling(window=10).mean().plot(style='r')    # 对滑动窗口数据均值绘图，颜色为红色
```

代码 9.6 的运行结果如图 9.6 所示。

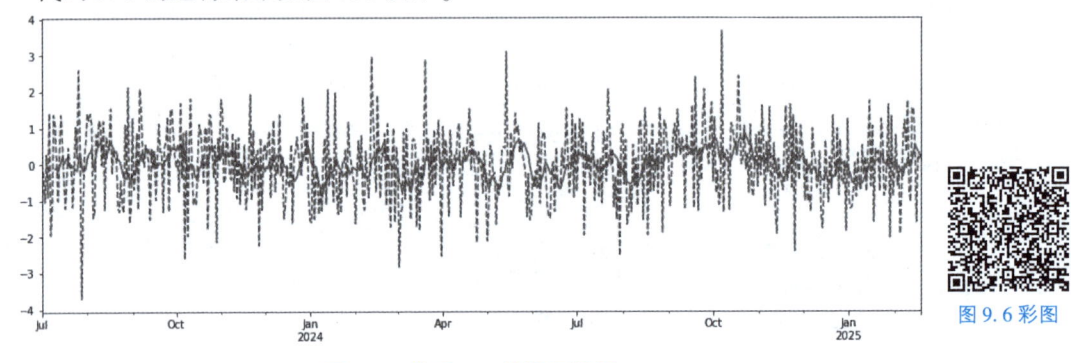

图 9.6　代码 9.6 的运行结果

3. statsmodels 简介

statsmodels 是一个有很多统计模型的 Python 库，能完成很多统计测试、数据探索及可视化。它也包含一些经典的统计方法，如贝叶斯方法。statsmodels 中的模型包括：线性模型、广义线性模型、鲁棒线性模型、线性混合效应模型。

statsmodels 是 Python 中一个用于计量、统计分析的包，Anaconda 的安装命令为 conda install -c conda-forge statsmodels，pip 的安装命令为 pip install statsmodels。其主要有 3 个 API。statsmodels.api：横截面模型和方法，导入方法为 import statsmodels.api as sm，主要用于回归分析、插补（缺失值）、广义估计方程、广义线性模型、离散模型、多变量模型和混合模型。statsmodels.tsa.api：时间序列模型和方法，导入方法为 import statsmodels.tsa.api as tsa。statsmodels.formula.api：一个方便的接口，用于使用公式字符串和 DataFrames 指定模型，导入方法为 import statsmodels.formula.api as smf。

习题9-1

1. 编程实现：使用 Python datetime 模块提供的 strftime() 方法，接收一个格式字符串，输出日期时间的字符串表示。

2. 编程实现：某公司 1~12 月份的广告费用如表 9.1 所示，请使用 pandas 实现窗口滑动。

表 9.1　某公司 1~12 月份的广告费用

月份	1	2	3	4	5	6	7	8	9	10	11	12
广告费用(万元)	250	300	200	180	150	200	240	300	190	150	120	220

9.2　Python 数据预测分析示例

数据预测分析示例主要介绍 ARIMA 时间序列分析方法和 scikit-learn 预测方法。

9.2.1　ARIMA 时间序列分析方法

ARIMA 模型的全称称为自回归移动平均模型，ARIMA 是 Autoregressive Integrated Moving Average Model 的简写，也记作 ARIMA(p, d, q)，是统计模型中最常见的一种用来进行时间序列预测的模型。AR：自回归，是一种模型，它使用观察与一些滞后观察之间的依赖关系，通过原始观察的差分(例如，从前一时间步骤的观察中减去观察值)以使时间序列静止。MA：移动平均线，使用应用于滞后观察的移动平均模型中的观察和残差之间的依赖关系的模型。

1. ARIMA 的优、缺点

优点：模型十分简单，只需要内生变量而不需要借助其他外生变量。缺点：要求时间序列数据是稳定的，或者通过差分化后是稳定的，本质上只能捕捉线性关系，而不能捕捉非线性关系。

注意，当采用 ARIMA 模型预测时时序列数据时，数据必须是稳定的，如果是不稳定的数据，则无法捕捉到规律。例如，股票数据用 ARIMA 无法预测的原因就是股票数据是非稳定的，常常受政策和新闻的影响而波动。

2. 判断时间序列数据是否稳定的方法

严格定义：一个时间序列的随机变量是稳定的，当且仅当它的所有统计特征都是独立于时间的(是关于时间的常量)。判断的方法：稳定的数据是没有趋势和周期性的，即它的均值在时间轴上拥有常量的振幅，并且它的方差在时间轴上是趋于同一个稳定值的。

3. ARIMA 的参数

ARIMA(p, d, q)模型有 3 个参数：p、d、q。p 代表预测模型中采用的时间序列数据本身的滞后数，也称为 AR/Auto-Regressive 项。d 代表时间序列数据需要进行几阶差分化，才是稳定的，也称为 Integrated 项。q 代表预测模型中采用的预测误差的滞后数，也称为 MA/Moving Average 项。

先解释差分：假设 y_t 表示 t 时刻的 Y 的差分。

如果 $d = 0$，$y_t = Y_t$；$d = 1$，$y_t = Y_t - Y_{t-1}$；$d = 2$，$y_t = (Y_t - Y_{t-1}) - (Y_{t-1} - Y_{t-2}) = Y_t - 2Y_{t-1} + Y_{t-2}$。

【例 9.7】一阶差分与二阶差分的 Python 实现。差分法，即时间序列在 t 与 $t-1$ 时刻的差值。二阶差分是指在一阶差分基础上再做一阶差分。在 Spyder 中输入代码 9.7。

代码 9.7　一阶差分与二阶差分的 Python 实现

```
1  import pandas as pd                             # 导入 pandas 库, 记作 pd
2  import numpy as np                              # 导入 numpy 库, 记作 np
3  import matplotlib.pyplot as plt                 # 导入 matplotlib.pyplot, 记作 plt
4  df = pd.Series(np.random.randn(100), index = pd.date_range('7/1/2023', freq = 'D', periods = 100))
                                                   # 创建时间序列
5  print(df.head())                                # 打印前 5 行
6  print(df.shift(-1) -df)                         # shift(1)表示向下移动 1 位。shift(-1)表示向
                                                     上移动 1 位, 第 1 行数据没有了, 第 2 行数
                                                     据变成第 1 行数据
7  print(df.diff(2))                               # 打印二阶差分
8  plt.rcParams['font.sans-serif'] = ['SimHei']    # 设置中文显示
9  plt.rcParams['axes.unicode_minus'] = False      # 设置正常显示符号
10 x = df.index                                    # df 索引赋值给 x
11 y = df                                          # df 赋值给 y
12 plt.figure(figsize=(15, 6))                     # 设置绘图环境
13 plt.subplot(121)                                # 设置绘制子图, 1 行 2 列第 1 个图
14 plt.plot(x, y, 'g')                             # 绘制图像, 绿色
15 plt.title('原数据')                              # 标题为"原数据"
16 newx = df.index                                 # df 的索引赋值给 newx
17 y = df.diff(1)                                  # 对 df 进行一阶差分并赋值给 y
18 plt.subplot(122)                                # 设置绘制子图, 1 行 2 列第 2 个图
19 plt.plot(x, y, 'b', label = '一阶')             # 绘制一阶差分图像, 蓝色
20 plt.title('一二阶差分')                          # 标题为"一二阶差分"
21 y = y.diff(1)                                   # 对 y 再进行一阶差分并赋值给 y
22 plt.plot(x, y, 'r', label = '二阶')             # 绘制二阶差分图像, 红色
23 plt.legend()                                    # 绘制图例
```

代码 9.7 的运行结果如图 9.7 所示。

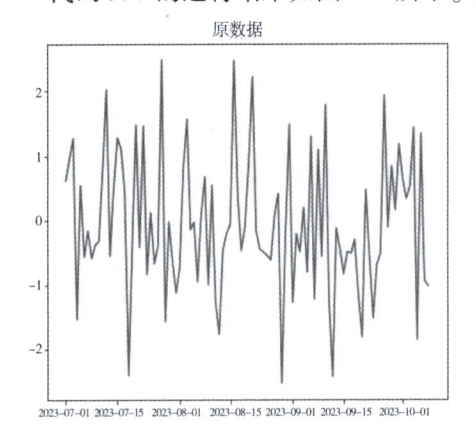

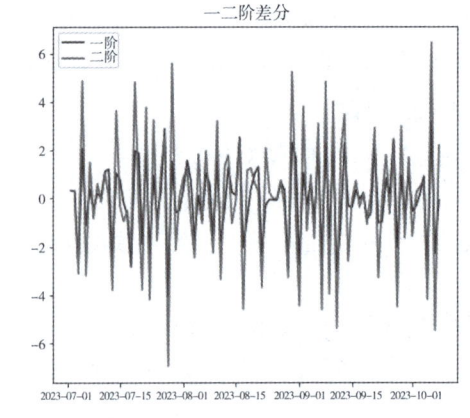

图 9.7　代码 9.7 的运行结果

4. ARIMA 实例操作

ARIMA：I 表示差分项，1 是一阶，0 是不用做，一般做一阶就够了。原理：将非平稳时间序列转换为平稳时间序列，然后因变量仅对它的滞后值及随机误差项的现值和滞后值进行回归所建立的模型(滞后指阶数)。

ARIMA 实例操作主要分为 4 部分：用 pandas 处理时间序列数据、检验时间序列数据的稳定性、处理时间序列数据和进行时间序列数据的预测。

(1) 用 pandas 处理时间序列数据。

【例 9.8】用 pandas 处理时间序列数据。数据集是航空乘客数量预测数据集 international-airline-passengers.csv。数据收集地址：https://github.com/sunlei-1997/ML-DL-datasets/blob/master/AirPassengers.csv 或 https://github.com/sunlei-1997/ML-DL-datasets/blob/master/international-airline-passengers.csv。

在 Spyder 中输入代码 9.8。

代码 9.8　用 pandas 处理时间序列数据

```
1 import pandas as pd                                         # 导入 pandas 库，记作 pd
2 from datetime import datetime                               # 从 datetime 导入 datetime
3 import warnings                                              # 导入 warnings
4 warnings.filterwarnings('ignore')                           # 过滤警告
5 df = pd.read_csv('international-airline-passengers.csv', encoding='utf-8', index_col='Month')
                                                              # 读取数据
6 df.index = pd.to_datetime(df.index)                         # 将字符串索引转换成时间索引
7 ts = df['Passengers']                                        # 生成 pd.Series 对象
8 ts = ts.astype('float')                                      # 改变数据类型为浮点数
9 print(ts.head())                                             # 打印前 5 行数据
10 print('-----------------------------------')               # 打印分隔线
11 print(ts.index)                                              # 打印索引
12 print('-----------------------------------')               # 打印分隔线
13 print(ts['1949-01-01'])                                      # 打印 1949-01-01 索引对应的值
14 print(ts[datetime(1949, 1, 1)])                              # 打印 1949-01-01 索引对应的值
15 print('-----------------------------------')               # 打印分隔线
16 print(ts['1949-1' : '1949-6'])                               # 打印 1949-01-01 到 1949-6-01 索引对应的值
17 print('-----------------------------------')               # 打印分隔线
```

注意：pd.read_csv( ) 默认生成 DataFrame 对象，需将其转换成 Series 对象。

代码 9.8 的运行结果如图 9.8 所示。

```
Month
1949-01-01    112.0
1949-02-01    118.0
1949-03-01    132.0
1949-04-01    129.0
1949-05-01    121.0
Name: Passengers, dtype: float64
-----------------------------------------------------------
DatetimeIndex(['1949-01-01', '1949-02-01', '1949-03-01', '1949-04-01',
               '1949-05-01', '1949-06-01', '1949-07-01', '1949-08-01',
               '1949-09-01', '1949-10-01',
               ...
               '1960-03-01', '1960-04-01', '1960-05-01', '1960-06-01',
               '1960-07-01', '1960-08-01', '1960-09-01', '1960-10-01',
               '1960-11-01', '1960-12-01'],
              dtype='datetime64[ns]', name='Month', length=144, freq=None)
-----------------------------------------------------------
112.0
112.0
-----------------------------------------------------------
Month
1949-01-01    112.0
1949-02-01    118.0
1949-03-01    132.0
1949-04-01    129.0
1949-05-01    121.0
1949-06-01    135.0
Name: Passengers, dtype: float64
-----------------------------------------------------------
```

图9.8 代码9.8的运行结果

（2）检验时间序列数据的稳定性。

ARIMA模型要求数据是稳定的，所以这一步至关重要。要判断数据是不是稳定的，常常考虑对于时间来说是常量的几个统计量：常量的均值、常量的方差及与时间独立的自协方差（自协方差定义在随机过程上，如果X_t二阶平稳，则自协方差$\gamma(\tau) = E[(X_t - \mu)(X_{t+\tau} - \mu)]$）。

使用Python编程判断时间序列数据的稳定性涉及平稳性检验法和单位根检验法。平稳性检验法一般采用观察法，需计算每个时间段内的平均的数据均值和标准差。单位根检验法通过Dickey-Fuller Test（迪基-富勒检验）进行判断，是一种用于检验时间序列数据是否具有单位根的统计方法。它是由经济学家迪基和富勒在1979年提出的，大致意思就是在一定置信水平下，对于时间序列数据假设Null hypothesis（原假设）：非稳定。这是一种常用的单位根检验方法，它的原假设为序列具有单位根，即非稳定，对于一个稳定的时间序列数据，就需要在给定的置信水平（一般是0.05）上显著，拒绝原假设。

【例9.9】检验时间序列数据的稳定性。在Spyder中输入代码9.9。

代码9.9　检验时间序列数据的稳定性

```
1  import pandas as pd                                  # 导入pandas库，记作pd
2  import matplotlib.pyplot as plt                      # 导入matplotlib.pyplot，记作plt
3  import statsmodels                                    # 导入statsmodels
4  from statsmodels.tsa.stattools import adfuller       # 从statsmodels.tsa.stattools导入adfuller
5  import warnings                                       # 导入warnings
6  warnings.filterwarnings('ignore')                    # 过滤警告
7  df = pd.read_csv('international-airline-passengers.csv', encoding='utf-8', index_col='Month')
                                                         # 读取数据
8  df.index = pd.to_datetime(df.index)                  # 将字符串索引转换成时间索引
9  ts = df['Passengers']                                 # 生成pd.Series对象
10 ts = ts.astype('float')                              # 数据类型转换为浮点数
11 def draw_trend(timeseries, size):                    # 定义函数绘制移动趋势图
```

```
12    plt.figure(facecolor='yellow')                              # 设置绘图环境,面板颜色为黄色
13    rol_mean = timeseries.rolling(window=size).mean()           # 对 size 个数据进行移动平均
14    rol_std = timeseries.rolling(window=size).std()             # 对 size 个数据进行移动标准差
15    timeseries.plot(color='blue', label='Original')             # 绘图,蓝色,原始数据
16    rol_mean.plot(color='red', label='Rolling Mean')            # 移动平均绘图,红色,移动平均值
17    rol_std.plot(color='green', label='Rolling standard deviation') # 移动标准差绘图,绿色,移动标准差
18    plt.legend(loc='best')                                      # 在最适合的地方绘制图例
19    plt.title('Rolling Mean & Standard Deviation')              # 标题
20    plt.show()                                                  # 显示图形
21 def draw_ts(timeseries):                                       # 定义函数绘制时间序列图
22    plt.figure(facecolor='white')                               # 设置绘图环境,面板颜色为白色
23    timeseries.plot(color='blue')                               # 时间序列绘图,蓝色
24    plt.show()                                                  # 显示图形
25 def teststationarity(ts, max_lag = None):                      # 定义函数,进行 Dickey-Fuller Test
26    dftest = statsmodels.tsa.stattools.adfuller(ts, maxlag= max_lag)  # 进行 Dickey-Fuller 单位根检验
27    dfoutput = pd.Series(dftest[0:4], index=['Test Statistic', 'p-value', '#Lags Used', 'Number of Observations Used'])
                                                                  # 对上述函数求得的值进行语义描述
28    for key, value in dftest[4].items():                        # for 循环 key, value 遍历 dftest[4].items()取值
29        dfoutput['Critical Value(%s)'% key] = value             # 输出数据
30    return dfoutput                                             # 回到 dfoutput
31 draw_trend(ts, 12)                                             # 查看原始数据的均值和方差
32 print('Results of Dickey-Fuller Test:')                        # 打印"Results of Dickey-Fuller Test:"
33 print(teststationarity(ts))                                    # 打印 Dickey-Fuller Test 结果
```

代码 9.9 的运行结果如图 9.9 所示。

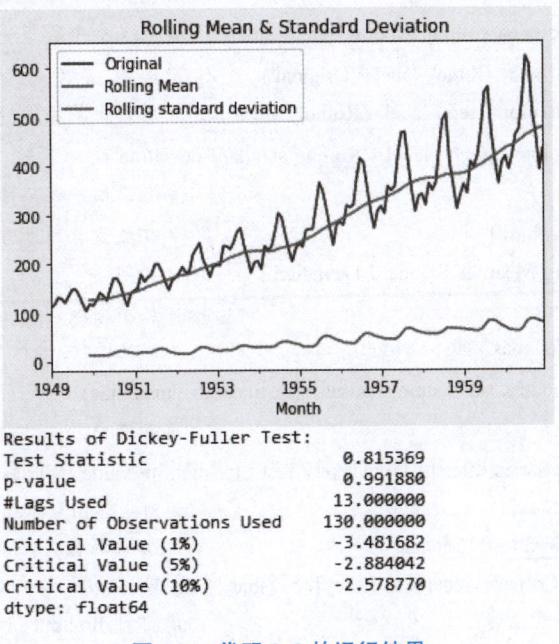

图 9.9 代码 9.9 的运行结果

通过图 9.9 可以发现，数据的移动平均值或标准差有越来越大的趋势，是不稳定的。再看 Dickey-Fuller Test 的结果，此时 p 值为 0.991 880，说明并不能拒绝原假设。通过 df 的数据可以明确地看出，在任何置信水平下，数据都不是稳定的。

（3）处理时间序列数据。

数据不稳定的原因主要有以下两点：趋势——数据随着时间变化，如升高或降低；季节性——数据在特定的时间段内变动，如节假日或活动导致数据的异常。利用对数变换，可以减小数据的振动幅度，使其线性规律更加明显，同时保留其他信息。这里强调一下，变换的数据需要满足大于 0，小于 0 的数据不存在对数变换。

【例 9.10】利用对数变换，减小数据的振动幅度。在 Spyder 中输入代码 9.10。

代码 9.10　利用对数变换，减小数据的振动幅度

```
1  import pandas as pd                                          # 导入 pandas 库，记作 pd
2  import matplotlib.pyplot as plt                              # 导入 matplotlib.pyplot，记作 plt
3  import statsmodels                                           # 导入 statsmodels
4  from statsmodels.tsa.stattools import adfuller               # 从 statsmodels.tsa.stattools 导入 adfuller
5  import warnings                                              # 导入 warnings
6  warnings.filterwarnings('ignore')                            # 过滤警告
7  df = pd.read_csv('international-airline-passengers.csv', encoding='utf-8', index_col='Month')
                                                                # 读取数据
8  df.index = pd.to_datetime(df.index)                          # 将字符串索引转换成时间索引
9  ts = df['Passengers']                                        # 生成 pd.Series 对象
10 ts = ts.astype('float')                                      # 数据类型转换为浮点数
11 def draw_trend(timeseries, size):                            # 定义函数绘制移动趋势图
12     plt.figure(facecolor='yellow')                           # 设置绘图环境，面板颜色为黄色
13     rol_mean = timeseries.rolling(window=size).mean()        # 对 size 个数据进行移动平均
14     rol_std = timeseries.rolling(window=size).std()          # 对 size 个数据进行移动标准差
15     timeseries.plot(color='blue', label='Original')          # 绘图，蓝色，原始数据
16     rol_mean.plot(color='red', label='Rolling Mean')         # 移动平均绘图，红色，移动平均值
17     rol_std.plot(color='green', label='Rolling standard deviation')
                                                                # 移动标准差绘图，绿色，移动标准差
18     plt.legend(loc='best')                                   # 在最适合的地方绘制图例
19     plt.title('Rolling Mean & Standard Deviation')           # 标题
20     plt.show()                                               # 显示图形
21 def teststationarity(ts, max_lag = None):                    # 定义函数，进行 Dickey-Fuller Test
22     dftest = statsmodels.tsa.stattools.adfuller(ts, maxlag= max_lag)
                                                                # 进行 Dickey-Fuller 单位根检验
23     dfoutput = pd.Series(dftest[0:4], index=['Test Statistic', 'p-value', '#Lags Used', 'Number of Observations Used'])
                                                                # 对上述函数求得的值进行语义描述
24     for key, value in dftest[4].items():                     # for 循环 key, value 遍历 dftest[4].items() 取值
25         dfoutput['Critical Value(%s)'% key] = value          # 输出数据
26     return dfoutput                                          # 回到 dfoutput
27 ts_log = np.log(ts)                                          # 利用对数变换
```

```
28  draw_trend(ts_log, 12)                        # 调用函数 draw_trend()绘图
29  print('Results of Dickey-Fuller Test:')        # 打印"Results of Dickey-Fuller Test:"
30  print(teststationarity(ts_log))                # 打印 Dickey-Fuller Test 结果
```

代码 9.10 的运行结果如图 9.10 所示。

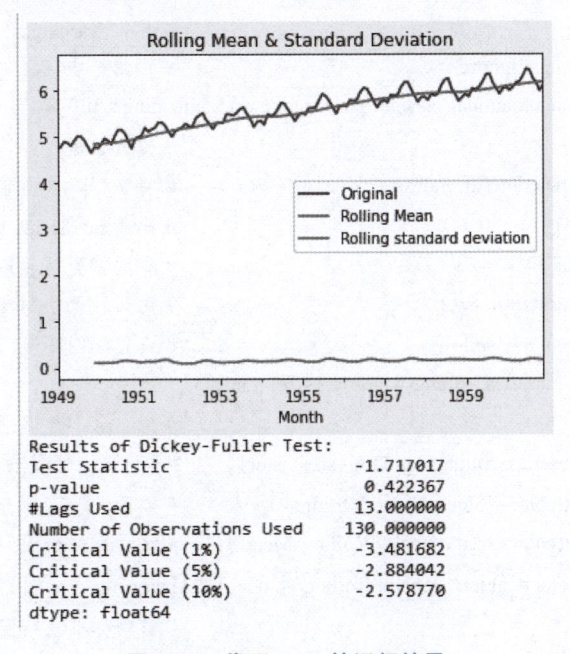

```
Results of Dickey-Fuller Test:
Test Statistic                   -1.717017
p-value                           0.422367
#Lags Used                       13.000000
Number of Observations Used     130.000000
Critical Value (1%)              -3.481682
Critical Value (5%)              -2.884042
Critical Value (10%)             -2.578770
dtype: float64
```

图 9.10　代码 9.10 的运行结果

从图 9.10 可以看出，经过对数变换后，p 值变为 0.422 367，数据值域范围缩小了，振幅也没有那么大了，但是还达不到要求。

此时，可以利用平滑法进一步处理数据。根据平滑技术的不同，平滑法具体分为移动平均法和指数平均法。移动平均即利用一定时间间隔内的均值作为某一期的估计值，而指数平均是用变权的方法来计算均值，具体见习题 9-2 第 1 题，从结果中可以发现，窗口为 12 的移动平均能较好地剔除年周期性因素，而指数平均法是对周期内的数据进行了加权，在 pandas 中通过 ewm( ) 函数提供此功能。它能在一定程度上减少年周期性因素，但并不能完全剔除，如果要完全剔除，则需要进一步进行差分操作。

时间序列最常用来剔除周期性因素的方法当属差分了，它主要是对等周期间隔的数据进行线性求减。ARIMA 模型几乎是所有时间序列软件都支持的，差分的实现与还原都非常方便。具体见总习题 9 第 2 题。数据经过移动平均和差分处理后，基本上没有了随时间变化的趋势，Dickey-Fuller Test 的结果告诉我们在 99% 的置信水平下，数据是稳定的。接下来，我们将对数据进行分解。所谓分解，就是将时间序列数据分离成不同的成分。statsmodels 使用 X-11 分解过程，它主要将时间序列数据分离成长期趋势、季节趋势和随机成分。与其他统计软件一样，statsmodels 也支持两类分解模型，即加法模型和乘法模型，这里只实现加法，乘法只需将 model 的参数设置为 multiplicative 即可。

【例 9.11】利用 statsmodels 将时间序列数据分离成不同的成分。在 Spyder 中输入代码 9.11。

代码 9.11　利用 statsmodels 将时间序列数据分离成不同的成分

```
1  import pandas as pd                                    # 导入 pandas 库,记作 pd
2  import matplotlib.pyplot as plt                        # 导入 matplotlib.pyplot,记作 plt
3  import statsmodels                                     # 导入 statsmodels
4  from statsmodels.tsa.stattools import adfuller         # 从 statsmodels.tsa.stattools 导入 adfuller
5  import warnings                                        # 导入 warnings
6  warnings.filterwarnings('ignore')                      # 过滤警告
7  df = pd.read_csv('international-airline-passengers.csv', encoding='utf-8', index_col='Month')
                                                          # 读取数据
8  df.index = pd.to_datetime(df.index)                    # 将字符串索引转换成时间索引
9  ts = df['Passengers']                                  # 生成 pd.Series 对象
10 ts = ts.astype('float')                                # 将数据类型转换为浮点数
11 def draw_trend(timeseries, size):                      # 定义函数绘制移动趋势图
12     plt.figure(facecolor='yellow')                     # 设置绘图环境,面板颜色为黄色
13     rol_mean = timeseries.rolling(window=size).mean()
                                                          # 对 size 个数据进行移动平均
14     rol_std = timeseries.rolling(window=size).std()    # 对 size 个数据进行移动标准差
15     timeseries.plot(color='blue', label='Original')    # 绘图,蓝色,原始数据
16     rol_mean.plot(color='red', label='Rolling Mean')   # 移动平均绘图,红色,移动平均值
17     rol_std.plot(color='green', label='Rolling standard deviation')
                                                          # 移动标准差绘图,绿色,移动标准差
18     plt.legend(loc='best')                             # 在最适合的地方绘制图例
19     plt.title('Rolling Mean & Standard Deviation')     # 标题
20     plt.show()                                         # 显示图形
21 def teststationarity(ts, max_lag = None):              # 定义函数,进行 Dickey-Fuller Test
22     dftest = statsmodels.tsa.stattools.adfuller(ts, maxlag= max_lag)
                                                          # 进行 Dickey-Fuller 单位根检验
23     dfoutput = pd.Series(dftest[0:4], index=['Test Statistic', 'p-value', '#Lags Used', 'Number of Observations Used'])
                                                          # 对上述函数求得的值进行语义描述
24     for key, value in dftest[4].items():               # for 循环 key, value 遍历 dftest[4].items() 取值
25         dfoutput['Critical Value(%s)'% key] = value    # 输出数据
26     return dfoutput                                    # 回到 dfoutput
27 ts_log = np.log(ts)                                    # 利用对数变换
28 def draw_moving(timeSeries, size):                     # 定义移动绘制函数
29     plt.figure(facecolor='white')                      # 建立绘图环境
30     rol_mean = timeSeries.rolling(window=size).mean()  # 对 size 个数据进行移动平均
31     rol_weighted_mean = pd.Series.ewm(timeSeries, span=size)
                                                          # 对 size 个数据进行加权移动平均
32     rol_weighted_mean = timeSeries.ewm(halflife = size, min_periods = 0, adjust = True, ignore_na = False).mean()
                                                          # 对 size 个数据进行加权移动平均
```

```
33    timeSeries.plot(color='blue', label='Original')                    # 绘制原始数据图
34    rol_mean.plot(color='red', label='Rolling Mean')                   # 绘制移动平均图
35    rol_weighted_mean.plot(color='black', label='Weighted Rolling Mean')   # 绘制加权移动平均
36    plt.legend(loc='best')                                             # 绘制图例
37    plt.title('Rolling Mean')                                          # 添加标题
38    plt.show()                                                         # 显示图形
39 diff_12 = ts_log.diff(12)                                             # 对对数变换数据进行差分
40 diff_12.dropna(inplace=True)                                          # dropna()函数的作用是去除读入的数据中
                                                                        #（DataFrame）含有 NaN 的行
41 diff_12_1 = diff_12.diff(1)                                           # 再次进行差分
42 diff_12_1.dropna(inplace=True)                                        # dropna()函数的作用是去除读入的数据中
                                                                        #（DataFrame）含有 NaN 的行
43 from statsmodels.tsa.seasonal import seasonal_decompose               # 从 statsmodels.tsa.seasonal 导入 seasonal_
                                                                        #  decompose
44 def decompose(timeseries):                                            # 定义时间序列分离函数
45    decomposition = seasonal_decompose(timeseries)                     # 创建时间序列分离对象
46    trend = decomposition.trend                                        # trend（趋势部分）
47    seasonal = decomposition.seasonal                                  # seasonal（季节性部分）
48    residual = decomposition.resid                                     # residual（残留部分）
49    plt.subplot(411)                                                   # 创建绘制子图环境
50    plt.plot(ts_log, label='Original')                                 # 绘制对数变换的原始数据图
51    plt.legend(loc='best')                                             # 绘制图例
52    plt.subplot(412)                                                   # 创建绘制子图环境
53    plt.plot(trend, label='Trend')                                     # 绘制趋势部分数据图
54    plt.legend(loc='best')                                             # 绘制图例
55    plt.subplot(413)                                                   # 创建绘制子图环境
56    plt.plot(seasonal, label='Seasonality')                            # 绘制季节性部分数据图
57    plt.legend(loc='best')                                             # 绘制图例
58    plt.subplot(414)                                                   # 创建绘制子图环境
59    plt.plot(residual, label='Residuals')                              # 绘制残留部分数据图
60    plt.legend(loc='best')                                             # 绘制图例
61    plt.tight_layout()                                                 # plt.tight_layout()会自动调整子图参数,使
                                                                        #  之填充整个图像区域
62    plt.show()                                                         # 显示图形
63    return trend, seasonal, residual                                   # 回到 trend, seasonal, residual
64 trend, seasonal, residual = decompose(ts_log)                         # 给 trend, seasonal, residual 赋值
65 residual.dropna(inplace=True)                                         # dropna()函数的作用是去除读入的数据中
                                                                        #（DataFrame）含有 NaN 的行
66 draw_trend(residual, 12)                                              # 绘制图形
67 print('Results of Dickey-Fuller Test:')                               # 打印"Results of Dickey-Fuller Test:"
68 print(teststationarity(residual))                                     # 打印 Dickey-Fuller Test 结果
```

代码 9.11 的运行结果如图 9.11 所示。

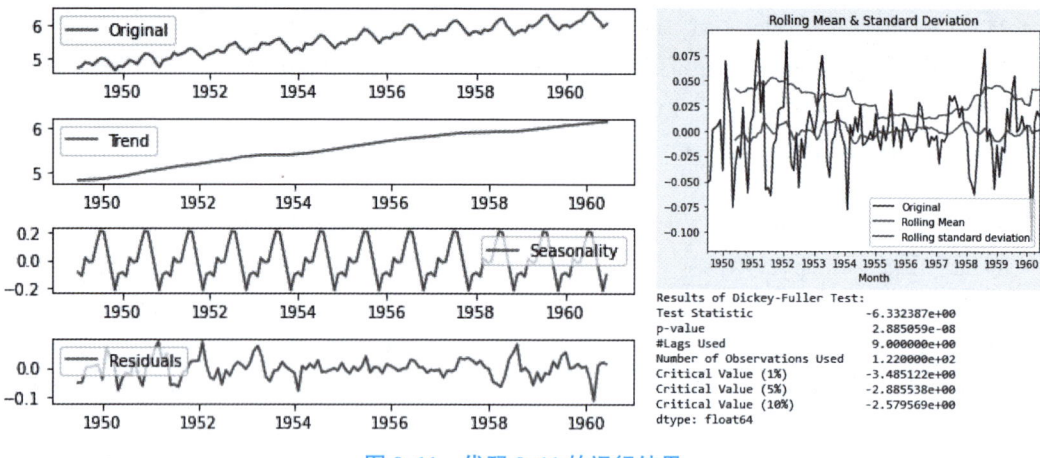

图 9.11 代码 9.11 的运行结果

在图 9.11 中，数据的均值和方差趋于常数，几乎无波动（看上去比之前的陡峭，但是要注意它的值域为[-0.05, 0.05]），所以直观上可以认为数据是稳定的。另外，Dickey-Fuller Test 的结果显示，Statistic 值远小于1%时的 Critical Value，所以在99%的置信水平下，数据是稳定的。

（4）进行时间序列数据的预测。

由前面的分析可知，该时间序列 ts_log 具有明显的年周期与长期成分。对于年周期成分，我们使用窗口为 12 的移动平均进行处理；对于长期成分，我们采用一阶差分进行处理。

【例 9.12】利用窗口为 12 的移动平均和一阶差分处理时间序列数据。在 Spyder 中输入代码 9.12。

代码 9.12　利用窗口为 12 的移动平均和一阶差分处理时间序列数据

```
1  import numpy as np                                  # 导入 numpy 库，记作 np
2  import pandas as pd                                 # 导入 pandas 库，记作 pd
3  import statsmodels                                  # 导入 statsmodels
4  import warnings                                     # 导入 warnings
5  warnings.filterwarnings('ignore')                   # 过滤警告
6  df = pd.read_csv('international-airline-passengers.csv', encoding='utf-8', index_col='Month')
                                                       # 读取 csv 数据
7  df.index = pd.to_datetime(df.index)                 # 将字符串索引转换成时间索引
8  ts = df['Passengers']                               # 生成 pd.Series 对象
9  ts = ts.astype('float')                             # 数据类型转换为浮点数
10 def teststationarity(ts, max_lag = None):           # 定义函数，进行 Dickey-Fuller Test
11     dftest = statsmodels.tsa.stattools.adfuller(ts, maxlag = max_lag)
                                                       # 进行 Dickey-Fuller 单位根检验
12     dfoutput = pd.Series(dftest[0:4], index=['Test Statistic', 'p-value', '#Lags Used', 'Number of Observations Used'])
                                                       # 对上述函数求得的值进行语义描述
13     for key, value in dftest[4].items():            # for 循环 key, value 遍历 dftest[4].items()取值
14         dfoutput['Critical Value(%s)'% key] = value # 输出 Critical Value 临界值数据
15     return dfoutput                                 # 回到 dfoutput
```

```
16 ts_log = np.log(ts)                              # 利用对数变换
17 rol_mean = ts_log.rolling(window=12).mean()      # 窗口为 12 的移动平均
18 rol_mean.dropna(inplace=True)                    # dropna()函数的作用是去除读入的数据中
                                                    #  (DataFrame)含有 NaN 的行
19 ts_diff_1 = rol_mean.diff(1)                     # 对移动平均进行一阶差分处理
20 ts_diff_1.dropna(inplace=True)                   # dropna()函数的作用是去除读入的数据中
                                                    #  (DataFrame)含有 NaN 的行
21 print('Results of Dickey-Fuller Test:')          # 打印"Results of Dickey-Fuller Test:"
22 print(teststationarity(ts_diff_1))               # 打印 Dickey-Fuller Test 结果
23 print('--------------------------------')        # 打印分隔线
24 ts_diff_2 = ts_diff_1.diff(1)                    # 再次进行一阶差分
25 ts_diff_2.dropna(inplace=True)                   # dropna()函数的作用是去除读入的数据中
                                                    #  (DataFrame)含有 NaN 的行
26 print('Results of Dickey-Fuller Test:')          # 打印"Results of Dickey-Fuller Test:"
27 print(teststationarity(ts_diff_2))               # 打印 Dickey-Fuller Test 结果
```

代码 9.12 的运行结果如图 9.12 所示。

```
Results of Dickey-Fuller Test:
Test Statistic                  -2.709577
p-value                          0.072396
#Lags Used                      12.000000
Number of Observations Used    119.000000
Critical Value (1%)             -3.486535
Critical Value (5%)             -2.886151
Critical Value (10%)            -2.579896
dtype: float64
-----------------------------------------
Results of Dickey-Fuller Test:
Test Statistic                  -4.443325
p-value                          0.000249
#Lags Used                      12.000000
Number of Observations Used    118.000000
Critical Value (1%)             -3.487022
Critical Value (5%)             -2.886363
Critical Value (10%)            -2.580009
dtype: float64
```

图 9.12　代码 9.12 的运行结果

分隔线上方 p 值为 0.072 396，其统计量在置信水平为 95%的区间下不显著，我们对其再次进行一阶差分。再次差分后的时间序列 p 值为 0.000 249，其自相关具有快速衰减的特点，其统计量在 99%的置信水平下是显著的。

数据平稳后，需要对模型定阶，即确定 p、q 的阶数。先画出 ACF、PACF 的图像，ACF 是一个完整的自相关函数，可为我们提供具有滞后值的任何序列的自相关值。简单来说，它描述了该序列的当前值与其过去的值之间的相关程度。时间序列可以包含趋势、季节性、周期性和残差等成分。ACF 在寻找相关性时会考虑这些成分。直观上来说，ACF 描述了一个观测值和另一个观测值之间的自相关，包括直接和间接的相关性信息。PACF 是部分自相关函数或偏自相关函数。基本上，它不是找到像 ACF 这样的滞后与当前的相关性，而是找到残差（在去除了之前的滞后已经解释的影响之后仍然存在）与下一个滞后值的相关性。因此，如果残差中有任何可以由下一个滞后建模的隐藏信息，我们可能会获得良好的相关性，并且在建模时我们会将下一个滞后作为特征。请记住，在建模时，不要保留太多相互关联的特征，因为这会产生多重共线性问题。因此，我们只需要保留相关功能。

【例 9.13】绘制 ACF 与 PACF 的图像。在 Spyder 中输入代码 9.13。

代码 9.13　绘制 ACF 与 PACF 的图像

```
1  import numpy as np                                    # 导入 numpy 库，记作 np
2  import pandas as pd                                   # 导入 pandas，记作 pd
3  import statsmodels                                    # 导入 statsmodels
4  import warnings                                       # 导入 warnings
5  warnings.filterwarnings('ignore')                     # 过滤警告
6  df = pd.read_csv('international-airline-passengers.csv', encoding='utf-8', index_col='Month')
                                                         # 读取 csv 数据
7  df.index = pd.to_datetime(df.index)                   # 将字符串索引转换成时间索引
8  ts = df['Passengers']                                 # 生成 pd.Series 对象
9  ts = ts.astype('float')                               # 数据类型转换为浮点数
10 def teststationarity(ts, max_lag = None):             # 定义函数，进行 Dickey-Fuller Test
11     dftest = statsmodels.tsa.stattools.adfuller(ts, maxlag= max_lag)   # 进行 Dickey-Fuller 单位根检验
12     dfoutput = pd.Series(dftest[0:4], index=['Test Statistic', 'p-value', '#Lags Used', 'Number of Observations Used'])
                                                         # 对上述函数求得的值进行语义描述
13     for key, value in dftest[4].items():              # for 循环 key, value 遍历 dftest[4].items()取值
14         dfoutput['Critical Value(%s)'% key] = value   # 输出 Critical Value 临界值数据
15     return dfoutput                                   # 回到 dfoutput
16 ts_log = np.log(ts)                                   # 利用对数变换
17 rol_mean = ts_log.rolling(window=12).mean()           # 窗口为 12 的移动平均
18 rol_mean.dropna(inplace=True)                         # 去除读入的数据中含有 NaN 的行
19 ts_diff_1 = rol_mean.diff(1)                          # 对移动平均进行一阶差分处理
20 ts_diff_1.dropna(inplace=True)                        # 去除数据中含有 NaN 的行
21 ts_diff_2 = ts_diff_1.diff(1)                         # 再次进行一阶差分
22 ts_diff_2.dropna(inplace=True)                        # 去除数据中含有 NaN 的行
23 import matplotlib.pyplot as plt                       # 导入 matplotlib.pyplot，记作 plt
24 from statsmodels.graphics.tsaplots import plot_acf, plot_pacf  # 从 statsmodels.graphics.tsaplots 导入
                                                         #   plot_acf 和 plot_pacf
25 def draw_acf_pacf(ts, lags):                          # 定义函数绘制图形
26     f = plt.figure(facecolor='yellow ')               # 设置绘图环境
27     ax1 = f.add_subplot(211)                          # 在环境 f 下绘制子图，位置在 2 行 1 列的第
                                                         #   1 个子图
28     plot_acf(ts, ax=ax1, lags=lags)                   # 绘制 ACF 图像
29     ax2 = f.add_subplot(212)                          # 在环境 f 下绘制子图，位置在 2 行 1 列的第
                                                         #   2 个子图
30     plot_pacf(ts, ax=ax2, lags=lags)                  # 绘制 PACF 图像
31     plt.subplots_adjust(hspace=0.5)                   # 用 subplots_adjust()方法调整图表、画布间距
32     plt.show()                                        # 显示图形
33 draw_acf_pacf(ts_diff_2, 30)                          # 调用函数 draw_acf_pacf() 绘制二阶差分
                                                         #   ts_diff_2 的 ACF 和 PACF 图像
```

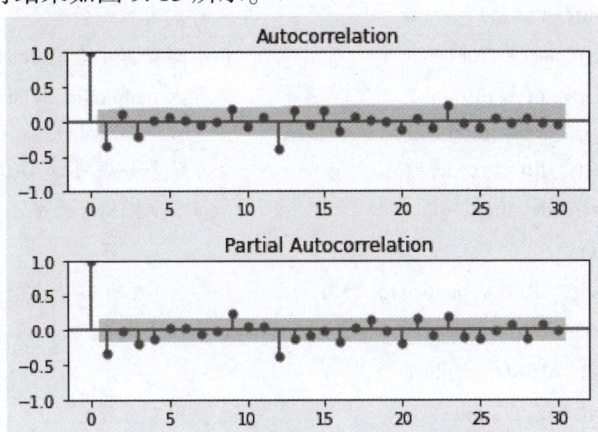

代码 9.13 的运行结果如图 9.13 所示。

图 9.13　代码 9.13 的运行结果

观察图 9.13 可以发现，自相关和偏自相关系数都存在拖尾的特点，并且它们都具有明显的一阶相关性，p 值就是 ACF 第一次穿过上置信区间时的横轴值，q 值就是 PACF 第一次穿过上置信区间的横轴值，因此我们设定 p=1，q=1。得到参数估计值 p、d、q 之后，生成模型 ARIMA(1, 1, 1)。下面就可以使用 ARIMA 模型进行数据拟合了。PACF 是判定 AR 模型阶数的，也就是 p；ACF 是判定 MA 阶数的，也就是 q。

【例 9.14】使用 ARIMA 模型进行数据拟合。在 Spyder 中输入代码 9.14。

代码 9.14　使用 ARIMA 模型进行数据拟合

```
1  import numpy as np                                    # 导入 numpy 库，记作 np
2  import pandas as pd                                   # 导入 pandas 库，记作 pd
3  import statsmodels                                    # 导入 statsmodels
4  import warnings                                       # 导入 warnings
5  warnings.filterwarnings('ignore')                     # 过滤警告
6  df = pd.read_csv('international-airline-passengers.csv', encoding='utf-8', index_col='Month')
                                                         # 读取 csv 数据
7  df.index = pd.to_datetime(df.index)                   # 将字符串索引转换成时间索引
8  ts = df['Passengers']                                 # 生成 pd.Series 对象
9  ts = ts.astype('float')                               # 数据类型转换为浮点数
10 def teststationarity(ts, max_lag = None):             # 定义函数，进行 Dickey-Fuller Test
11     dftest = statsmodels.tsa.stattools.adfuller(ts, maxlag= max_lag)   # 进行 Dickey-Fuller 单位根检验
12     dfoutput = pd.Series(dftest[0:4], index=['Test Statistic', 'p-value', '#Lags Used', 'Number of Observations Used'])
                                                         # 对上述函数求得的值进行语义描述
13     for key, value in dftest[4].items():              # for 循环 key, value 遍历 dftest[4].items()取值
14         dfoutput['Critical Value(%s)'% key] = value   # 输出 Critical Value 临界值数据
15     return dfoutput                                   # 回到 dfoutput
16 ts_log = np.log(ts)                                   # 利用对数变换
17 rol_mean = ts_log.rolling(window=12).mean()           # 窗口为 12 的移动平均
18 rol_mean.dropna(inplace=True)                         # 去除数据中含有 NaN 的行
19 ts_diff_1 = rol_mean.diff(1)                          # 对移动平均进行一阶差分处理
```

```
20  ts_diff_1.dropna(inplace=True)                        # 去除数据中含有 NaN 的行
21  ts_diff_2 = ts_diff_1.diff(1)                         # 再次进行一阶差分
22  ts_diff_2.dropna(inplace=True)                        # 去除数据中含有 NaN 的行
23  import matplotlib.pyplot as plt                       # 导入 matplotlib.pyplot, 记作 plt
24  from statsmodels.tsa.arima.model import ARIMA         # 导入 ARIMA 模型
25  model = ARIMA(ts_diff_1, order=(1, 1, 1))             # 一阶差分序列的 ARIMA(1, 1, 1)模型
26  result_ARIMA = model.fit()                            # 拟合 ARIMA 模型
27  plt.plot(ts_diff_1)
28  predict_data=result_ARIMA.predict(15, 150)            # 拟合+预测 0~150 数据
29  forecast=result_ARIMA.forecast(21)                    # 预测未来 21 天数据
30  predict_ts = result_ARIMA.predict()
31  diff_shift_ts = ts_diff_1.shift(1)                    # 一阶差分还原
32  diff_recover_1 = predict_ts.add(diff_shift_ts)
33  rol_shift_ts = rol_mean.shift(1)                      # 再次进行一阶差分还原
34  diff_recover = diff_recover_1.add(rol_shift_ts)
35  rol_sum = ts_log.rolling(window=11).sum()             # 移动平均还原
36  rol_recover = diff_recover* 12 - rol_sum.shift(1)
37  log_recover = np.exp(rol_recover)                     # 对数还原
38  log_recover.dropna(inplace=True)                      # 去除数据中含有 NaN 的行
39  ts_ = ts[log_recover.index]                           # 过滤没有预测的记录
40  log_recover.plot(color='blue', label='Predict')       # 绘制预测图
41  ts_.plot(color='red', label='Original')               # 绘制原始数据图
42  plt.legend(loc='best')                                # 在最适合的地方绘制图例
43  plt.title('RMSE'% np.sqrt(sum((log_recover-ts[14:])**2)/ts.size))   # 添加标题
44  plt.show()                                            # 显示绘制的图形
```

代码 9.14 的运行结果如图 9.14 所示。

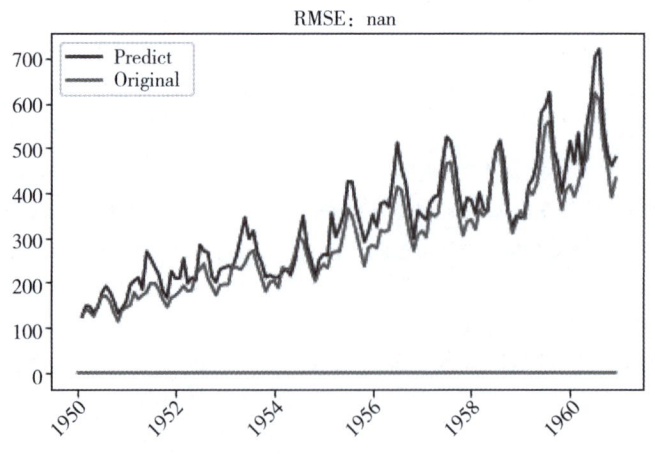

图 9.14　代码 9.14 的运行结果

9.2.2 用 scikit-learn 的线性回归预测谷歌股票

（1）准备数据。数据来自 www.quandl.com 网站。使用 Python 相应的 quandl 库就可以通过简单的几行代码获取我们想要的数据并保存到本地。这里使用的是其中的免费数据。

使用 Python 相应的 quandl 库获取数据并保存到本地。其中，WIKI/GOOGL 是数据集的 ID，可以在网站查询到。通过代码获取到数据，并将其存放在 df 变量中。默认地，quandl 获取到的数据以 pandas 的 DataFrame 存储，因此可以通过 DataFrame 的相关函数查看数据内容。使用 print(df.head()) 可以打印表格数据的前 5 行内容。具体见总习题 9 第 1 题。

（2）预处理数据。可以看到数据集提供了很多列字段，如 Open 记录了股票开盘价、Close 记录了收盘价、Volume 记录了当天的成交量。带"Adj."前缀的数据应该是除权后的数据。我们并不需要用到所有的字段，因为我们的目标是预测股票的走势，所以需要研究的对象是某一时刻的股票价格。因此，我们以除权后的收盘价 Adj.Close 为研究对象来描述股票价格，也就是我们选择它作为将要被预测的变量。接下来需要考虑什么变量跟股票价格有关。下面选取几个可能影响 Adj.Close 变化的字段作为回归预测的特征，并对这些特征进行处理。处理的过程见习题 9-2 第 2 题。

（3）线性回归。上面我们已经准备好了数据，接下来就可以开始构建线性回归模型，并用数据训练它。我们可以通过测试数据计算模型的准确性 accuracy，并且通过向模型提供 X_lately，计算预测结果 forecast_set。需要注意，这个准确性 accuracy 并不表示模型预测 100 天的数据有 97 天是正确的，它表示的是线性模型能够描述统计数据的信息的一个统计概念。

（4）绘制走势。使用 matplotlib 让数据可视化。

【例 9.15】线性回归预测谷歌股票。在 Spyder 中输入代码 9.15。

代码 9.15 线性回归预测谷歌股票

```
1  import math                                          # 导入 math 库
2  import numpy as np                                   # 导入 numpy 库，记作 np
3  import pandas as pd                                  # 导入 pandas 库，记作 pd
4  from sklearn import preprocessing                    # 从 sklearn 导入 preprocessing
5  df = pd.read_csv('谷歌股票数据/df.csv', encoding='utf-8')   # 读取 csv 数据
6  forecast_col = 'Adj.Close'                           # 定义预测列变量,用于存放研究对象的标签名
7  forecast_out = int(math.ceil(0.01* len(df)))         # 定义预测天数,这里设置为所有数据量长度
                                                         的 1%
8  df = df[['Adj.Open', 'Adj.High', 'Adj.Low', 'Adj.Close', 'Adj.Volume']]
                                                       # 只用到 df 的这几个字段
9  df['HL_PCT'] =(df['Adj.High'] - df['Adj.Low']) / df['Adj.Low'] * 100.0
                                                       # HL_PCT 为股票最高价与最低价的变化百
                                                         分比
10 df['PCT_change'] =(df['Adj.Close'] - df['Adj.Open']) / df['Adj.Open'] *100.0
                                                       # PCT_change 为股票收盘价与开盘价的变化
                                                         百分比
11 df = df[['Adj.Close', 'HL_PCT', 'PCT_change', 'Adj.Volume']]   # 定义真正用到的特征字段
12 df.fillna(-99999, inplace=True)                      # scikit-learn 不会处理空数据,空的数据都设
                                                         置为较难出现的值
```

```
13  df['label'] = df[forecast_col].shift(-forecast_out)   # 用 label 代表该字段,是预测结果
14  X = np.array(df.drop(['label'], 1))                   # 让 Adj.Close 列的数据往前移动 1 行来表示
15  X = preprocessing.scale(X)                            # 预处理
16  X_lately = X[-forecast_out:]                          # 预测时用到的数据 X_lately
17  X = X[:-forecast_out]                                 # 最后生成真正在模型中使用的数据 X
18  df.dropna(inplace=True)                               # 在原数值上进行修改
19  y = np.array(df['label'])                             # 输入矩阵 y
20  from sklearn import model_selection                   # 从 sklearn 导入 model_selection
21  from sklearn.linear_model import LinearRegression     # 从 sklearn.linear_model 导入 LinearRegression
22  X_train, X_test, y_train, y_test = model_selection.train_test_split(X, y, test_size=0.2)
                                                          # 开始前,先把 X 和 y 数据分成两部分,一部
                                                          #   分用来训练,另一部分用来测试
23  clf = LinearRegression(n_jobs=-1)                     # 生成 scikit-learn 的线性回归对象
24  clf.fit(X_train, y_train)                             # 开始训练
25  accuracy = clf.score(X_test, y_test)                  # 用测试数据评估准确性
26  forecast_set = clf.predict(X_lately)                  # 进行预测
27  import matplotlib.pyplot as plt                       # 导入 matplotlib.pyplot,记作 plt
28  from matplotlib import style                          # 从 matplotlib 导入 style
29  import datetime                                       # 导入 datetime
30  style.use('ggplot')                                   # 修改 matplotlib 样式
31  one_day = 86400                                       # 赋值
32  df['Forecast'] = np.nan                               # 在 df 中新建 Forecast 列,用于存放预测结果
                                                          #   的数据
33  last_date = df.iloc[-1].name                          # 取 df 最后一行的时间索引
34  last_unix = last_date.timestamp()
35  next_unix = last_unix + one_day
36  for i in forecast_set:                                # 遍历预测结果,用它往 df 追加行,这些行除
                                                          #   了 Forecast 字段,其他都设为 np.nan
37      next_date = datetime.datetime.fromtimestamp(next_unix)
38      next_unix += one_day
39      df.loc[next_date] = [np.nan for _ in range(len(df.columns) - 1)] + [i]
# 生成不包含 Forecast 字段的列表,而[i]是只包含 Forecast 值的列表,上述两个列表拼接在一起就组成
    了新行,按日期追加到 df 的下面
40  df['Adj.Close'].plot()                                # 绘制股票收盘价图
41  df['Forecast'].plot()                                 # 绘制预测图
42  plt.legend(loc=4)                                     # 绘制图例
43  plt.xlabel('Date')                                    # x 轴标签
44  plt.ylabel('Price')                                   # y 轴标签
45  plt.show()                                            # 显示绘制的图形
```

代码 9.15 的运行结果如图 9.15 所示。

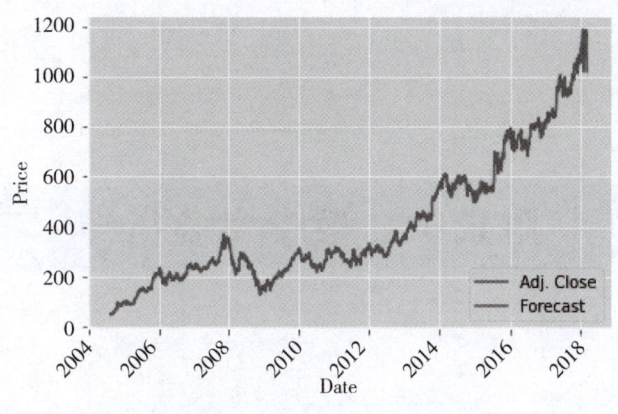

图 9.15　代码 9.15 的运行结果

习题9-2

1. 编程实现：利用平滑法处理航空乘客数量预测数据集 international-airline-passengers.csv。
2. 编程实现：将谷歌股票数据进行预处理。

9.3　本章小结

本章分 2 节介绍了 Python 数据预测分析。第 1 节介绍了 Python 数据预测分析概述，具体包含数据预测分析的概念、数据预测分析工具。第 2 节介绍了 Python 数据预测分析示例，具体包含 ARIMA 时间序列分析方法、用 scikit-learn 的线性回归预测谷歌股票。

总习题 9

1. 编程实现：使用 Python 相应的 quandl 库获取谷歌股票数据并保存到本地，并打印表格数据的前 5 行内容。
2. 编程实现：利用差分处理航空乘客数量预测数据集 international-airline-passengers.csv，并进行分析。

第 9 章习题答案

附录 I　数学实验指导

Python 数学实验课程是一门实践性很强的课程，进行上机操作十分重要。只有通过上机操作，才能熟练掌握 Python 的语法知识，充分理解程序设计的基本思想和方法，并联系自己所学数学知识，通过编程解决相应的数学问题。为了达到理想的实验效果，需要做到以下 3 点。

(1) 实验前认真准备：根据实验内容和实验目的做好相应的准备。
(2) 实验中积极思考：深入分析实验现象和程序运行信息。
(3) 实验后认真总结：总结实验收获并写出实验报告。

实验报告应该包括实验目的、实验内容、流程图、程序清单、运行结果及实验收获与体会等内容。

数学实验 1　Python 语言基础

一、实验目的

1. 熟悉 Python 程序的运行环境与方式。
2. 掌握 Python 的基本数据类型。
3. 掌握 Python 的算术运算规则及表达式的书写方法。

二、实验内容

1. 先导入 math 模块，再查看该模块的帮助信息，具体语句如下。

```
import math
dir(math)
help(math)
```

根据语句执行结果，写出 math 模块包含的函数，并说明 log( )、log10( )、log1p( )、log2( ) 等函数的作用及它们的区别。

2. 在 Python 中输入以下语句，语句执行结果说明了什么？

```
x = 12
y = x
id(x), id(y)
print(id(x), id(y))
```

3. 求下列表达式的值。

（1）int(float('7.34'))%4；　（2）1<<10|10；　（3）$\dfrac{4}{3}\pi^3$；　（4）$\dfrac{2}{1-\sqrt{7}i}$（其中 i 为虚数单位）。

4. 已知 $x=12$，$y=10^{-5}$，求下列表达式的值。

（1）$1+\dfrac{x}{3!}-\dfrac{y}{5!}$；　　　　（2）$\dfrac{2\ln|x-y|}{e^{x+y}-\tan y}$；

（3）$\dfrac{\sin x+\cos y}{x^2+y^2}+\dfrac{x^y}{xy}$；　（4）$e^{\frac{\pi}{2}x}+\dfrac{\lg|x-y|}{x+y}$。

5. 计算并输出 π^2。请在①处补充程序，同时上机运行该程序。

```
import math
p=        ①
print(p)
```

6. 先输入下列命令。

```
a = list(range(15))
b = tuple(range(1, 15))
```

然后完成操作或回答问题：（1）显示变量 a、b 的值，并说明变量 a、b 的数据类型。（2）range( ) 函数的作用是什么？range(15) 与 range(1, 15) 有什么区别？（3）生成由 100 以内的奇数构成的列表 c，写出程序并验证。

7. 编写一个 Python 程序，使其运行后输出"Hello, Python!"。

数学实验 2　Python 顺序结构程序设计

一、实验目的

1. 熟悉 Python 程序的书写规则。

2. 掌握 Python 赋值语句的基本格式。
3. 掌握 Python 输入、输出语句的基本格式。
4. 掌握 Python 顺序结构程序设计方法。

二、实验内容

1. 输入自己的出生年月日，按照下列格式输出生日信息。

```
1989, 12, 5
我的出生日期是1989年12月5日
```

2. 输入一个正的实数 x，分别输出 x 的整数部分和小数部分。

3. 输入3个浮点数，求它们的平均值并保留1位小数，对小数点后第2位数进行四舍五入，最后输出结果。

4. 已知 $y = \dfrac{e^{-x} - \tan 73°}{10^{-5} + \ln|\sin^2 x - \sin x^2|}$，其中 $x = \sqrt[3]{1 + \pi}$，求 y 的值。

数学实验3　Python 选择结构程序设计

一、实验目的

1. 熟悉 Python 表示条件的方法。
2. 掌握 if 语句的格式。
3. 掌握 Python 选择结构程序设计方法。

二、实验内容

1. 从键盘输入45，写出下列程序的输出结果。

```
a = int(input())
if a>40:
    print("a1 =", a)
    if a<50:
        print("a2 =", a)
if a>30:
    print("a3 =", a)
```

2. 某运输公司在计算运费时，按照运输距离(s)对运费进行打折(d)，其标准如下。

$s<250$：没有折扣

$250 \leqslant s<500$：2.5%折扣

$500 \leqslant s<1\,000$：4.5%折扣

$1\,000 \leqslant s<2\,000$：7.5%折扣

$2\,000 \leqslant s<2\,500$：9.0%折扣

$2\,500 \leqslant s<3\,000$：12.0%折扣

$3\,000 \leqslant s$：15.0%折扣

输入基本运费 p、货物重量 w、距离 s，计算总运费 f。总运费的计算公式为 $f=p\times w\times s\times(1-d)$，其中 d 为折扣，由距离 s 根据上述标准求得。

附录Ⅱ　Python 常用库简介

计算机软件在开发过程中，代码越写越多，也就越来越难以维护，所以为了编写可维护的代码，通常会把函数进行分组，放在不同的文件中。在 Python 中，一个 .py 文件就是一个模块，或者称为库。Python 包含内置库和其他第三方库。

1. Python 内建模块

（1）sys 模块。

（2）random 模块。

（3）os 模块。os.path 讲解 https://www.cnblogs.com/yufeihlf/p/6179547.html。

2. 数据可视化

（1）matplotlib：Python 可视化程序库，它的设计和 1980 年设计的 MATLAB 非常接近。pandas 和 seaborn 是 matplotlib 的外包，它们能让用户用更少的代码去调用 matplotlib 的方法。访问 https://matplotlib.org/。

（2）seaborn：构建在 matplotlib 基础上，用简洁的代码来制作好看的图表。seaborn 跟 matplotlib 最大的区别就是它的默认绘图风格和色彩搭配都具有现代美感。访问 http://seaborn.pydata.org/index.html。

（3）ggplot：与 matplotlib 的不同之处是它允许用户叠加不同的图层来完成一张图。

（4）Mayavi：Mayavi 完全用 Python 编写，因此它不但是一个方便实用的可视化软件，而且可以方便地用 Python 编写扩展，嵌入用户编写的 Python 程序，或者直接使用其面向脚本的 API——mlab 快速绘制三维图。访问 http://code.enthought.com/pages/mayavi-project.html。

（5）TVTK：TVTK 库对标准的 VTK 库进行包装，提供了 Python 风格的 API、支持 Trait 属性和 numpy 的多维数组。VTK(http://www.vtk.org/) 是一套三维的数据可视化工具，它由 C++编写，包含了近千个类，可以帮助我们处理和显示数据。讲解 https://docs.huihoo.com/scipy/scipy-zh-cn/tvtk_intro.html。

3. 机器学习

（1）scikit-learn：一个简单且高效的数据挖掘和数据分析工具，易上手，可以在多个上、下文中重复使用。它基于 numpy、scipy 和 matplotlib，开源，可商用（基于 BSD 许可）。访问 https://blog.csdn.net/finafily0526/article/details/79318401。

（2）Tensorflow：最初由谷歌机器智能科研组织中的谷歌大脑团队（Google Brain Team）的

研究人员和工程师开发。该系统设计的初衷是便于机器学习研究，能够更快、更好地将科研原型转换为生产项目。

4. Web 框架

（1）Tornado：访问 http://www.tornadoweb.org/en/stable/。

（2）Flask：访问 http://flask.pocoo.org/。

（3）Web.py：访问 http://webpy.org/。

（4）Django：访问 https://www.djangoproject.com/。

（5）CherryPy：访问 http://cherrypy.org/。

（6）jinjs：访问 http://docs.jinkan.org/docs/jinja2/。

5. GUI 图形界面

（1）Tkinter：访问 https://wiki.python.org/moin/TkInter/。

（2）wxPython：访问 https://www.wxpython.org/。

（3）PyGTK：访问 http://www.pygtk.org/。

（4）PyQt：访问 https://sourceforge.net/projects/pyqt/。

（5）PySide：访问 http://wiki.qt.io/Category:LanguageBindings::PySide。

6. 科学计算

（1）numpy：访问 http://www.numpy.org/，讲解 https://blog.csdn.net/lm_is_dc/article/details/81098805。

（2）sympy：一个 Python 的科学计算库，用一套强大的符号计算体系完成诸如多项式求值、求极限、解方程、求积分、微分方程、级数展开、矩阵运算等计算问题。访问 https://docs.sympy.org/，解方程 https://www.cnblogs.com/zyg123/p/10549354.html。

（3）scipy：官网 https://www.scipy.org/，讲解 https://blog.csdn.net/wsp_1138886114/article/details/80444621。

（4）pandas：官网 http://pandas.pydata.org/，讲解 https://www.cnblogs.com/linux-wangkun/p/5903945.html。

（5）blaze：官网 http://blaze.readthedocs.io/en/latest/index.html。

7. 密码学

（1）hashids：访问 http://www.oschina.net/p/hashids。

（2）Paramiko：访问 http://www.paramiko.org/。

（3）PyNacl：访问 http://pynacl.readthedocs.io/en/latest/。

8. 爬虫相关

（1）requests：最好用的 HTTP 工具。

（2）scrapy：访问 https://scrapy.org/。

（3）pyspider：访问 https://github.com/binux/pyspider。

（4）portia：访问 https://github.com/scrapinghub/portia。

（5）html2text：访问 https://github.com/Alir3z4/html2text。

（6）BeautifulSoup：访问 https://www.crummy.com/software/BeautifulSoup/。

（7）lxml：访问 http://lxml.de/。

（8）selenium：访问 http://docs.seleniumhq.org/。

（9）mechanize：访问 https://pypi.python.org/pypi/mechanize。

（10）PyQuery：访问 https://pypi.python.org/pypi/pyquery/。

（11）gevent：一个高并发的网络性能库，访问 http://www.gevent.org/。

9. 图像处理

（1）bigmoyan：访问 http://scikit-image.org/。

（2）Python Imaging Library(PIL)：访问 http://www.pythonware.com/products/pil/。

（3）pillow：访问 http://pillow.readthedocs.io/en/latest/。

10. 自然语言处理

（1）nltk：访问 http://www.nltk.org/，教程 https://blog.csdn.net/wizardforcel/article/details/79274443。

（2）snownlp：访问 https://github.com/isnowfy/snownlp。

（3）Pattern：访问 https://github.com/clips/pattern。

（4）TextBlob：访问 http://textblob.readthedocs.io/en/dev/。

（5）Polyglot：访问 https://pypi.python.org/pypi/polyglot。

（6）jieba：访问 https://github.com/fxsjy/jieba。

11. 数据库驱动

（1）mysql-python：访问 https://sourceforge.net/projects/mysql-python/。

（2）PyMySQL：访问 https://github.com/PyMySQL/PyMySQL。

（3）PyMongo：访问 https://docs.mongodb.com/ecosystem/drivers/python/。

（4）redis：访问 https://pypi.python.org/pypi/redis/。

（5）cxOracle：访问 https://pypi.python.org/pypi/cx_Oracle。

（6）SQLAlchemy：访问 http://www.sqlalchemy.org/。

（7）peewee：访问 https://pypi.python.org/pypi/peewee。

（8）torndb：Tornado 原装 DB，访问 https://github.com/bdarnell/torndb。

12. Web

（1）pycurl：URL 处理工具。

（2）smtplib：发送电子邮件。

13. 其他库

（1）PyInstaller：一个十分有用的第三方库，它能够在 Windows、Linux、Mac OS 等操作系统下将 Python 源文件打包，通过对源文件打包，Python 程序可以在没有安装 Python 的环境中运行，也可以作为一个独立文件方便传递和管理。

（2）IPython：一种交互式计算和开发环境。讲解 https://www.cnblogs.com/zzhzhao/p/5295476.html。

参 考 文 献

[1] 李汉龙,隋英,韩婷. Python 数学实验[M]. 北京：机械工业出版社,2022.
[2] 李汉龙,隋英,韩婷. Python 基础及其在数学建模中的应用[M]. 北京：北京理工大学出版社,2023.
[3] 刘卫国. Python 语言程序设计[M]. 北京：电子工业出版社,2016.
[4] 赵莉,唐小平,彭庆喜. Python 程序设计[M]. 北京：北京理工大学出版社,2021.
[5] 单显明,贾琼,陈琦. Python 程序设计案例教程[M]. 北京：北京理工大学出版社,2020.
[6] KORITES B J. Python 图形编程：2D 和 3D 图像的创建[M]. 李铁萌,译. 北京：机械工业出版社,2020.
[7] 张俊红. 对比 EXCEL,轻松学习 Python 数据分析[M]. 北京：电子工业出版社,2019.
[8] 王斌会,王术. Python 数据分析基础教程[M]. 北京：电子工业出版社,2018.